Thorsten Kayser

Feldtheoretische Modellierung der Materialprozessierung mit Mikrowellen im Durchlaufbetrieb

Karlsruher Forschungsberichte
aus dem Institut für Hochfrequenztechnik und Elektronik

Herausgeber: Prof. Dr.-Ing. Thomas Zwick

Band 65

Feldtheoretische Modellierung der Materialprozessierung mit Mikrowellen im Durchlaufbetrieb

von
Thorsten Kayser

KIT Scientific Publishing

Dissertation, Karlsruher Institut für Technologie
Fakultät für Elektrotechnik und Informationstechnik, 2011

Impressum

Karlsruher Institut für Technologie (KIT)
KIT Scientific Publishing
Straße am Forum 2
D-76131 Karlsruhe
www.ksp.kit.edu

KIT – Universität des Landes Baden-Württemberg und nationales
Forschungszentrum in der Helmholtz-Gemeinschaft

KIT Scientific Publishing 2011
Print on Demand

ISSN: 1868-4696
ISBN: 978-3-86644-719-6

Vorwort des Herausgebers

Die Einsatzmöglichkeiten der Materialprozessierung mit Mikrowellen sind vielfältig. Beispiele hierfür sind die Erwärmung, Trocknung oder Aushärtung von Materialien in der Produktion. Seitens der Industrie besteht schon seit einigen Jahren ein stetig wachsendes Interesse, bestehende Prozesse mit konventioneller Heiztechnik auf Mikrowellenbetrieb umzurüsten. Dieser ermöglicht eine sowohl schnelle als auch energieeffiziente Erwärmung, da nur das zu prozessierende Material direkt und von Innen heraus geheizt wird. Außerdem sind je nach Material die Energieabsorptionskoeffizienten sehr unterschiedlich. Aufgrund dieser Tatsachen birgt die Mikrowellenerwärmung bei der Materialprozessierung auch in den kommenden Jahren ein enormes Einsatzpotenzial. Die Kehrseite ist jedoch, dass Anlagen für den Mikrowellenbetrieb weitaus größere Anforderungen an die Planung und das Design stellen als herkömmliche Heizsysteme. Das Wirkprinzip der Mikrowellenerwärmung beruht auf dem elektromagnetischen Feld. Dies macht eine komplette elektromagnetische Feldberechnung zuzüglich der Berechnung der Wärmeausbreitung unter Berücksichtigung thermischer Effekte notwendig. Das elektromagnetische und das thermische Feld können dabei nicht als voneinander unabhängig betrachtet werden, da sie sich wechselseitig beeinflussen. Eine grundlegende typische Anforderung ist auch das Erreichen einer gleichmäßigen Erwärmung. Hierfür stellt der Durchlaufbetrieb eine praktische Lösung dar, bei der sich das prozessierte Material durch das Mikrowellenfeld bewegt. Zusätzlich erschließt der Durchlaufbetrieb neue Einsatzmöglichkeiten in Produktionsstraßen, die einen kontinuierlichen Materialfluss und einen großen Durchsatz erfordern.

Die Berechnung und Simulation solcher Anlagen unter Berücksichtigung aller relevanten Phänomene stellt eine große Herausforderung dar, für die bisher noch kein geschlossenes Lösungsverfahren zur Verfügung steht. Vor diesem Hintergrund wird in der vorliegenden Dissertation von Herrn Dipl.-Ing. Thorsten Kayser ein neuartiges Modell zur Simulation von Mikrowellenanlagen im Durchlaufbetrieb auf Grundlage der Feldtheorie und der angewandten Physik entwickelt und in Software implementiert. Anhand einer real aufgebauten Anlage für die mikrowellenunterstützte Parkettverleimung wird das neue Modell erfolgreich verifiziert.

Die Arbeit von Herrn Kayser stellt damit einen wesentlichen Beitrag zur Planung und Konzeption von Mikrowellenanlagen für den Durchlaufbetrieb dar. Zudem lassen sich nun bereits im Vorfeld Aussagen über den zu erwartenden Einsatzerfolg der Mikrowelle machen, wodurch Investitionen gezielter eingesetzt werden können. Ich wünsche dieser Arbeit eine weite Verbreitung und Herrn Kayser alles Gute für seine berufliche Zukunft.

Prof. Dr.-Ing. Thomas Zwick
- Institutsleiter -

Vorwort des Herausgebers

Forschungsberichte aus dem
Institut für Höchstfrequenztechnik und Elektronik (IHE)
der Universität Karlsruhe (TH) (ISSN 0942-2935)

Herausgeber: Prof. Dr.-Ing. Dr. h.c. Dr.-Ing. E.h. mult. Werner Wiesbeck

Band 1 Daniel Kähny
Modellierung und meßtechnische Verifikation polarimetrischer, mono- und bistatischer Radarsignaturen und deren Klassifizierung (1992)

Band 2 Eberhardt Heidrich
Theoretische und experimentelle Charakterisierung der polarimetrischen Strahlungs- und Streueigenschaften von Antennen (1992)

Band 3 Thomas Kürner
Charakterisierung digitaler Funksysteme mit einem breitbandigen Wellenausbreitungsmodell (1993)

Band 4 Jürgen Kehrbeck
Mikrowellen-Doppler-Sensor zur Geschwindigkeits- und Wegmessung - System-Modellierung und Verifikation (1993)

Band 5 Christian Bornkessel
Analyse und Optimierung der elektrodynamischen Eigenschaften von EMV-Absorberkammern durch numerische Feldberechnung (1994)

Band 6 Rainer Speck
Hochempfindliche Impedanzmessungen an Supraleiter / Festelektrolyt-Kontakten (1994)

Band 7 Edward Pillai
Derivation of Equivalent Circuits for Multilayer PCB and Chip Package Discontinuities Using Full Wave Models (1995)

Band 8 Dieter J. Cichon
Strahlenoptische Modellierung der Wellenausbreitung in urbanen Mikro- und Pikofunkzellen (1994)

Band 9 Gerd Gottwald
Numerische Analyse konformer Streifenleitungsantennen in mehrlagigen Zylindern mittels der Spektralbereichsmethode (1995)

Band 10 Norbert Geng
Modellierung der Ausbreitung elektromagnetischer Wellen in Funksystemen durch Lösung der parabolischen Approximation der Helmholtz-Gleichung (1996)

Band 11 Torsten C. Becker
Verfahren und Kriterien zur Planung von Gleichwellennetzen für den Digitalen Hörrundfunk DAB (Digital Audio Broadcasting) (1996)

Forschungsberichte aus dem
Institut für Höchstfrequenztechnik und Elektronik (IHE)
der Universität Karlsruhe (TH) (ISSN 0942-2935)

Band 12 Friedhelm Rostan
Dual polarisierte Microstrip-Patch-Arrays für zukünftige satellitengestützte SAR-Systeme (1996)

Band 13 Markus Demmler
Vektorkorrigiertes Großsignal-Meßsystem zur nichtlinearen Charakterisierung von Mikrowellentransistoren (1996)

Band 14 Andreas Froese
Elektrochemisches Phasengrenzverhalten von Supraleitern (1996)

Band 15 Jürgen v. Hagen
Wide Band Electromagnetic Aperture Coupling to a Cavity: An Integral Representation Based Model (1997)

Band 16 Ralf Pötzschke
Nanostrukturierung von Festkörperflächen durch elektrochemische Metallphasenbildung (1998)

Band 17 Jean Parlebas
Numerische Berechnung mehrlagiger dualer planarer Antennen mit koplanarer Speisung (1998)

Band 18 Frank Demmerle
Bikonische Antenne mit mehrmodiger Anregung für den räumlichen Mehrfachzugriff (SDMA) (1998)

Band 19 Eckard Steiger
Modellierung der Ausbreitung in extrakorporalen Therapien eingesetzter Ultraschallimpulse hoher Intensität (1998)

Band 20 Frederik Küchen
Auf Wellenausbreitungsmodellen basierende Planung terrestrischer COFDM-Gleichwellennetze für den mobilen Empfang (1998)

Band 21 Klaus Schmitt
Dreidimensionale, interferometrische Radarverfahren im Nahbereich und ihre meßtechnische Verifikation (1998)

Band 22 Frederik Küchen, Torsten C. Becker, Werner Wiesbeck
Grundlagen und Anwendungen von Planungswerkzeugen für den digitalen terrestrischen Rundfunk (1999)

Band 23 Thomas Zwick
Die Modellierung von richtungsaufgelösten Mehrwegegebäudefunkkanälen durch markierte Poisson-Prozesse (2000)

Forschungsberichte aus dem
Institut für Höchstfrequenztechnik und Elektronik (IHE)
der Universität Karlsruhe (TH) (ISSN 0942-2935)

Band 24 Dirk Didascalou
Ray-Optical Wave Propagation Modelling in Arbitrarily Shaped Tunnels (2000)

Band 25 Hans Rudolf
Increase of Information by Polarimetric Radar Systems (2000)

Band 26 Martin Döttling
Strahlenoptisches Wellenausbreitungsmodell und Systemstudien für den Satellitenmobilfunk (2000)

Band 27 Jens Haala
Analyse von Mikrowellenheizprozessen mittels selbstkonsistenter finiter Integrationsverfahren (2000)

Band 28 Eberhard Gschwendtner
Breitbandige Multifunktionsantennen für den konformen Einbau in Kraftfahrzeuge (2001)

Band 29 Dietmar Löffler
Breitbandige, zylinderkonforme Streifenleitungsantennen für den Einsatz in Kommunikation und Sensorik (2001)

Band 30 Xuemin Huang
Automatic Cell Planning for Mobile Network Design: Optimization Models and Algorithms (2001)

Band 31 Martin Fritzsche
Anwendung von Verfahren der Mustererkennung zur Detektion von Landminen mit Georadaren (2001)

Band 32 Siegfried Ginter
Selbstkonsistente Modellierung der Erhitzung von biologischem Gewebe durch hochintensiven Ultraschall (2002)

Band 33 Young Jin Park
Applications of Photonic Bandgap Structures with Arbitrary Surface Impedance to Luneburg Lenses for Automotive Radar (2002)

Band 34 Alexander Herschlein
Entwicklung numerischer Verfahren zur Feldberechnung konformer Antennen auf Oberflächen höherer Ordnung (2002)

Band 35 Ralph Schertlen
Mikrowellenprozessierung nanotechnologischer Strukturen am Beispiel von Zeolithen (2002)

Forschungsberichte aus dem
Institut für Höchstfrequenztechnik und Elektronik (IHE)
der Universität Karlsruhe (TH) (ISSN 0942-2935)

Band 36 Jürgen von Hagen
Numerical Algorithms for the Solution of Linear Systems of Equations Arising in Computational Electromagnetics (2002)

Band 37 Ying Zhang
Artificial Perfect Magnetic Conductor and its Application to Antennas (2003)

Band 38 Thomas M. Schäfer
Experimentelle und simulative Analyse der Funkwellenausbreitung in Kliniken (2003)

Band 39 Christian Fischer
Multistatisches Radar zur Lokalisierung von Objekten im Boden (2003)

Band 40 Yan C. Venot
Entwicklung und Integration eines Nahbereichsradarsensorsystems bei 76,5 GHz (2004)

Band 41 Christian Waldschmidt
Systemtheoretische und experimentelle Charakterisierung integrierbarer Antennenarrays (2004)

Band 42 Marwan Younis
Digital Beam-Forming for high Resolution Wide Swath Real and Synthetic Aperture Radar (2004)

Band 43 Jürgen Maurer
Strahlenoptisches Kanalmodell für die Fahrzeug-Fahrzeug-Funkkommunikation (2005)

Band 44 Florian Pivit
Multiband-Aperturantennen für Basisstationsanwendungen in rekonfigurierbaren Mobilfunksystemen (2005)

Band 45 Sergey Sevskiy
Multidirektionale logarithmisch-periodische Indoor-Basisstationsantennen (2006)

Band 46 Martin Fritz
Entwurf einer breitbandigen Leistungsendstufe für den Mobilfunk in Low Temperature Cofired Ceramic (2006)

Band 47 Christiane Kuhnert
Systemanalyse von Mehrantennen-Frontends (MIMO) (2006)

Band 48 Marco Liebler
Modellierung der dynamischen Wechselwirkungen von hoch-intensiven Ultraschallfeldern mit Kavitationsblasen (2006)

Forschungsberichte aus dem
Institut für Höchstfrequenztechnik und Elektronik (IHE)
der Universität Karlsruhe (TH) (ISSN 0942-2935)

Band 49 Thomas Dreyer
Systemmodellierung piezoelektrischer Sender zur Erzeugung hochintensiver Ultraschallimpulse für die medizinische Therapie (2006)

Band 50 Stephan Schulteis
Integration von Mehrantennensystemen in kleine mobile Geräte für multimediale Anwendungen (2007)

Band 51 Werner Sörgel
Charakterisierung von Antennen für die Ultra-Wideband-Technik (2007)

Band 52 Reiner Lenz
Hochpräzise, kalibrierte Transponder und Bodenempfänger für satellitengestützte SAR-Missionen (2007)

Band 53 Christoph Schwörer
Monolithisch integrierte HEMT-basierende Frequenzvervielfacher und Mischer oberhalb 100 GHz (2008)

Band 54 Karin Schuler
Intelligente Antennensysteme für Kraftfahrzeug-Nahbereichs-Radar-Sensorik (2007)

Band 55 Christian Römer
Slotted waveguide structures in phased array antennas (2008)

Fortführung als
"Karlsruher Forschungsberichte aus dem Institut für Hochfrequenztechnik und Elektronik" bei KIT Scientific Publishing
(ISSN 1868-4696)

Karlsruher Forschungsberichte aus dem Institut für Hochfrequenztechnik und Elektronik
(ISSN 1868-4696)

Herausgeber: Prof. Dr.-Ing. Thomas Zwick

Die Bände sind unter www.ksp.kit.edu als PDF frei verfügbar oder als Druckausgabe bestellbar.

Band 55 Sandra Knörzer
Funkkanalmodellierung für OFDM-Kommunikationssysteme bei Hochgeschwindigkeitszügen (2009)
ISBN 978-3-86644-361-7

Band 56 Fügen, Thomas
Richtungsaufgelöste Kanalmodellierung und Systemstudien für Mehrantennensysteme in urbanen Gebieten (2009)
ISBN 978-3-86644-420-1

Band 57 Pancera, Elena
Strategies for Time Domain Characterization of UWB Components and Systems (2009)
ISBN 978-3-86644-417-1

Band 58 Timmermann, Jens
Systemanalyse und Optimierung der Ultrabreitband-Übertragung (2010)
ISBN 978-3-86644-460-7

Band 59 Pontes, Juan
Analysis and Design of Multiple Element Antennas for Urban Communication (2010)
ISBN 978-3-86644-513-0

Band 60 Lambrecht, Andreas
True-Time-Delay Beamforming für ultrabreitbandige Systeme hoher Leistung (2010)
ISBN 978-3-86644-522-2

Band 61 Adamiuk, Grzegorz
Methoden zur Realisierung von dual-orthogonal, linear polarisierten Antennen für die UWB-Technik (2010)
ISBN 978-3-86644-573-4

Band 62 Kühn, Jutta
AlGaN/GaN-HEMT Power Amplifiers with Optimized Power-Added Efficiency for X-Band Applications (2011)
ISBN 978-3-86644-615-1

Karlsruher Forschungsberichte aus dem Institut für Hochfrequenztechnik und Elektronik
(ISSN 1868-4696)

Band 63 Janson, Małgorzata
Hybride Funkkanalmodellierung für ultrabreitbandige MIMO-Systeme (2011)
ISBN 978-3-86644-639-7

Band 64 Pauli, Mario
Dekontaminierung verseuchter Böden durch Mikrowellenheizung (2011)
ISBN 978-3-86644-696-0

Band 65 Kayser, Thorsten
Feldtheoretische Modellierung der Materialprozessierung mit Mikrowellen im Durchlaufbetrieb (2011)
ISBN 978-3-86644-719-6

Feldtheoretische Modellierung der Materialprozessierung mit Mikrowellen im Durchlaufbetrieb

Zur Erlangung des akademischen Grades eines

DOKTOR-INGENIEURS

von der Fakultät für

Elektrotechnik und Informationstechnik
am Karlsruher Institut für Technologie (KIT)

genehmigte

DISSERTATION

von

Dipl.-Ing. Thorsten Kayser

aus Mannheim

Tag der mündlichen Prüfung: 28. April 2011

Hauptreferent: Prof. Dr.-Ing. Dr. h. c. Dr.-Ing. E. h. Werner Wiesbeck
Korreferent: Prof. Dr.-Ing. Thomas Eibert

Vorwort

Die vorliegende Dissertation entstand während meiner Zeit als wissenschaftlicher Mitarbeiter am Institut für Hochfrequenztechnik und Elektronik[1] (IHE) am Karlsruher Institut für Technologie[2] (KIT).

Mein erster Dank geht an Herrn Prof. Dr.-Ing. Dr. h. c. Dr.-Ing. E. h. mult. Werner Wiesbeck, dem ehemaligen Institutsleiter des IHE, für die umfassende Betreuung meiner Arbeit und die Übernahme des Hauptreferats. Als nächstes bedanke ich mich herzlich bei Herrn Prof. Dr.-Ing. Thomas Eibert, dem Ordinarius des Lehrstuhls für Hochfrequenztechnik an der Technischen Universität München, für konstruktive Vorschläge und die Übernahme des Korreferats.

Weiterhin bedanke ich mich bei meinen ehemaligen Kollegen, insbesondere Herrn Dr.-Ing. Mario Pauli, Herrn Dipl.-Ing. Philipp Pahl und Herrn Dipl.-Ing. Christian Sturm, für die ergiebigen fachlichen Diskussionen. Selbstverständlich geht mein Dank auch an die Mitarbeiter aus Verwaltung und Technik am IHE für die Unterstützung bei vielen technischen und nichttechnischen Angelegenheiten. Besonders hervorzuheben sind hier die Mitarbeiter der mechanischen Werkstatt des IHE für die Erfüllung zahlreicher „Sonderwünsche“ und Herr Ronald Vester für die aktive Mitarbeit am Versuchsaufbau zur Parkettverleimung. Ebenso bedanke ich mich bei meinen ehemaligen Studenten, vor allem Herrn Dr.-Ing. Grzegorz Adamiuk, welche an der Planung und dem Aufbau der Versuchspresse mitgewirkt haben. Ebenfalls gebührt mein Dank meinen Projektpartnern für die Verleimversuche am Institut für Werkzeugmaschinen (IfW) der Universität Stuttgart, insbesondere Herrn Dr.-Ing. Martin Dressler. Sie alle haben zum Gelingen dieser Arbeit beigetragen.

Bei allen ehemaligen und aktuellen Mitarbeitern, die mich während meiner Zeit am IHE begleitet haben, bedanke ich mich für das sehr angenehme Arbeitsklima. Abschließend möchte ich mich bei Herrn Prof. Dr.-Ing. Thomas Zwick bedanken, welcher als Nachfolger von Prof. Wiesbeck, mir die Möglichkeit gegeben hat, meine Arbeit an seinem Institut fertig zu stellen.

Karlsruhe, im Juli 2011

Thorsten Kayser

[1] vormals Institut für Höchstfrequenztechnik und Elektronik (IHE)

[2] vormals Universität Karlsruhe (TH)

Inhaltsverzeichnis

Abkürzungen und Symbole

Abkürzungen

BEM	Boundary Element Method (Randelementmethode)
CSG	Constructive Solid Geometry (Konstruktive Festkörpergeometrie)
DGL	Differentialgleichung
EM	Elektromagnetisch
FDTD	Finite Difference Time Domain (Methode der Finiten Differenzen im Zeitbereich)
FEM	Finite Element Method (Methode der finiten Elemente)
ISM	Industrial Scientific and Medical Band (Frequenzband für industrielle, wissenschaftliche und medizinische Anwendungen)
MoM	Method of Moments (Momentenmethode)
PDGL	Partielle Differentialgleichung
PEC	Perfect Electric Conductor (Idealer elektrischer Leiter)
PML	Perfect Matched Layer (Ideal absorbierende Randbedingung)
POSIX	Portable Operating System Interface (for Unix), ISO/IEC 9945
PVAc	Polyvinylacetat
TEM	Transversal Electromagnetic (Elektromagnetisch transversal)

Mathematische und physikalische Konstanten

Die angegebenen physikalischen Konstanten richten sich nach den von dem CODATA (Committee on Data for Science and Technology) gegebenen Empfehlungen [MTN07] Stand 2006.

$c_0 = 299\,792\,458\,\mathrm{m/s}$	Lichtgeschwindigkeit im Vakuum
$e = 2{,}71828\ldots$	Eulersche Zahl
$h = 6{,}62606896(33) \cdot 10^{-34}\,\mathrm{Js}$	Plancksches Wirkungsquantum
$j = \sqrt{-1}$	Imaginäre Einheit
$k_\mathrm{B} = 1{,}3806504(24) \cdot 10^{-23}\,\mathrm{J/K}$	Boltzmann Konstante
$Z_\mathrm{F0} = \sqrt{\mu_0/\varepsilon_0} \approx 376{,}73\,\Omega$	Feldwellenwiderstand im Vakuum
$\varepsilon_0 = (c_0^2\mu_0)^{-1} \approx 8{,}854 \cdot 10^{-12}\,\mathrm{As/Vm}$	Dielektr. Permittivität des Vakuums
$\mu_0 = 4\pi \cdot 10^{-7}\,\mathrm{Vs/Am} \approx 1{,}257 \cdot 10^{-6}\,\mathrm{Vs/Am}$	Magnet. Permeabilität des Vakuums
$\pi = 3{,}14159\ldots$	Kreiszahl
$\sigma_\mathrm{B} = 5{,}670400 \cdot 10^{-8}\,\mathrm{Wm^{-2}K^{-4}}$	Stefan-Boltzmann Konstante

Lateinische Buchstaben

A	Fläche allgemein
A	Portfläche (Speiseport)
$\mathrm{d}A$	Flächenelement
c	Lichtgeschwindigkeit im Medium
c_{th}	Spezifische Wärmekapazität
C_{th}	Wärmekapazität eines Systems
$C^{\mathrm{E}}_{1,2i,j,k}$	Konstanten für FDTD Berechnung (E-Feld)
$C^{\mathrm{H}}_{1,2i,j,k}$	Konstanten für FDTD Berechnung (H-Feld)
$\vec{e}_{\mathrm{x}}, \vec{e}_{\mathrm{y}}, \vec{e}_{\mathrm{z}}$	Einheitsvektor in x-, y- bzw. z-Richtung
$\vec{e}^{M}_{\mathrm{t}}$	Modaler Basisvektor des $\vec{E}$-Feldes
$\vec{E}$	Elektrischer Feldstärkevektor
$E_{\mathrm{x}}, E_{\mathrm{y}}, E_{\mathrm{z}}$	Kartesische Komponenten des elektrischen Feldstärkevektors
$\vec{E}_{\mathrm{e}}$	Einfallendes $\vec{E}$-Feld
$\vec{E}_{\mathrm{s}}$	Gestreutes $\vec{E}$-Feld
$\hat{E}$	Amplitude (reell) des elektrischen Feldes
f	Frequenz
g	Geometrischer Progressionsfaktor für PML
h_{v}	Spezifische Verdampfungsenthalpie
$\vec{h}^{M}_{\mathrm{t}}$	Modaler Basisvektor des $\vec{H}$-Feldes
H	relativer massenbezogener Wasseranteil
$\vec{H}$	Magnetischer Feldstärkevektor
$H_{\mathrm{x}}, H_{\mathrm{y}}, H_{\mathrm{z}}$	Kartesische Komponenten des magnetischen Feldstärkevektors
$\vec{H}_{\mathrm{e}}$	Einfallendes $\vec{H}$-Feld
$\vec{H}_{\mathrm{s}}$	Gestreutes $\vec{H}$-Feld
i	Zählvariable
i, j, k	Indizes des Ortes
$\vec{J}$	Elektrische Stromdichte
$\vec{J}_{\mathrm{e}}$	Eingeprägte elektrische Stromdichte
k	Faktor für zeitliche Überabtastung
l_{p}	Modellierte Länge eines Speiseports
$L(T)$	Strahlungsdichte (Wärmestrahlung)
$\partial L(\nu, T)/\partial \nu$	Spektrale Strahlungsdichte (Wärmestrahlung)
m	Masse
m_{Fl}	Masse des Flüssigkeitsanteils
Δm_{D}	Masse des verdampften Anteils
$\vec{M}$	Magnetische Stromdichte
$\vec{M}_{\mathrm{e}}$	Eingeprägte magnetische Stromdichte
n	Zeitindex, Zählvariable
n_{th}	Faktor für Aktualisierungsintervall für thermische Berechnungen
n_{el}	Faktor für Aktualisierungsintervall für elektromagn. Berechnungen

$\vec{n}$	Normalenvektor
N	Anzahl allgemein
$\bar{p}_E$	Mittlere elektrische Verlustleistung
$\bar{p}_H$	Mittlere magnetische Verlustleistung
p_{ohm}	Ohmsche Leistungsdichte
p_{diel}	Dielektrische Verlustleistungsdichte
$p(t)$, $q(t)$	Fensterfunktionen für harmonische Anregung
$\vec{p}_{\text{th}}$	Wärmestromdichte
$\vec{P}_{\text{diel}}$	Dielektrische Polarisation
$\mathrm{d}q$	Zugeführte Wärmedichte
ΔQ	Zugeführte Wärme
ΔQ_{v}	Verdampfungswärme
$\Delta\vec{r}$	Verschiebungsvektor allgemein
$R(\psi)$	Reflexionsfaktor bei PML
$\vec{S}$	Poyntingvektor
$\mathrm{SF}(t)$	Störfunktion
t	Zeitvariable
$t_{\text{el}}^{\max}$	Simulierte Zeitdauer für elektromagnetisches Feld
t_{end}	Simulierte Zeitdauer für Simulation des Gesamtsystems
Δt	Zeitliches Diskretisierungsintervall (Zeitschritt)
Δt_{k}	Zeitliches Diskretisierungsintervall bei k-facher Überabtastung
Δt_{el}	Zeitliches Diskretisierungsintervall für EM Berechnung
Δt_{th}	Zeitliches Diskretisierungsintervall für thermische Berechnung
T	Periodendauer
T	Absolute Temperatur
T_{amb}	Umgebungstemperatur
T_{E}	Einschwingzeit des anregenden Signals
T_{s}	Siedepunkt
u	Vektorkomponente allgemein
u	Innere Energiedichte
$\mathrm{d}u$	Änderung der inneren Energiedichte
U	Innere Energie eines Systems
ΔU	Änderung der inneren Energie eines Systems
$\vec{v}$	Geschwindigkeit
V	Volumen allgemein
ΔV	Volumenelement
W	Mechanische Arbeit
$\vec{x}$	Ortsvektor allgemein
x, y, z	Kartesische Koordinaten des Ortes
$x_{\min}$, $x_{\max}$	Grenzen des Berechnungsgebietes auf x-Achse (entsprechend für y, z)
Δx, Δy, Δz	Räumliche Diskretisierungsintervalle
Z_{F}	Feldwellenwiderstand

Griechische Buchstaben

α, β	Beliebige relle Konstanten
α_{rad}	Absorptionsgrad (Wärmestrahlung)
β	Wellenzahl
δ	Schichtdicke (PML)
δ, $\tan\delta$	Verlustwinkel, Verlustfaktor
ε_{r}	Relative dielektrische Permittivität (Dielektrizitätszahl)
$\varepsilon_{\mathrm{r}}'$	Realteil der komplexen Permittivität
$\varepsilon_{\mathrm{r}}''$	Imaginärteil der komplexen Permittivität (Verlustanteil)
$\varepsilon_{\mathrm{r\ eff}}''$	Effektiver Verlustanteil der Permittivität (inkl. ohmsche Verluste)
$\varepsilon_{\mathrm{rad}}$	Emissionsgrad (Wärmestrahlung)
η	Raumladung
η	Volumetrischer Flüssigkeitsgehalt
ϑ	Celsius-Temperatur
Θ	Massendichte des Flüssigkeitsanteils
κ	Elektrische Leitfähigkeit
κ_{eff}	Effektive elektrische Leitfähigkeit (inkl. dielektrische Verluste)
λ	Wellenlänge
μ_{r}	Relative magnetische Permeabilität (Permeabilitätszahl)
μ_{r}'	Realteil der komplexen Permeabilität
μ_{r}''	Imaginärteil der komplexen Permeabilität (Verlustanteil)
$\mu_{\mathrm{r\ eff}}''$	Effektiver Verlustanteil der Permeabilität (inkl. magn. Leitfähigkeit)
ν	Frequenz (Wärmestrahlung)
ξ	Reelle Variable
ρ	Massendichte
ρ_{Fl}	Massendichte Flüssigkeit
ρ_{rad}	Reflexionsfaktor (Wärmestrahlung)
ϱ	Magnetische Leitfähigkeit
ϱ_{eff}	Effektive magnetische Leitfähigkeit (inkl. magn. Verluste)
σ_{th}	Wärmeleitfähigkeit
$\mathrm{d}\sigma$	Infinitesimales Flächenelement
τ	Zeitdifferenz allgemein
$\Phi(t)$, $\Psi(t)$	Beliebige reelle Zeitfunktionen
$\Phi_{\mathrm{H}}(t)$	Harmonische Zeitfunktion
$\vec{\Phi}$	Beliebiges Vektorfeld
φ_0	Anfangsphase
$\varphi(t)$	Zeitabhängige momentane Phase
χ	Dielektrische Suszeptibilität
$\chi(z)$	Charakteristisches Polynom
ψ	Einfallswinkel einer Welle
ω	Kreisfrequenz ($= 2\pi f$)

Mathematische Symbole

rot	Differentialoperator Rotation bezüglich der Ortskoordinaten (x,y,z)
div	Differentialoperator Divergenz bezüglich der Ortskoordinaten (x,y,z)
grad	Differentialoperator Gradient bezüglich der Ortskoordinaten (x,y,z)
Div	Sprungdivergenz bezüglich einer Grenzfläche
$\mathrm{d}\sigma$, $\mathrm{d}\vec{\sigma}$	Infinitesimales (vektorielles) Flächenelement
Δ	Laplace Operator
Δ	Differenz
$\lvert\cdot\rvert$	Betrag bzw. Euklidische Norm (Vektor)
$\zeta(x)$	Riemannsche Zetafunktion
$\Gamma(x)$	Gammafunktion
$\mathcal{O}(x)$	Landau Symbol
∂V	Rand (Oberfläche) des Volumens V
∂A	Positiv orientierte Randkurve der Fläche A
$\lvert V\rvert$	Inhalt des Volumens V
$a \bmod b$	Modulo Division (Divisionsrest)
$\mathbb{N}_0$	Menge der nichtnegativen ganzen Zahlen
$\mathbb{Z}$	Menge der ganzen Zahlen
$\mathbb{R}$	Menge der reellen Zahlen
$\mathbb{R}^n$	Euklidischer Vektorraum der Dimension n über $\mathbb{R}$
$\mathrm{C}^n(\mathrm{X})$	Menge aller Funktionen auf $\mathrm{X} \subset \mathbb{R}^p$, deren partielle Ableitungen bis Ordnung n alle vorhanden und stetig sind
$\langle a,b\rangle$	Abgeschlossenes Intervall $[\min(a,b), \max(a,b)]$
$A \wedge B$	Logische UND Verknüpfung
z^*	Konjugiert komplexer Wert von z

Gelegentlich wird von der hier angegebenen Notation abgewichen oder zusätzliche Symbole eingeführt, wenn es zweckmäßig erscheint. Darauf wird dann explizit hingewiesen. Verwechslungen sind nicht zu befürchten.

1. Einleitung

Bei der industriellen Fertigung von Produkten spielen Erwärmungsprozesse eine große Rolle. Beispiele dafür sind das Schmelzen, Trocknen, Aushärten und Sintern von Materialien. In den letzten Jahren werden verstärkt die Einsatzmöglichkeiten der Erwärmung durch Mikrowellen für die Materialprozessierung untersucht [CMP96, CFW00, Ose02, LFT+02, FNW08, KPW08]. Mikrowellen dringen in das zu erwärmende Material ein und ermöglichen auf diese Weise eine direkte Erwärmung von Innen. Dies erlaubt eine besonders schnelle und gleichmäßige Erwärmung und damit eine höhere Prozessgeschwindigkeit [TV07]. Im Gegensatz dazu wird bei konventioneller Heizung die Wärme von Außen durch Wärmeleitung oder Wärmestrahlung in das Material eingebracht, wodurch sich stets eine nach Innen abfallende Temperaturverteilung ergibt. Für hohe Anforderungen an die Homogenität der Temperatur haben daher hybride Verfahren, welche die konventionelle Erwärmung mit der Mikrowelle koppeln, Vorteile [Haa00]. Zusätzlich werden auch nicht thermische Effekte bei der Materialprozessierung mit Mikrowellen durch das elektromagnetische Feld beobachtet und sind Gegenstand aktueller Forschung [BFC96, LMTT06].

Die hohe Heizrate bei der Verwendung von Mikrowellen wird dadurch erreicht, daß das Material direkt von Innen durch Absorption der Mikrowellen erhitzt wird.[1] Bei konventioneller Erwärmung ist man dagegen auf die Wärmeleitung angewiesen, welche die Wärme zeitaufwändig von der Oberfläche ins Innere transportiert. Da die Wärmeleitfähigkeit durch das Material gegeben ist, kann dieser Vorgang nur durch Erhöhen der äußeren Temperatur (und damit des Temperaturgradienten) beschleunigt werden. Die maximale Temperatur ist aber nach oben begrenzt, da das Material nicht zerstört werden darf. Zudem erfolgt eine Beschleunigung auf diese Weise auf Kosten der Homogenität der Temperaturverteilung. Die Mikrowelle ermöglicht dagegen eine gezieltere Einflußnahme auf den örtlichen Energieeintrag, da dieser durch die elektrische Feldverteilung bestimmt wird. Die Heizrate kann durch Wahl der entsprechenden Mikrowellenleistung in weiten Bereichen beliebig eingestellt werden, da die Heizrate näherungsweise proportional zur Mikrowellenleistung ist.

Natürlich sind auch der Mikrowellenheizung Grenzen gesetzt. Nicht alle Materialien eignen sich gleichermaßen. Maßgeblich sind die dielektrischen Verluste, welche auf Umpolarisierungseffekten der Moleküle beruhen [MM83], oder ohmsche, seltener auch magnetische, Verluste. Nur wenn diese vorhanden sind, erwärmt sich das Material im Mikrowellenfeld. Stoffe mit unpolaren Molekülen erwärmen sich dagegen nicht oder nur gering. In Metalle dringen Mikrowellen aufgrund ihrer hohen Leitfähigkeit fast überhaupt nicht ein, sondern werden reflektiert. Metalle bieten sich damit als Gehäuse von Mikrowellenapplikatoren an, um die Mikrowellen von der Umgebung abzuschirmen. Materialien mit geringen Verlusten werden dagegen nahezu ohne Dämpfung von der Mikrowelle durch-

[1] Man spricht hier auch von von *volumetrischer* Heizung.

drungen und eigenen sich daher z. B. als Behälter für das eigentliche zu prozessierende Material (vergleichbar mit einer Kaffeetasse in der Haushaltsmikrowelle).

Wasser besitzt aufgrund der polaren Eigenschaften des Wassermoleküls hohe dielektrische Verluste und wird folglich durch Mikrowellen gut erwärmt. Daher eignen sich auch Materialien, welche an sich zwar niedrige dielektrische Verluste besitzen, aber einen gewissen Wassergehalt (Feuchtigkeit) aufweisen (z. B. Holz), gut für die Mikrowellenprozessierung. Eine denkbare Anwendung wäre hier, das enthaltene Wasser auszudampfen, z. B. zur Trocknung oder Wasser, das als Lösungsmittel in Lacken oder Klebern verwendet wird, zu verdampfen, um so das Aushärten zu beschleunigen. Häufig besitzt das Grundmaterial geringere dielektrische Verluste als das enthaltene Wasser. Damit konzentriert sich die Mikrowellenerwärmung automatisch auf die Bereiche, die einen höheren Wassergehalt aufweisen. Sinkt dieser während der Trocknung an einer Stelle, so wird in diesen Bereich automatisch weniger Wärme eingekoppelt. Damit wirkt die Mikrowelle automatisch verstärkt an den Stellen, an denen es notwendig ist.

Neben der Leistung besitzt die Auswahl der Frequenz entscheidenden Einfluß auf die Mikrowellenerwärmung. Je höher die Frequenz, desto stärker ist die Wärmewirkung [MM83]. Dadurch werden die Mikrowellen allerdings auch stärker gedämpft, so daß diese mit steigender Frequenz immer weniger in das Material eindringen können. Im Extremfall entsteht dadurch ein Erwärmungsprofil ähnlich dem der konventionellen Erwärmung. Bei zu niedriger Frequenz ist die Wärmewirkung zu gering. Die ISM[2]-Frequenz 2,45 GHz bietet für alle gängigen Materialien einen guten Kompromiß zwischen ausreichender Eindringtiefe und guter Erwärmung. Zudem ist diese Frequenz weltweit lizenzkostenfrei nutzbar, so daß für diese Frequenz preisgünstige Mikrowellenkomponenten erhältlich sind, und sich die Umrüstung einer konventionellen Anlage auf Mikrowellen früher amortisiert.

Besonders vorteilhaft sind Mikrowellenanlagen, die im Durchlaufbetrieb arbeiten. Dabei findet ein kontinuierlicher Materialvorschub statt. Das bedeutet, das zu prozessierende Material bewegt sich durch das Mikrowellenfeld. Dadurch entsteht in Vorschubrichtung automatisch eine gleichmäßige Prozessierung, da alle Bereiche in Vorschubrichtung, im zeitlichen Mittel, der gleichen Mikrowelleneinwirkung ausgesetzt sind. Zudem integriert sich ein solcher Applikator einfacher in einen bestehenden Produktionsprozeß, wenn die übrigen Fertigungsschritte ebenfalls einen kontinuierlichen Materialfluß erfordern. Würde der Applikator im Taktbetrieb arbeiten, so könnte während des Prozessierungsvorganges kein weiteres Material zugeführt oder entnommen werden. Dadurch käme der gesamte übrige Produktionsprozeß ins Stocken. Dies ließe sich nur vermeiden, wenn vor und nach der Mikrowellenprozessierung, Maßnahmen vorgesehen werden, um das Material zwischenzuspeichern, eine aufwändige und teure Lösung. Eleganter ist es daher, wenn die Mikrowellenanlage selbst im Durchlaufbetrieb arbeitet. Ein Beispiel dafür wäre ein Mikrowellenapplikator, der Holz im Durchlaufbetrieb trocknen oder verleimen kann und der kontinuierlich mit vorbearbeiteten Rohlingen, direkt von einer Sägestraße, beschickt wird. Bei einem solchen Durchlaufapplikator ergeben sich jedoch, gegenüber dem Taktbetrieb, zwei zusätzliche Voraussetzungen. Zum einen können keine festen Türen an den Öffnungen für

[2] **I**ndustrial, **S**cientific and **M**edical Applications.

den Materialein- und Ausgang angebracht werden. Zur Abschirmung der Mikrowellenstrahlung nach Außen, sind daher geeignete Filter notwendig, die das zu prozessierende Material passieren lassen, aber gleichzeitig ein Austreten der Mikrowellen verhindern, wofür es aber Lösungen gibt [KPL+09]. Zum anderen ist es notwendig, solche Applikatoren unter Einbeziehung des Materialvorschubes, und dessen Auswirkung auf das Ergebnis der Prozessierung, berechnen zu können. Dies bildet den Gegenstand der vorliegenden Arbeit.

1.1. Motivation

Um eine Anlage für die Mikrowellenerwärmung zu planen, oder eine bestehende Anlage umzurüsten, ist es notwendig, die zugrunde liegenden Wirkungsmechanismen genau zu verstehen. Nur auf diese Weise können Mikrowellenapplikatoren hinsichtlich der gestellten Anforderungen ausgelegt und optimiert werden. Zu den Anforderungen gehört meist die Art der Temperaturverteilung. Häufig ist eine möglichst gleichmäßige (homogene) Erwärmung oder eine Temperaturverteilung mit definierter Änderung (Gradientenheizung) gewünscht [Sch02]. Darüber hinaus möchte man den zeitlichen Verlauf der Temperatur steuern können. Unbedingt zu verhindern ist, daß der Heizprozeß außer Kontrolle gerät und sich Teile des zu prozessierenden Materials unkontrolliert aufheizen, was zu Materialzerstörung und Folgeschäden führen kann. Daher ist es notwendig, die Prozesse, die bei der Materialerwärmung mit Mikrowellen involviert sind, möglichst genau beschreiben und berechnen zu können.

Die Berechnung bzw. Simulation von Mikrowellenheizprozessen beruht auf elektromagnetischen und thermischen Feldberechnungen. Die mathematische Beschreibung der elektromagnetischen Felder erfolgt mit Hilfe der Maxwellschen Gleichungen [Bal89, Mly94]. Diese Gleichungen beschreiben das elektrische und magnetische Feld als Funktion der zugehörigen zeitlichen und örtlichen Ableitungen, d. h. in Form sog. partieller Differentialgleichungen (PDGL). Die Berechnung der thermischen Felder erfolgt in ähnlicher Weise, nach den physikalischen Gesetzen der Thermodynamik, ebenfalls in Form partieller Differentialgleichungen in Ort und Zeit.

Elektromagnetische und thermische Berechnungen können dabei im Allgemeinen nicht unabhängig voneinander betrachtet werden. Das elektromagnetische Feld erwärmt das Material. Aufgrund der Erwärmung ändern sich dessen Materialeigenschaften mit der Zeit, sowohl die elektromagnetischen als auch die thermischen. Das bedeutet, daß die durch das elektromagnetische Feld hervorgerufene Temperaturerhöhung, über die veränderten elektromagnetischen Materialparameter, auf das elektromagnetische Feld zurückwirkt und dieses sich somit ebenfalls ändert, woraus wiederum ein veränderter Wärmeeintrag resultiert. Das thermische und elektromagnetische Feld sind damit wechselseitig verkoppelt. Dieser Zusammenhang ist in Bild 1.1 veranschaulicht.

Zu den elektromagnetischen Materialparametern gehören die dielektrische Permittivität ε, die Leitfähigkeit κ und die magnetische Permeabilität μ. Für die thermische Berechnung sind die Dichte ρ, die spezifische Wärmekapazität c_{th} und die Wärmeleitfähigkeit σ_{th} von

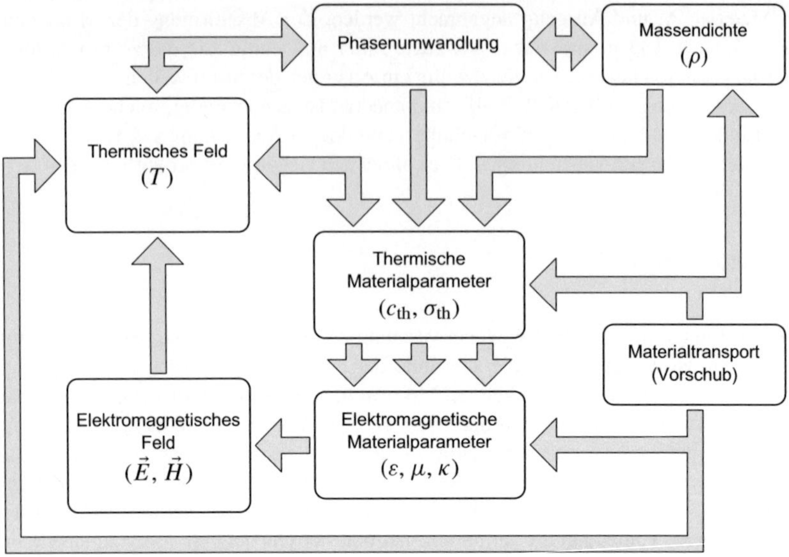

Bild 1.1.: Wechselseitige Verkopplung von elektromagnetischen und thermischen Feldern.

Bedeutung. Im Allgemeinen gibt es dabei keinen eindeutigen (d. h. funktionalen) Zusammenhang zwischen den Materialparametern und der Temperatur alleine. Das gilt insbesondere dann, wenn nichtumkehrbare Prozesse, wie z. B. das Aushärten von Klebstoffen beteiligt sind oder Feuchtigkeit verdampft und entweicht. In Bild 1.1 ist dies unter dem Begriff *Phasenumwandlung* zusammengefasst. Eine Phasenumwandlung findet statt, wenn die Temperatur eine bestimmte Bedingung erfüllt, z. B. der Siedepunkt erreicht wird. Umgekehrt hat diese Umwandlung selbst Einfluß auf die Temperatur, indem z. B. Schmelzwärme frei wird oder Verdampfungsenergie entzogen wird.

Neben dieser Kopplung gibt es auch noch zeitliche Veränderungen durch Materialtransport, wie das bei Mikrowellenapplikatoren für den Durchlaufbetrieb der Fall ist. Durch die Bewegung verändern sich zum einen die geometrischen Randbedingungen als auch die örtliche Verteilung der Materialparameter mit der Zeit. Außerdem gibt es einen Einfluß auf das thermische Feld selbst, indem sich die Temperaturverteilung mit dem Material mitbewegt und somit ein Wärmetransport entsteht.

1.2. Aufgabenstellung

An das Design von Mikrowellenapplikatoren werden gewisse Anforderungen gestellt. Dazu gehören beispielsweise die Heizrate, das Temperaturprofil oder die Forderung nach einer gleichmäßigen Trocknung. Diese hängen in sehr komplexer Weise von verschiedenen

Einflußgrößen ab. Zu nennen sind an dieser Stelle die Form des Applikators und des zu prozessierenden Werkstückes, die Art der Mikrowelleneinspeisung sowie die Frequenz und Mikrowellenleistung. Ganz besonders sind die Materialeigenschaften des zu prozessierenden Werkstückes entscheidend. Diese wirken auf die elektromagnetische Feldverteilung innerhalb des Materials ein und bestimmen darüber hinaus, mit welcher Erwärmung das Material auf das elektromagnetische Feld reagiert. Eine spezielle Klasse von Mikrowellenapplikatoren stellen solche dar, die im Durchlaufbetrieb arbeiten. Dabei befindet sich das zu prozessierende Werkstück nicht konstant an einer Stelle, sondern es wird durch das Mikrowellenfeld transportiert. Weiterhin findet ein kontinuierlicher Materialfluß statt, d. h. es wird auf der einen Seite des Applikators ständig neues Material zugeführt, während das fertig prozessierte Material an einer anderen Stelle den Applikator wieder verläßt.

Um schon in der Designphase des Applikators möglichst genau zu wissen, wie sich das Material erwärmen wird, ist es erforderlich, die Vorgänge in einem solchen Applikator möglichst genau simulieren zu können. Dabei ist häufig nicht nur die Erwärmung, sprich Temperatur, von Interesse. Beispielsweise möchte man bei Trocknungsvorgängen gerne wissen, wie sich der Wassergehalt im Material über der Zeit entwickelt. Dies ermöglicht bereits im Vorfeld die Beurteilung der Qualität von Mikrowellenapplikatoren und gibt Hinweise, um das Applikatordesign zu verbessern.

Um solche Vorgänge simulieren zu können, ist es nicht ausreichend nur das elektromagnetische Feld alleine zu betrachten. Vielmehr müssen auch die durch das Feld auftretende Erwärmung unter Berücksichtigung der Materialeigenschaften sowie die aus der Erwärmung resultierende Wirkung (z. B. Trocknung) berechnet werden. Dazu ist zunächst ein geeignetes Verfahren zu entwerfen. Dieses Verfahren umfaßt die Berechnung des elektromagnetischen Feldes im Mikrowellenapplikator unter Einbeziehung sämtlicher Materialeigenschaften, Randbedingungen und Mikrowellenquellen. Ferner sind die relevanten Mechanismen der Wärmeausbreitung, in dem zu prozessierenden Werkstück, zu bestimmen und anhand dieser, die resultierende Erwärmung (Temperaturverteilung) über der Zeit zu berechnen, wobei zu beachten ist, daß sich die Materialeigenschaften während der Prozessierung ändern können. Dabei sind auch die für eine Trocknung oder Aushärtung notwendigen Verdampfungsvorgänge zu berücksichtigen. Alle Vorgänge sind unter der zusätzlichen Annahme eines Materialvorschubes zu betrachten, so daß insbesondere auch Durchlaufapplikatoren simuliert werden können.

Hinsichtlich der Modellierung ist größtmögliche Flexibilität gefordert, so daß zur Berechnung nur Verfahren in Frage kommen, die eine vollständig dreidimensionale Beschreibung der Geometrie erlauben. Ebenso muß es möglich sein, die Materialeigenschaften, die von Temperatur und weiteren physikalischen Größen abhängen können, geeignet zu beschreiben, so daß auch Phasenumwandlungen berücksichtigt werden können.

Um die Funktionsweise des entwickelten Verfahrens zu demonstrieren, ist eine geeignete Implementierung in Software zu erstellen, welche die Lösung der verkoppelten elektromagnetischen und thermischen Feldprobleme, unter Berücksichtigung des Durchlaufbetriebs, im Mikrowellendurchlaufapplikator ermöglicht.

1.3. Stand der Technik

Werkzeuge in Form von Software zur Berechnung elektromagnetischer Felder in dielektrischen Materialien sind heute weit verbreitet und funktionieren zuverlässig [Yak01b]. Gleiches gilt für den Bereich thermischer Berechnungen [SSB+05, TB08, DBM10]. Vielfach geschieht die Auslegung von Mikrowellenapplikatoren rein anhand des elektromagnetischen Feldes. Dafür sind am Markt seit Jahren ausgereifte Software-Tools verfügbar [Yak01a, Yak06]. Dies liefert einen ersten und auch wichtigen Anhaltspunkt um das Verhalten des Applikators abzuschätzen. Da jedoch keine Wärmeausbreitungsphänomene berücksichtigt werden, unterscheiden sich die elektrische und thermische Feldverteilung schon in qualitativer Hinsicht, insbesondere wenn längere Zeitspannen betrachtet werden.

Einen Schritt weiter gehen Verfahren, bei denen einmalig eine elektromagnetische Feldverteilung berechnet wird, die für die nachfolgende thermische Berechnung als konstant angenommen wird. Diese bildet die Grundlage für den elektromagnetischen Wärmeeintrag währen des gesamten Simulationsvorganges. Thermisch bedingte Änderungen der Materialparameter wirken sich dann nur auf das thermische Feld, nicht mehr jedoch auf das elektromagnetische Feld, aus. Dies erlaubt auch eine manuelle Erweiterung der Vorgehensweise, bei der für die elektromagnetische und thermische Berechnung verschiedene Werkzeuge verwendet werden [KC05]. Bei thermisch bedingter Änderung der Materialparameter, lassen sich diese wieder in das elektromagnetische Feldberechnungstool einspeisen und die Feldberechnung wiederholen. Daneben gibt es halbanalytische Verfahren, welche eine simultane Kopplung erlauben [AJ99], aber dafür eine sehr eingeschränkte geometrische Modellierung voraussetzen.

Lösungen, welche die Berechnung von Wärmeausbreitung und elektromagnetischen Feldern unter Berücksichtigung der Verkopplung der Felder ermöglichen, sind seit etwa fünfzehn Jahren verfügbar [MPP+95, TJ97, Haa00, PM02] haben sich stetig verbessert und inzwischen Marktreife erreicht. Seit einigen Jahren gibt es auch spezielle Tools, die sich auf die Simulation verschiedener physikalischer Phänomene mit simultaner Kopplung spezialisiert haben [Let04, Gra08], und sich damit auch für die Simulation der Erwärmung durch Mikrowellen eignen [PKAW07]. Diese basieren auf der numerischen Lösung verkoppelter partieller Differentialgleichungen. Dabei ist die Struktur der Differentialgleichungen fest, während die Koeffizienten sich an die Problemstellung anpassen lassen. Schwierigkeiten ergeben sich bei der Simulation unstetiger Vorgänge (Phasenumwandlungen), da sich die notwendigen Fallunterscheidungen nur mit Einschränkungen implementieren lassen. Zudem ist eine Bewegung von Objekten während der Simulation nicht vorgesehen, so daß keine Simulation von Durchlaufprozessen möglich ist.

Mit den bisherigen Verfahren ist es nicht möglich, die Vorgänge in einem Mikrowellenapplikator für den Durchlaufbetrieb in konsistenter Weise zu beschreiben und dabei alle relevanten physikalischen Phänomene zu berücksichtigen. Diese Arbeit hat daher zum Ziel, ein solches Verfahren zu entwerfen und auch zu implementieren. Damit steht erstmals die Möglichkeit zur Verfügung, einen Mikrowellen-Durchlaufapplikator komplett feldtheoretisch zu beschreiben und zu berechnen.

1.4. Verfahren zur Lösung von Feldproblemen

Diese Arbeit befasst sich mit elektromagnetischen und thermischen Feldern. Das elektromagnetische Feld beschreibt die Ausbreitung der Mikrowelle im Raum bzw. im Applikator. Beim thermischen Feld wird die Ausbreitung der Wärme im prozessierten Werkstück bestimmt. Im gemeinsamen Kern bedeutet dies die Lösung von gekoppelten räumlichen Randwertproblemen mit gegebenen zeitlichen Anfangsbedingungen. Die Beschreibung erfolgt durch partielle Differentialgleichungen, welche sowohl Ableitungen bezüglich des Raumes als auch der Zeit beinhalten. Im Falle der elektromagnetischen Wellenausbreitung gelten die wohlbekannten Maxwellschen Gleichungen [Bal89]. Die Wärmeausbreitung wird durch die Wärmeleitungsgleichung und einige weitere Mechanismen beschrieben [GV93]. Zur Lösung solcher Feldprobleme haben sich in den letzten Jahrzehnten diverse Verfahren etabliert [MM05, Smi85].

1.4.1. Zeit- und Frequenzbereichsverfahren

Grundsätzlich unterscheidet man zwischen Lösungsverfahren im Zeitbereich und solchen im Frequenzbereich. Zeitbereichsmethoden sind dabei am allgemeinsten gehalten. Das Problem wird direkt unter Zugrundelegung der physikalischen Differentialgleichungen (DGLn) und vorgegebener beliebiger[3] zeitlicher Anregung gelöst. Bei einer Lösung im Frequenzbereich wird eine Anregung mit einer harmonischen Zeitabhängigkeit bekannter Frequenz und Phase vorausgesetzt [Fö93]. Dieser Ansatz führt bei linearen DGLn zu einer Elimination der Zeitabhängigkeit, so daß in den DGLn nur noch Ableitungen bezüglich der drei Raumrichtungen vorkommen. Diesen Vorteil erkauft man sich allerdings dadurch, daß nun die Feldgrößen komplex angenommen werden müssen, wodurch sich der Speicherbedarf für die Feldgrößen verdoppelt, da Real- und Imaginärteil bestimmt werden müssen.

Ist das betrachtete System linear, erhält man mit Zeitbereichsverfahren und Frequenzbereichsverfahren äquivalente Lösungen, welche ineinander umgerechnet werden können. Dabei ist natürlich der reziproke Zusammenhang zwischen Zeitauflösung und Bandbreite bzw. Frequenzauflösung und Zeitdauer zu beachten [Kie98, KK98]. Für schmalbandige oder monofrequente Systeme kann daher ein Frequenzbereichsverfahren vorteilhaft angewendet werden. Zeitbereichsmethoden eignen sich sowohl für schmalbandige, wie auch breitbandige Systeme, da der Berechnungsaufwand mehr oder weniger nur von der höchsten betrachteten Frequenz bzw. der notwendigen zeitlichen Auflösung abhängt. Sind die elektrischen Materialgleichungen linear, so stellt auch die elektromagnetische Feldberechnung ein lineares Problem dar. Dies gilt jedoch nur so lange, wie die Rückwirkung der Temperatur auf die elektrischen Materialparameter außer Acht gelassen wird.

Die elektrische Anregung erfolgt im Falle der Mikrowellenheizung, idealisiert betrachtet, mit einer zeitharmonischen Funktion konstanter Frequenz und Amplitude. Bei Annahme realer Mikrowellenquellen ergibt sich durch Jitter, Phasen- und Amplitudenrauschen ein

[3] Die notwendigen Anforderungen hinsichtlich der Differenzierbarkeit vorausgesetzt.

gewisse Bandverbreiterung[4], das Signal ist aber immer noch relativ schmalbandig. Daher eignen sich im vorliegenden Anwendungsfall sowohl Frequenzbereichsverfahren wie auch Zeitbereichsverfahren für die elektromagnetische Berechnung. Die thermische Berechnung muß in der Lage sein, auch nichtlineare Effekte zu berücksichtigen (Wärmestrahlung, Verdampfung). Daher kommt hierfür nur ein Verfahren im Zeitbereich in Frage, zumal die Lösung sowieso in Abhängigkeit der Zeit berechnet werden soll.

1.4.2. Numerische Verfahren

Hier werden die numerischen Verfahren zur Lösung elektromagnetischer Feldprobleme kurz betrachtet und diskutiert. Zur Lösung von thermischen Feldproblemen kommen prinzipiell die gleichen Verfahren, evtl. leicht modifiziert, zum Einsatz, da sich die dahinter stehende Mathematik nicht wesentlich unterscheidet. Die beiden gängigsten Verfahren zur Lösung von elektromagnetischen Feldproblemen im Frequenzbereich stellen die **F**inite-**E**lemente **M**ethode (FEM) und die **B**oundary-**E**lemente **M**ethode (BEM, Randelementmethode) dar [Kos94]. Letztere wird auch häufig als Momentenmethode (MoM, engl. **M**ethod **o**f **M**oments) bezeichnet.[5]

Die FEM setzt ein endliches Volumen voraus, in dem das Feld berechnet wird. Dieser Bereich wird in einfache geometrische Körper (Volumen*elemente*) zerlegt. Vielfach werden hierfür Tetraeder verwendet, da sich diese sehr flexibel an die Geometrie eines allgemeinen Problems anpassen lassen, d. h. ebene Grenzflächen zweier Medien können exakt, gekrümmte in guter Näherung nachgebildet werden. Es ergibt sich damit aber i. A. eine sehr große Anzahl solcher Volumenelemente, was sich negativ auf den Speicherverbrauch auswirkt. Läßt es die Geometrie des Problems zu, können daher Strukturen wie Prismen, Hexaeder (Bricks) oder Quader günstiger sein. Basierend auf der Zerlegung, faßt man die an einem Knotenpunkt angrenzenden Elemente zu sogenannten Domänen zusammen. Zu jeder Domäne wird eine stetige Formfunktion definiert, die außerhalb der Domäne verschwindet[6] und (bei normierten Formfunktionen) am zentralen Knotenpunkt der Domäne den Wert Eins hat. Der Verlauf der Formfunktion setzt sich innerhalb einer Domäne als Linearkombination einfacher Basisfunktionen zusammen. Hierfür verwendet man häufig Polynome ersten Grades. Die so gewonnene Formfunktion erfüllt die Forderungen hinsichtlich Stetigkeit und Differenzierbarkeit. Die Feldlösung wird nun durch eine Linearkombination aller Formfunktionen approximiert. Das Feldproblem hat sich somit darauf reduziert, die Koeffizienten dieser Linearkombination so zu bestimmen, daß diese Approximation „bestmöglichst" erfolgt. Als Kriterium hierzu wird definiert, daß die Lösung im Sinne einer Anzahl verschieden gewichteter räumlicher Mittelwerte erfüllt sein soll. Diese Anzahl wird gleich der Anzahl der unbekannten Koeffizienten gewählt. Für jeden unbekannten Koeffizienten wird dazu das Moment der approximierten Lösung mit einer Gewichtsfunktion gebildet. Für diese Gewichtsfunktionen gelten die gleichen Anforderungen

[4] Was durchaus erwünscht sein kann, da hierdurch i. A. die Homogenität der Heizung etwas erhöht wird.

[5] Im eigentlichen Sinne bezeichnet die Momentenmethode eine Klasse von Methoden, welche das ursprüngliche Problem in ein algebraisches lineares Gleichungssystem gewichteter Momente überführt. Dazu zählen u. a. FEM und BEM [Kos94].

[6] Man spricht dann auch von *lokalen* Formfunktionen.

wie für die Formfunktionen, insbesondere die Lokalität. Häufig werden als Gewichtsfunktionen die Formfunktionen selbst verwendet. Man spricht dann vom Galerkinverfahren. Man erhält auf diese Weise ein quadratisches Lineares Gleichungssystem (LGS) für die unbekannten Koeffizienten. Die Matrix dieses LGS ist wegen der geringen Überlappung der Form- und Gewichtsfunktionen nur sehr dünn besetzt, so daß das sich das LGS sehr einfach mit einem direkten Verfahren (z. B. dem Gaußschen Verfahren) auflösen läßt. Der Vorteil der FEM ist, daß sie sich relativ einfach implementieren läßt, da für die effiziente Lösung linearer Gleichungssysteme fertige erprobte Routinen zur Verfügung stehen, z. B. die LAPACK-Bibliothek [Lap]. Auch eignet sich diese Methode zur Lösung gekoppelter Probleme [ZT00]. Dagegen ist die Unterteilung des Berechnungsgebietes in einzelne Volumenelemente, unter Berücksichtigung sämtlicher Materialgrenzen, je nach gegebener Geometrie, eine sehr komplexe Aufgabe. Da in dieser Arbeit bewegte Objekte betrachtet werden, darf diese Unterteilung zudem nicht starr ausfallen.

Bei der BEM wird nicht das gesamte Berechnungsvolumen diskretisiert, sondern nur die Oberfläche der geometrischen Struktur. Daher kann das Feldgebiet auch unendlich ausgedehnt sein. Das Feld kann mittels Greenscher Funktionen [Bal89] im gesamten Raum berechnet werden, wenn die elektrische und magnetische Strombelegung auf den Oberflächen der Geometrie bekannt ist. Diese wird berechnet, indem der gleiche Ansatz mittels Formfunktionen gemacht wird wie bei der FEM, jedoch nur auf den Grenzflächen. Statt Volumenelementen kommen hier dann Flächenelemente, z. B. Dreiecke, zum Einsatz. Die Koeffizienten der Linearkombination werden so bestimmt, daß die Randbedingungen der erzeugten elektromagnetischen Felder auf den Oberflächen der geometrischen Struktur erfüllt sind. Mit der so approximierten Strombelegung lassen sich die Randbedingungen i. A. nicht exakt erfüllen, so daß auch hier die Methode der gewichteten Mittelwerte (Momente) zum Einsatz kommt. Auf diese Weise erhält man wieder ein quadratisches LGS zur Bestimmung der Koeffizienten. Dieses enthält normalerweise deutlich weniger Unbekannte und ist damit deutlich kleiner als bei der FEM, da bei der Diskretisierung der Oberfläche wesentlich weniger Elemente entstehen als bei der Diskretisierung des Volumens. Zudem steigt die Anzahl der Unbekannten, entsprechend der Größe der Oberfläche, nur quadratisch mit den Abmessungen des berechneten Modells und nicht mit der dritten Potenz wie bei der FEM. Da aber das elektromagnetische Feld eines Flächenelements auch an allen anderen Flächen wirksam ist, und nicht nur in an den unmittelbar benachbarten, ist die Matrix vollständig besetzt. Dies macht die Lösung des Gleichungssystems aufwändiger. Die BEM spielt ihre Vorteile hauptsächlich bei der Berechnung großer (metallischer) Strukturen aus, wobei das Feld im freien Raum oder anderen homogenen Dielektrika berechnet werden soll. Da das Berechnungsgebiet nicht begrenzt ist, eignet sich die BEM hervorragend zur Berechnung von Abstrahlproblemen (Antennen) oder der Radarrückstreuung. Da bei der Mikrowellenerwärmung direkt die Feldstärken im Inneren von Materialien, die zudem inhomogen sein dürfen, interessieren, ist die BEM für den Zweck dieser Arbeit weniger geeignet.

Die Methode der finiten Differenzen (FDTD, **F**inite **D**ifference **T**ime **D**omain) arbeitet im Zeitbereich und leitet sich direkt aus den Maxwellschen Gleichungen in Differentialform ab [Taf95]. Die darin enthaltenen Ableitungen des elektrischen und magnetischen Feldes nach dem Ort und der Zeit, werden direkt durch zentrale Differenzenquotienten approximiert. Das resultierende Gleichungssystem erlaubt die explizite Entwicklung des elektrischen und magnetischen Feldes in diskreten Zeitschritten. Durch diese Vorgehensweise entsteht implizit eine gleichmäßige dreidimensionale orthogonale räumliche Anordnung von Stützstellen für die Feldkomponenten, bei der das elektrische und das magnetische Feld jeweils ein halbes Diskretisierungsintervall im Raum zueinander versetzt sind. Auch die zeitliche Berechnung des elektrischen und magnetischen Feldes erfolgt jeweils abwechselnd in halben Zeitschritten aufeinander folgend. Von besonderem Vorteil ist dabei, daß das elektrische Feld nur vom vorangegangenen magnetischen Feld und dem zuletzt berechneten elektrischen Feld abhängt und umgekehrt. Dadurch läßt sich das Verfahren besonders effizient und speichersparend implementieren, da keine Zwischenspeicherung des zeitlichen Zustandes notwendig ist. Nachteilig wirkt sich die starre Gitterstruktur der Anordnung der Feldkomponenten aus, die nur in Sonderfällen die Materialgrenzen exakt nachbilden kann. Für gekrümmte Flächen entsteht dadurch ein „Staircase“-Effekt (Treppeneffekt). Dieser läßt sich mildern, wenn die räumliche Diskretisierung verfeinert wird, wodurch jedoch die Anforderungen an Speicherplatz und Rechenzeit stark ansteigen. Durch Verfahren zu lokalen Verfeinerung des Gitters kann dieser Nachteil jedoch umgangen werden. Es gibt aber auch Erweiterungen der Methode, die eine konforme Anpassung der Gitterstruktur an die Geometrie erlauben [YCC92]. Dadurch, daß die Gitterstruktur nicht direkt von den Materialgrenzen abhängt, eignet sich das FDTD-Verfahren prinzipiell auch zur Modellierung beweglicher Objekte, wenn darauf geachtet wird, daß die Gitterstruktur für den kompletten Bewegungsverlauf ausreichend fein diskretisiert ist. Weitere Vorteile sind die relativ einfache Implementierbarkeit und der geringe Speicherbedarf, so daß es möglich ist, auch relativ große Strukturen berechnen zu können. Aus diesen Gründen wird das FDTD-Verfahren in dieser Arbeit verwendet.

1.5. Lösungsansatz und Gliederung der Arbeit

Die Aufgabenstellung erfordert die Entwicklung eines Verfahrens, das die elektromagnetischen und thermischen Vorgänge in einem Mikrowellenapplikator für den Durchlaufbetrieb berechnen bzw. simulieren kann. Dazu sind zunächst die relevanten physikalischen Phänomene zu bestimmen und zu beschreiben. Zwischen diesen Phänomenen bestehen Wechselwirkungen, wie das schon in Bild 1.1 angedeutet ist. Die Modellierung erfolgt komplett im Zeitbereich, so daß alle Feldgrößen zu genau bestimmten diskreten Zeitpunkten berechnet werden. Die beschreibenden physikalischen Gleichungen werden dazu mittels numerischer Näherungen approximiert. Für das elektromagnetische Feld ist dies genau das FDTD-Verfahren. Für das thermische Feld ergibt sich eine ähnliche Vorgehensweise. Basierend auf diesen Näherungen erfolgt die gegenseitige Verkopplung. Zur Demonstration des entwickelten Verfahrens erfolgt eine Implementierung in einer eigens entwickelten Software. Abschließend erfolgt die Verifikation anhand der Simulation eines real aufgebauten Mikrowellen-Durchlaufapplikators für die Parkettverleimung. In diesem Applikator werden zwei Lagen Holz miteinander verleimt. Zur Beschleunigung dieser Verleimung werden Mikrowellen eingesetzt, die vor allem die Leimschicht erwärmen. Während der Prozessierung bewegt sich das Parkett kontinuierlich durch den Applikator.

Kapitel 2 beschreibt die Berechnung des elektromagnetischen Feldes mittels des FDTD Verfahrens. Dies schließt die Modellierung der Mikrowellenquellen, d. h. die Anregung des Feldes mit ein. Zusätzlich wird ein neuartiges Verfahren vorgestellt, um die räumliche Auflösung lokal zu verfeinern. In Kapitel 3 werden zunächst die Grundlagen zur Beschreibung der Wärmeausbreitung betrachtet und darauf aufbauend ein numerisches Modell entwickelt, wobei auch der Materialvorschub berücksichtigt wird. Die Beschreibung der Kopplung zwischen dem elektromagnetischen Feld und den thermischen Feldgrößen erfolgt in Kapitel 4. Aus dieser Kopplung folgt ein Verfahren zur Simulation vom Mikrowellen-Durchlaufapplikatoren. Dieses Verfahren wird in eine Software implementiert, auf die in Kapitel 5 eingegangen wird. Abschließend erfolgt in Kapitel 6 die Anwendung und Verifikation des Verfahrens anhand eines Mikrowellendurchlaufapplikators für die Parkettherstellung. Dazu wird ein real durchgeführter Verleimversuch in einer Simulation, unter Anwendung des neuen Verfahrens, nachgestellt und die Ergebnisse von Versuch und Simulation miteinander verglichen.

2. Berechnung der elektromagnetischen Felder

Die Berechnung der elektromagnetischen Felder erfolgt im Zeitbereich mittels der Methode der finiten Differenzen (engl. **F**inite **D**ifference **T**ime **D**omain, FDTD). Diese feldtheoretische Methode beruht auf einer zeitlich und räumlich diskretisierten Darstellung der Maxwellschen Gleichungen. Dadurch werden alle relevanten Phänomene der Wellenausbreitung automatisch berücksichtigt. Besonders geeignet ist diese Methode zur Berechnung der Wellenausbreitung in verschiedenen Dielektrika, wie sie für die vorliegende Arbeit benötigt wird.

Bei der FDTD wird die komplette zeitliche Entwicklung der elektrischen und magnetischen Feldkomponenten einschließlich der hochfrequenten Schwingung in diskreten Zeitabständen Δt erfasst. Diese Zeitabstände müssen klein sein gegenüber der Periodendauer der zeitlichen Anregungsfunktion um den zeitlichen Verlauf korrekt abzutasten. Bei den üblichen Mikrowellenfrequenzen im unteren GHz-Bereich liegt Δt im Bereich einiger zehn Picosekunden. Die Änderung der Temperatur, und damit verbunden die Änderung der Materialeigenschaften, erfolgt um viele Größenordnungen langsamer. Selbiges gilt für die durch den mechanischen Transport geänderten Randbedingungen. Die Materialeigenschaften können daher über sehr viele Zeitschritte Δt als konstant angenommen werden. Daher wird in der folgenden Beschreibung zunächst von konstanten Bedingungen ausgegangen. Die Zeitvariation wird in Kapitel 4 zusammen mit der thermischen Kopplung behandelt.

Zu Beginn dieses Kapitels wird auf die Grundlagen der FDTD kurz eingegangen, so weit sie für die vorliegende Arbeit benötigt werden. Diese Grundlagen sind auch bei der Behandlung der thermischen Felder in Kapitel 3 hilfreich. Dabei wird im Hinblick auf eine größtmögliche Flexibilität von vornherein der dreidimensionale Raum behandelt. Für eine umfassendere Darstellung sei auf [Taf95] verwiesen.

2.1. Feldgleichungen

Elektromagnetische Felder werden durch die vier Maxwellschen Gleichungen [Bal89, JWM06] vollständig beschrieben. In einem Raumbereich, in dem die elektrischen und magnetischen Felder bezüglich des Ortes und der Zeit t differenzierbar sind, gilt:

$$\operatorname{rot} \vec{E} = -\frac{\partial \vec{B}}{\partial t} - \vec{M} \tag{2.1}$$

$$\operatorname{rot} \vec{H} = \frac{\partial \vec{D}}{\partial t} + \vec{J} \tag{2.2}$$

$$\operatorname{div} \vec{D} = \eta \tag{2.3}$$

$$\operatorname{div} \vec{B} = 0 \tag{2.4}$$

$\vec{E}$ und $\vec{H}$ bezeichnen die elektrische bzw. magnetische Feldstärke. $\vec{D}$ steht für die elektrische Verschiebungsdichte und $\vec{B}$ für die magnetische Flußdichte. $\vec{J}$ und $\vec{M}$ bezeichnen die elektrische und die magnetische Stromdichte[1], η steht für die Raumladung. In einem homogenen Medium baut sich keine Raumladung auf, und eine eventuell vorhandene Raumladung klingt bei vorhandener Leitfähigkeit exponentiell ab [Mly94]. Daher wird im Folgenden von $\eta = 0$ ausgegangen.

Zur Berechnung von $\vec{E}$ und $\vec{H}$ werden die die beiden Rotationsgleichungen, das *Induktionsgesetz* (2.1) und das *Durchflutungsgesetz* (2.2), herangezogen. Da diese Gleichungen insgesamt sechs verschiedene Feldkomponenten (jeweils drei kartesische Komponenten für $\vec{E}$ und $\vec{H}$) miteinander verknüpfen, werden noch weitere Beziehungen benötigt. Diese werden durch die Materialeigenschaften gegeben.

2.1.1. Materialgleichungen

Zur Vereinfachung der Darstellung, werde zunächst von einem Raumbereich mit einem linearen, isotropen und vor allem dispersionslosen Dielektrikum ausgegangen. Für diesen grundlegenden Fall gelten die Materialgleichungen

$$\vec{D}(t) = \varepsilon_0 \varepsilon_\mathrm{r} \vec{E}(t) \tag{2.5}$$

$$\vec{B}(t) = \mu_0 \mu_\mathrm{r} \vec{H}(t) \tag{2.6}$$

$$\vec{J}(t) = \kappa \vec{E}(t) \tag{2.7}$$

$$\vec{M}(t) = \varrho \vec{H}(t) \quad , \tag{2.8}$$

wobei ε_r und μ_r die relative dielektrische Permittivität bzw. magnetische Permeabilität bedeuten. ε_0 und μ_0 sind die absolute Permittivität bzw. Permeabilität des Vakuums. κ und ϱ bezeichnen die elektrische und magnetische Leitfähigkeit. Die explizite Zeitabhängigkeit t wird hier hinzugefügt, um zu verdeutlichen, daß (2.5) bis (2.8) im Zeitbereich gelten.[2] Insbesondere sind ε_r und μ_r nicht zeit- oder frequenzabhängig. Dielektrische Verluste, die für die Mikrowellenheizung eine ausschlaggebende Rolle spielen, lassen sich damit nicht direkt modellieren, jedoch können diese durch äquivalente Leitfähigkeitsverluste ausgedrückt werden, wie später in Kapitel 4, Abschnitt 4.2.3 gezeigt wird.

[1] Die magnetische Stromdichte $\vec{M}$ existiert physikalisch nicht. Sie dient der Symmetrierung der Maxwellgleichungen und zur Modellierung von Quellen zur Anregung des Feldes oder zur Definition von Randbedingungen.

[2] Zu beachten ist, daß ε_r und μ_r hier und im Folgenden *nicht* komplex sind!

2.2. Zeitliche Diskretisierung und Entwicklung der Feldkomponenten

Setzt man die Materialgleichungen (2.5) bis (2.8) in (2.1) und (2.2) ein und stellt ein wenig um, so erhält man

$$\frac{\partial \vec{H}}{\partial t} + \frac{\varrho}{\mu_0 \mu_\mathrm{r}} \vec{H} = -\frac{1}{\mu_0 \mu_\mathrm{r}} \operatorname{rot} \vec{E} \tag{2.9}$$

$$\frac{\partial \vec{E}}{\partial t} + \frac{\kappa}{\varepsilon_0 \varepsilon_\mathrm{r}} \vec{E} = \frac{1}{\varepsilon_0 \varepsilon_\mathrm{r}} \operatorname{rot} \vec{H} \quad , \tag{2.10}$$

welche als unbekannte Feldgrößen nur noch elektrische Feld $\vec{E}$ und das magnetische Feld $\vec{H}$ enthalten. Kennzeichnend für (2.9) und (2.10) ist, daß auf der linken Seite jeweils eine Feldgröße und deren zeitliche Ableitung steht, während auf der rechten Seite die räumliche Ableitung der jeweils *anderen* Feldgröße steht. Genauer gesagt, läßt sich der zeitliche Verlauf des $\vec{H}$-Feldes aus dem $\vec{E}$-Feld, und das $\vec{E}$-Feld aus dem $\vec{H}$-Feld berechnen. Die Kopplung der beiden Felder kommt damit explizit zum Ausdruck.

Die numerische Lösung dieser Gleichungen erfolgt im Zeitbereich. Um die Betrachtungen auf das Wesentliche zu beschränken, wird zunächst von einem verlustfreien Medium ausgegangen, d. h. die elektrische und magnetische Leitfähigkeit seien beide Null. Gleichung (2.9) lautet mit $\varrho = 0$ somit

$$\frac{\partial \vec{H}(t)}{\partial t} = -\frac{1}{\mu_0 \mu_\mathrm{r}} \operatorname{rot} \vec{E}(t) \quad . \tag{2.11}$$

Dabei wird die Zeitabhängigkeit explizit mit angegeben. Die Grundidee ist, alle *zeitlichen* Ableitungen durch ihren zentralen Differenzenquotienten mit einer hinreichend kleinen Zeitdifferenz Δt zu approximieren. Für $\partial \vec{H} / \partial t$ in (2.11) bedeutet dies

$$\frac{\partial \vec{H}(t)}{\partial t} = \frac{\vec{H}(t + \Delta t/2) - \vec{H}(t - \Delta t/2)}{\Delta t} + \vec{\mathcal{O}}(\Delta t^2) \quad , \tag{2.12}$$

wobei der Approximationsfehler $\vec{\mathcal{O}}(\Delta t^2)$ die Eigenschaft besitzt, daß dieser für $\Delta t \to 0$ auch nach Division durch Δt^2 beschränkt bleibt. Dies ist ein grundsätzliches Merkmal zentraler Differenzenquotienten, wenn die Funktion auf dem Intervall $[-\Delta t/2, \Delta t/2]$ wenigstens drei mal stetig differenzierbar ist, was hier vorausgesetzt sei. Der auf dem Taylorschen Satz beruhende Beweis ist in Anhang A.1.1 ausgeführt.

Ersetzt man in (2.11) die zeitliche Ableitung durch den Differenzenquotienten aus (2.12) erhält man

$$\frac{\vec{H}(t+\Delta t/2)-\vec{H}(t-\Delta t/2)}{\Delta t}=-\frac{1}{\mu_0\mu_r}\operatorname{rot}\vec{E}(t) \quad . \tag{2.13}$$

Diese Gleichung kann noch nach $\vec{H}(t+\Delta t/2)$ umgestellt werden:

$$\vec{H}(t+\Delta t/2)=\vec{H}(t-\Delta t/2)-\frac{\Delta t}{\mu_0\mu_r}\operatorname{rot}\vec{E}(t) \tag{2.14}$$

Dieses wichtige Ergebnis lehrt, daß $\vec{H}$ zum Zeitpunkt $t+\Delta t/2$ berechnet werden kann, wenn man $\vec{H}$ zum *vorangehenden* Zeitpunkt $t-\Delta t/2$ und das elektrische Feld zum *dazwischenliegenden* Zeitpunkt t kennt. Stellt man die gleichen Betrachtungen für (2.10) an, erhält man unter der Voraussetzung $\kappa = 0$ entsprechend, für das elektrische Feld

$$\vec{E}(t+\Delta t)=\vec{E}(t)+\frac{\Delta t}{\varepsilon_0\varepsilon_r}\operatorname{rot}\vec{H}(t+\Delta t/2) \quad , \tag{2.15}$$

wobei hier der (willkürliche) Zeitpunkt t gegenüber (2.14) um $+\Delta t/2$ verschoben ist. Ein Blick auf (2.14) und (2.15) läßt nun erkennen, daß $\vec{E}$-Feld und $\vec{H}$-Feld stets zu *verschiedenen* Zeitpunkten ausgewertet werden. Dies läßt sich genauer fassen, wenn man eine diskretsierte Zeitachse für t einführt.

Setzt man

$$t = n\Delta t \qquad \text{mit} \qquad n \in \mathbb{Z} \quad , \tag{2.16}$$

so sind dies genau die Zeitpunkte, für die das $\vec{E}$-Feld in (2.15) berechnet wird, welches wiederum zur Berechnung des $\vec{H}$-Feldes in (2.14) herangezogen wird. Umgekehrt ergibt sich das $\vec{H}$-Feld genau an den Zeitpunkten

$$t=\left(n+\frac{1}{2}\right)\Delta t \qquad \text{mit} \qquad n \in \mathbb{Z} \quad , \tag{2.17}$$

welches sich somit in (2.15) direkt zur Berechnung des $\vec{E}$-Feldes verwenden läßt. Diese wechselseitige Auswertung von $\vec{E}$- und $\vec{H}$-Feld wird auch *Leap-Frog-Schema* genannt. Δt wird in diesem Zusammenhang auch als *zeitliches Diskretisierungsintervall* oder *Zeitschritt* bezeichnet. Bild 2.1 verdeutlicht diesen Zusammenhang und zeigt zudem, wie die Felder voneinander abhängen.

Sind nun sowohl das $\vec{E}$-Feld zu einem beliebigen Zeitpunkt $n\Delta t$ als auch das $\vec{H}$-Feld zum nachfolgenden Zeitpunkt $(n+\frac{1}{2})\Delta t$ bekannt, so können $\vec{E}$- und $\vec{H}$-Feld abwechselnd nach (2.15) bzw. (2.14) zu den Zeitpunkten $(n+1)\Delta t$ bzw. $(n+\frac{3}{2})\Delta t$ etc. berechnet werden.

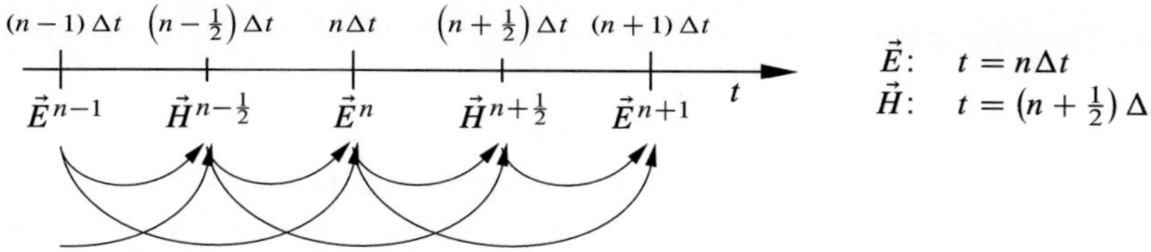

Bild 2.1.: Zeitliche Verknüpfung bei der Berechnung von $\vec{E}$- und $\vec{H}$-Feldern (Leap-Frog-Schema). Die Zeitschritte sind als hochgestellte Indizes an den Feldgrößen notiert.

Im Folgenden wird als Zeitindex stets die Variable n verwendet und als hochgestellter Index an den Feldgrößen notiert: $\vec{E}^n$, $\vec{H}^{n+\frac{1}{2}}$. Verwechslung mit Potenzen sind hierbei ausgeschlossen. Die Gleichungen (2.14) und (2.15) lassen sich damit auch bequem durch

$$\vec{H}^{n+\frac{1}{2}} = \vec{H}^{n-\frac{1}{2}} - \frac{\Delta t}{\mu_0\mu_\mathrm{r}} \operatorname{rot} \vec{E}^n \tag{2.18}$$

$$\vec{E}^{n+1} = \vec{E}^n + \frac{\Delta t}{\varepsilon_0\varepsilon_\mathrm{r}} \operatorname{rot} \vec{H}^{n+\frac{1}{2}} \tag{2.19}$$

ausdrücken.

2.2.1. Berücksichtigung von Verlusten

Besitzt das Medium ohmsche oder magnetische Verluste, d. h. sind κ oder ϱ von Null verschieden, läßt sich die zeitliche Entwicklung nicht durch (2.14) und (2.15) ausdrücken. Störend wirkt sich aus, daß neben der zeitlichen Ableitung des $\vec{E}$- oder $\vec{H}$- Feldes auch auch die zugehörige Feldgröße selbst explizit in den Gleichungen (2.9) und (2.10) auftaucht. Gleichung (2.13) würde nach dem bisherigen Ansatz damit

$$\frac{\vec{H}(t+\Delta t/2) - \vec{H}(t-\Delta t/2)}{\Delta t} + \frac{\varrho}{\mu_0\mu_\mathrm{r}} \vec{H}(t) = -\frac{1}{\mu_0\mu_\mathrm{r}} \operatorname{rot} \vec{E}(t) \quad . \tag{2.20}$$

lauten. Eine zeitliche Trennung der Felder $\vec{E}$ und $\vec{H}$ liegt damit nicht mehr vor. Zur Lösung dieses Problems haben sich in der Praxis zwei verschiedene Ansätze bewährt. Beim sogenannten *Yee-Time-Stepping* wird das $\vec{H}$-Feld zwischen den Zeitpunkten $t - \Delta t/2$ und $t + \Delta t/2$ linear interpoliert. Beim *Exponential-Time-Stepping* wird statt (2.20) direkt (2.9) mit den Methoden gewöhnlicher Differentialgleichungen näherungsweise gelöst. Auf beide Methoden wird in den folgenden beiden Abschnitten kurz eingegangen.

Yee-Time-Stepping

Kann vorausgesetzt werden, daß sich das $\vec{H}$-Feld in dem (kleinen) Intervall $[t - \Delta t/2, t + \Delta t/2]$ mit der Zeit näherungsweise linear verändert, so ist es möglich $\vec{H}(t)$ direkt durch den arithmetischen Mittelwert der symmetrisch zu t liegenden Randpunkte des Intervalls auszudrücken:

$$\vec{H}(t) \approx \frac{\vec{H}(t + \Delta t/2) + \vec{H}(t - \Delta t/2)}{2} \quad . \tag{2.21}$$

Setzt man dies in (2.20) ein, liegen das $\vec{E}$- und $\vec{H}$ wieder zeitlich getrennt vor. Damit läßt sich die Gleichung wie in (2.14) nach $\vec{H}(t + \Delta t/2)$ umstellen. Führt man wieder die zeitdiskrete Schreibweise ein, erhält man

$$\vec{H}^{n+\frac{1}{2}} = \left(\frac{1 - \dfrac{\varrho \Delta t}{2\mu_0 \mu_\mathrm{r}}}{1 + \dfrac{\varrho \Delta t}{2\mu_0 \mu_\mathrm{r}}} \right) \vec{H}^{n-\frac{1}{2}} - \left(\frac{\dfrac{\Delta t}{\mu_0 \mu_\mathrm{r}}}{1 + \dfrac{\varrho \Delta t}{2\mu_0 \mu_\mathrm{r}}} \right) \operatorname{rot} \vec{E}^n \quad . \tag{2.22}$$

Im Gegensatz zu (2.18) steht vor $\vec{H}^{n-\frac{1}{2}}$ nun ein Faktor, der im Allgemeinen kleiner als 1 ist. Auch der Faktor vor dem Quellenterm $\operatorname{rot} \vec{E}^n$ ist kleiner geworden. Damit wird der durch Verluste abnehmenden Amplitude Rechnung getragen. Für das elektrische Feld $\vec{E}$ können im Fall $\kappa \neq 0$ entsprechende Überlegungen angestellt werden. Dies führt auf die analoge Gleichung

$$\vec{E}^{n+1} = \left(\frac{1 - \dfrac{\kappa \Delta t}{2\varepsilon_0 \varepsilon_\mathrm{r}}}{1 + \dfrac{\kappa \Delta t}{2\varepsilon_0 \varepsilon_\mathrm{r}}} \right) \vec{E}^n + \left(\frac{\dfrac{\Delta t}{\varepsilon_0 \varepsilon_\mathrm{r}}}{1 + \dfrac{\kappa \Delta t}{2\varepsilon_0 \varepsilon_\mathrm{r}}} \right) \operatorname{rot} \vec{H}^{n+\frac{1}{2}} \quad . \tag{2.23}$$

Für den Fall $\varrho = 0$ bzw. $\kappa = 0$ gehen beide Gleichungen in (2.18) bzw. (2.19) über.

Exponential-Time-Stepping

Beim Yee-Time-Stepping wird die Annahme gemacht, daß sich die Felder über dem kurzen Zeitintervall der Länge Δt hinreichend genau durch lineare Interpolation approximieren lassen. Je kleiner dieses Zeitintervall ist, desto besser ist diese Annahme in der Regel erfüllt. In Medien mit hoher magnetischer oder elektrischer Leitfähigkeit klingen die Felder jedoch zeitlich sehr rasch (exponentiell) ab. Um den zeitlichen Verlauf dieses Abklingens mit dem Yee-Time-Stepping zu erfassen, müßte der Zeitschritt Δt sehr klein gewählt werden, was zu einem hohen Rechenaufwand führt.

Mit dem Exponential-Time-Stepping soll dieses Problem vermieden werden, indem der komplette zeitliche Verlauf des Feldes *während* eines Zeitschrittes Δt integriert wird. Dies soll am Beispiel des $\vec{H}$-Feldes kurz erläutert werden, für eine detailliertere mathematische Darstellung sei auf den Anhang A.2 verwiesen. Betrachtet man Gleichung (2.9), so stellt diese nichts anderes dar, als eine gewöhnliche lineare Differentialgleichung erster Ordnung über der Zeit t, die hier mit expliziter Zeitabhängigkeit nochmal wiederholt sei:

$$\frac{\partial \vec{H}(t)}{\partial t} + \frac{\varrho}{\mu_0 \mu_r} \vec{H}(t) = \mathrm{SF}(t) \qquad \text{mit} \qquad \mathrm{SF}(t) := -\frac{1}{\mu_0 \mu_r} \operatorname{rot} \vec{E}(t) \tag{2.24}$$

Der vom $\vec{E}$-Feld abhängige Term $\mathrm{SF}(t)$ auf der rechten Seite stellt eine unbekannte (vektorwertige) Störfunktion dar. Die Integration dieser Gleichung erfolgt wie gewohnt durch Lösung der zugehörigen homogenen Gleichung und anschließender Variation der Konstanten. Führt man dies über das Intervall $[t - \Delta t/2, t + \Delta t/2]$ aus, erhält man (siehe (A.15))

$$\begin{aligned} \vec{H}\left(t + \frac{\Delta t}{2}\right) &= \exp\left(-\frac{\varrho \Delta t}{\mu_0 \mu_r}\right) \vec{H}\left(t - \frac{\Delta t}{2}\right) \\ &+ \frac{\mu_0 \mu_r}{\varrho} \left[1 - \exp\left(-\frac{\varrho \Delta t}{\mu_0 \mu_r}\right)\right] \overline{\mathrm{SF}(t)} \quad . \end{aligned} \tag{2.25}$$

Darin bedeutet $\overline{\mathrm{SF}(t)}$ den über das Integrationsintervall mit der Exponentialfunktion aus (2.25) gewichteten Mittelwert der Störfunktion $\mathrm{SF}(t)$, genauer (siehe (A.17))

$$\overline{\mathrm{SF}(t)} = \frac{\varrho}{\mu_0 \mu_r} \exp\left(-\frac{\varrho}{\mu_0 \mu_r} t\right) \frac{\displaystyle\int_{t-\frac{\Delta t}{2}}^{t+\frac{\Delta t}{2}} \mathrm{SF}(\tau) \exp\left(\frac{\varrho}{\mu_0 \mu_r} \tau\right) \mathrm{d}\tau}{2 \sinh\left(\frac{\varrho}{\mu_0 \mu_r} \frac{\Delta t}{2}\right)} \quad . \tag{2.26}$$

Wäre dieser bekannt, so würde (2.25) die exakte Entwicklung des Feldes innerhalb eines Zeitschrittes beschreiben. Dies ist der Vorteil gegenüber dem Yee-Time-Stepping, welches die zeitlichen Ableitungen approximiert. Da der genaue Verlauf des $\vec{E}$-Feldes innerhalb des Intervalls $[t - \Delta t/2, t + \Delta t/2]$ nicht bekannt ist, ist auch $\overline{\mathrm{SF}(t)}$ nicht exakt bekannt.

Qualitative Überlegungen führen zu dem Schluß, daß das Feld gegen Ende des Zeitschrittes wegen des exponentiellen wachsenden Gewichtungsfaktors in (2.26) stärker in die Mittelwertbildung eingeht. Andererseits klingt das $\vec{E}$-Feld, und damit $\mathrm{SF}(\tau)$, näherungsweise exponentiell ab, so daß das Produkt, also der Integrand in (2.26), sich nur schwach ändert. Der Mittelwert kann dann näherungsweise durch den Funktionswert in der Mitte t

des Integrationsintervalls approximiert werden:

$$\overline{\mathrm{SF}(t)} \approx \mathrm{SF}(t) = -\frac{1}{\mu_0 \mu_\mathrm{r}} \operatorname{rot} \vec{E}(t) \tag{2.27}$$

Diese Approximation ist aber mit Vorsicht zu gebrauchen, da sich das Feld innerhalb des Zeitschrittes Δt stark ändern kann, und die Approximation des Mittelwertes durch einen Momentanwert vorgenommen wird. Dennoch wird in der Literatur [Taf95] gerne dieser Ansatz gemacht, da er sich in der Praxis überwiegend bewährt hat. Will man jedoch sicher gehen, führt auch hier nichts an einer Verkleinerung des Zeitschrittes Δt vorbei. Für eine allgemeinere Diskussion sei auf [Pet97] verwiesen.

Die Näherung (2.27) hat zudem den Vorteil, daß die Auswertung des $\vec{E}$-Feldes wieder symmetrisch zwischen den Zeitpunkten des $\vec{H}$-Feldes liegt. Das dadurch erzeugte zeitliche Entwicklungsschema koinzidiert daher mit dem des Yee-Time-Steppings, was die Kombination beider Verfahren erleichtert. Ersetzt man in (2.25) $\overline{\mathrm{SF}(t)}$ durch die Näherung (2.27) und verwendet wieder die zeitdiskrete Schreibweise, erhält man als Resultat schließlich

$$\vec{H}^{n+\frac{1}{2}} = \exp\left(-\frac{\varrho \Delta t}{\mu_0 \mu_\mathrm{r}}\right) \vec{H}^{n-\frac{1}{2}} - \frac{1}{\varrho}\left[1 - \exp\left(-\frac{\varrho \Delta t}{\mu_0 \mu_\mathrm{r}}\right)\right] \operatorname{rot} \vec{E}^n \quad . \tag{2.28}$$

Auf die gleiche Weise erhält man die zeitliche Entwicklung des $\vec{E}$-Feldes

$$\vec{E}^{n+1} = \exp\left(-\frac{\kappa \Delta t}{\varepsilon_0 \varepsilon_\mathrm{r}}\right) \vec{E}^n + \frac{1}{\kappa}\left[1 - \exp\left(-\frac{\kappa \Delta t}{\varepsilon_0 \varepsilon_\mathrm{r}}\right)\right] \operatorname{rot} \vec{H}^{n+\frac{1}{2}} \quad . \tag{2.29}$$

Für $\varrho \to 0$ bzw. $\kappa \to 0$ gehen diese Gleichungen wieder in den verlustlos betrachteten Fall in (2.18) bzw. (2.19) über.

2.2.2. Zusammenfassende Darstellung der zeitlichen Entwicklung

Vergleicht man (2.28) und (2.29) mit den korrespondierenden Entwicklungen (2.22) und (2.23) des Yee-Time-Steppings, so unterscheiden sich diese lediglich in den verwendeten Koeffizienten. Für geringe elektrische oder magnetische Leitfähigkeit gehen beide Darstellungen in den zu Beginn des Kapitels dargelegten verlustlosen Fall über. Daher läßt sich in allen drei Fällen die zeitliche Entwicklung des Feldes auf die Form

$$\vec{E}^{n+1} = C_1^\mathrm{E}\, \vec{E}^n + C_2^\mathrm{E} \operatorname{rot} \vec{H}^{n+\frac{1}{2}} \tag{2.30}$$

$$\vec{H}^{n+\frac{1}{2}} = C_1^\mathrm{H}\, \vec{H}^{n-\frac{1}{2}} - C_2^\mathrm{H} \operatorname{rot} \vec{E}^n \tag{2.31}$$

bringen. Die Koeffizienten C_1^{E} bis C_2^{H} ergeben sich aus den entsprechenden Gleichungen. Die hier verwendete Form des Exponential-Time-Steppings läßt sich problemlos mit dem Yee-Time-Stepping kombinieren. Somit kann für jedes in der zu lösenden Struktur vorkommende Material getrennt entschieden werden, welches Zeitschritt-Verfahren günstiger ist.

Das elektromagnetische Feld kann zu den in Bild 2.1 visualisierten Zeitpunkten berechnet werden, wenn die beiden unmittelbar vorausgehenden $\vec{E}$- und $\vec{H}$-Felder im gesamten Berechnungsgebiet bekannt sind. Als initiale Bedingung muß daher ein gültiger anfänglicher Zustand des $\vec{E}$-Feldes und $\vec{H}$-Feldes vorliegen, die zeitlich um $\Delta t/2$ auseinander liegen. Häufig ist ein derartiger Zustand nicht bekannt, da die Felder ja erst im Laufe der zeitlichen Entwicklung berechnet werden. Als initiale Bedingung wird daher meistens von der trivialen Lösung

$$\vec{E}^0 \equiv \vec{0} \qquad \text{und} \qquad \vec{H}^{-\frac{1}{2}} \equiv \vec{0} \tag{2.32}$$

im gesamten Berechnungsgebiet ausgegangen. Dabei wird o.B.d.A. davon ausgegangen, daß die zeitliche Entwicklung bei $n = 0$ beginnt. Die eigentliche Berechnung beginnt dann zum Zeitpunkt $t = 0 + \Delta t/2$ mit der Bestimmung des $\vec{H}$-Feldes. Die Verwendung der trivialen Lösung als initiale Bedingung führt jedoch dazu, daß nach der bisher dargestellten Verfahrensweise die Felder für alle Zeitschritte Null bleiben. Um dies zu ändern müssen Quellen zur Anregung des Feldes hinzugefügt werden. Darauf wird in Abschnitt 2.8 näher eingegangen.

Divergenzfreiheit des Feldes

Bisher werden zur Berechnung des elektromagnetischen Feldes nur zwei der vier Maxwellschen Gleichungen herangezogen. Es muß daher noch geprüft werden, ob die erhaltene Lösung auch den zwei verbleibenden Divergenzgleichungen (2.3) und (2.4) genügt. Wie am Anfang des Abschnittes 2.1 angemerkt, werde dazu ein homogenes Feldgebiet mit verschwindender Raumladung ($\eta = 0$) angenommen. Zieht man noch die Materialgleichungen (2.5) und (2.6) heran, lauten die zu erfüllenden Bedingungen

$$\operatorname{div} \vec{E} = 0 \tag{2.33}$$

$$\operatorname{div} \vec{H} = 0 \quad , \tag{2.34}$$

d. h. $\vec{E}$- und $\vec{H}$-Feld müssen quellenfrei sein.

Der induktiv zu führende Beweis liegt auf der Hand und erfolgt hier nur für das $\vec{E}$-Feld (2.33). Sei angenommen, für ein bestimmtes n gelte $\operatorname{div} \vec{E}^n = 0$. Dann erhält man, indem man auf beiden Seiten der Gleichung (2.30) die Divergenz bildet

$$\begin{aligned} \operatorname{div} \vec{E}^{n+1} &= C_1^{\mathrm{E}} \underbrace{\operatorname{div} \vec{E}^{n}}_{\text{Term 1}} + C_2^{\mathrm{E}} \underbrace{\operatorname{div} \operatorname{rot} \vec{H}^{n+\frac{1}{2}}}_{\text{Term 2}} \\ &= C_1^{\mathrm{E}} \cdot 0 + C_2^{\mathrm{E}} \cdot 0 = 0 \quad . \end{aligned} \tag{2.35}$$

Term 1 verschwindet laut Induktionsvoraussetzung, wohingegen bei Term 2 die Identität $\operatorname{div} \operatorname{rot}(\cdot) = 0$ verwendet wird. Damit ist $\operatorname{div} \vec{E}^n = 0$ für alle n, sofern dies für das initiale Feld gilt. Für die Anfangsbedingung gemäß (2.32) ist das ganz sicher der Fall. Der Beweis von (2.34) erfolgt analog. Damit erfüllt die so gewonnene Lösung alle vier Maxwellschen Gleichungen (2.1) bis (2.4).

2.3. Räumliche Diskretisierung

Im vorangegangen Abschnitt wird dargelegt, wie das elektromagnetische Feld in diskreten Zeitabständen berechnet werden kann, wenn das anfängliche $\vec{E}$-Feld und das $\vec{H}$-Feld im *kompletten* Berechnungsgebiet bekannt sind. Die beschriebenen Entwicklungen liefern das elektromagnetische Feld, dann im kompletten Berechnungsgebiet im zeitlichen Verlauf.

Da die Felder im Speicher des Computers vorgehalten werden müssen, und der zur Verfügung stehende Speicher begrenzt ist, können auch die Felder nur an bestimmten diskreten Punkten des Raumes gespeichert werden. Dafür muß das dreidimensionale Berechnungsgebiet, wie zuvor die Zeitachse, mit einer Menge diskreter Punkte überzogen werden, an deren Orten die Felder ausgewertet werden.

Es stellt sich nun die Frage, wie diese diskreten Punkte am besten im Raum zu verteilen sind. Die Punkte müssen dicht genug liegen, um auch das dazwischen liegende Feld hinreichend genau bestimmen zu können, z. B. durch Interpolation. Damit darf sich das Feld zwischen zwei benachbarten Punkten nicht allzu stark ändern. Werden die Punkte zu dicht gewählt, steigt deren Anzahl und damit der Speicherverbrauch und die Rechenzeit stark an.

Eine Abschätzung für die räumliche Änderung bei zeitharmonischer Anregung des Feldes ist die Wellenlänge

$$\lambda = \frac{c}{f} \quad . \tag{2.36}$$

c ist die Ausbreitungsgeschwindigkeit der Welle, f die Frequenz des zeitlichen Anregungssignals. In einem linearen isotropen Medium ergibt sich die Ausbreitungsgeschwindigkeit zu [Mly94]

$$c = \frac{c_0}{\sqrt{\varepsilon_{\mathrm{r}} \mu_{\mathrm{r}}}} \quad . \tag{2.37}$$

Damit das Feld räumlich ausreichend gut abgetastet werden kann, sollte der Abstand d_{res} zwischen zwei Diskretisierungspunkten wesentlich kleiner als ein Viertel der Wellenlänge sein. In der Praxis hat sich ein Wert von

$$d_{\mathrm{res}} \leq \frac{\lambda}{10} = \frac{c_0}{10f\sqrt{\varepsilon_{\mathrm{r}}\mu_{\mathrm{r}}}} \tag{2.38}$$

als akzeptabler Kompromiß zwischen Genauigkeit und Rechenaufwand herausgestellt [Taf95]. Ist die Anregung nicht zeitharmonisch, so kann dennoch (2.38) herangezogen werden, wenn man zur Abschätzung von λ in (2.36) die höchste vorkommende Frequenz im Anregungsspektrum einsetzt. Für pulsförmige Anregung ist statt λ die räumliche Impulsbreite entscheidend.

Optimal wäre es, wenn die Dichte der Punkte im Berechnungsgebiet variabel gestaltet werden könnte, so daß in Raumbereichen, in denen sich das Feld stärker ändert eine höhere Punktdichte herrscht, als an Orten, an denen sich das Feld weniger stark ändert. Darüber hinaus bestimmt die Feinheit der geometrischen Struktur des Feldproblems die geometrische Auflösung. Insbesondere Grenzflächen zwischen verschiedenen Materialien sollten mit ausreichender Genauigkeit wiedergegeben werden.

Zur Erfüllung dieser Kriterien diskretisieren viele kommerziell erhältliche Feldberechnungsprogramme das Berechnungsgebiet in ein Gitter (auch *Mesh* genannt) aus kleinen Tetraedern. Diese haben den Vorteil, sich geometrischen Strukturen sehr genau anpassen zu können. Außerdem können jederzeit nachträglich zusätzlich weitere Stützpunkte eingefügt werden, was häufig dazu verwendet wird, die Tetraederstruktur während der Berechnung an kritischen Punkten zu verfeinern („adaptive Meshgenerierung“). Da die Feldkomponenten in Richtung der Kanten der Tetraeder angesetzt werden, dürfen diese nicht zu flach oder sonstwie entartet sein, da ansonsten die Basisvektoren nicht mehr linear unabhängig sind, was zu schlecht konditionierten Gleichungssystemen führt. Dies führt z. B. bei der Modellierung dünner Schichten zu Problemen. Obwohl so eine Schicht nur in einer Dimension schmal ist, muß zur Einhaltung des Formfaktors bezüglich der beiden anderen Raumdimensionen feiner als notwendig diskretisiert werden. Prismen („Bricks“) bieten hier gegenüber Tetraedern Vorteile und benötigen zudem weniger Speicherplatz. Dafür sind diese geometrisch nicht so flexibel. Eine Sonderform von Prismen sind Quader, bei denen alle Kanten rechtwinklig bzw. parallel zueinander sind. Ein Vorteil dieser Struktur ist, daß diese leicht zu erzeugen ist.

Die klassische FDTD verwendet achsparallele Quader zur Diskretisierung des Raumes. Damit gelten prinzipiell die oben angegebenen Vor- und Nachteile. Die Punkte, an den die Feldstärkevektoren lokalisiert sind, bilden damit ein rechtwinkliges Gitter, wie in Bild 2.2 veranschaulicht wird.

Die Abmessungen der Quader Δx, Δy und Δz in den drei Raumrichtungen werden als *räumliche Diskretisierungsintervalle* bezeichnet. Diese dürfen auf den drei Koordinatenachsen des Raumes unterschiedlich gewählt sein, werden aber zunächst als konstant im gesamten Raum vorausgesetzt. Die Lokalisierung der Feldkomponenten innerhalb dieses

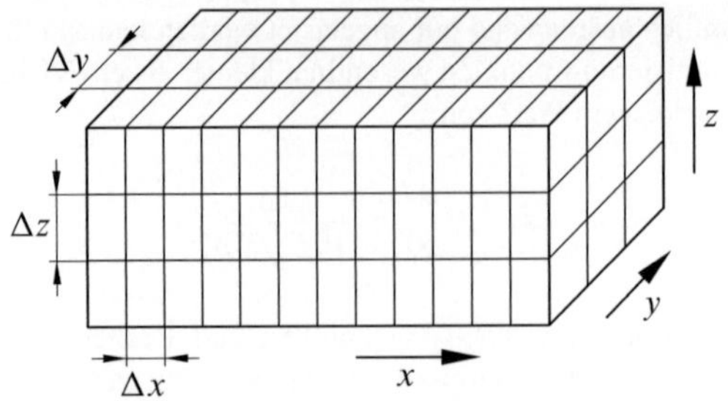

Bild 2.2.: Rechtwinkliges FDTD Gitter aus Quadern. Die Kanten sind dabei parallel zu den Achsen des Koordinatensystems ausgerichtet.

Gitters bei der FDTD ergibt sich aus dem verwendeten Berechnungsschema, welches im nächsten Abschnitt näher erläutert wird.

In dieser Arbeit wird ein orthogonales Gitter wie bei der klassischen FDTD verwendet. Um aber dennoch bezüglich der Modellierung flexibel zu sein, wird die Diskretisierung räumlich variabel gehalten, wie später in Abschnitt 2.9 gezeigt wird. Zunächst wird aber von einer gleichmäßigen Gitterstruktur ausgegangen.

2.3.1. Finites räumliches Differenzenschema

Nachdem der Raum mit einem äquidistanten Gitter aus Bild 2.2 diskretisiert ist, muß zur Berechnung des Feldes nun die rechte Seite der Gleichungen (2.30) und (2.31) ausgewertet werden. Diese besteht zur Hauptsache aus der Bildung der Rotation der Felder. Dazu werden $\vec{E}$- und $\vec{H}$-Feld zunächst in die kartesischen Komponenten bezüglich eines rechtshändigen Koordinatensystems mit den Einheitsbasisvektoren $(\vec{e}_\mathrm{x}, \vec{e}_\mathrm{y}, \vec{e}_\mathrm{z})$ zerlegt:

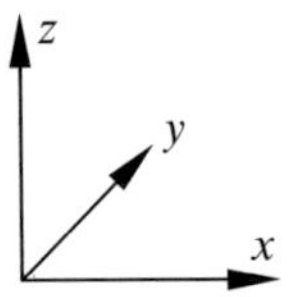

$$\vec{E} = E_\mathrm{x}\vec{e}_\mathrm{x} + E_\mathrm{y}\vec{e}_\mathrm{y} + E_\mathrm{z}\vec{e}_\mathrm{z} \qquad (2.39)$$

$$\vec{H} = H_\mathrm{x}\vec{e}_\mathrm{x} + H_\mathrm{y}\vec{e}_\mathrm{y} + H_\mathrm{z}\vec{e}_\mathrm{z} \qquad (2.40)$$

In differentieller Form ausgedrückt, ergibt sich für die Rotationen des $\vec{H}$-Feldes damit

$$\mathrm{rot}\,\vec{H} = \left(\frac{\partial H_\mathrm{z}}{\partial y} - \frac{\partial H_\mathrm{y}}{\partial z}\right)\vec{e}_\mathrm{x} + \left(\frac{\partial H_\mathrm{x}}{\partial z} - \frac{\partial H_\mathrm{z}}{\partial x}\right)\vec{e}_\mathrm{y} + \left(\frac{\partial H_\mathrm{y}}{\partial x} - \frac{\partial H_\mathrm{x}}{\partial y}\right)\vec{e}_\mathrm{z} \quad . \qquad (2.41)$$

Für die Rotation des $\vec{E}$-Feldes gilt ein entsprechender Ausdruck.

Die grundlegende Idee zur Auswertung von (2.41) ist es, die partiellen Ableitungen durch Differenzenquotienten zu approximieren, wie es auch für die zeitliche Ableitung in (2.12) durchgeführt wird. Verwendet man wieder zentrale Differenzenquotienten mit Genauigkeit zweiter Ordnung, gilt für den ersten Differenzenquotient in (2.41)

$$\frac{\partial H_z(x,y,z)}{\partial y} = \frac{H_z(x, y + \Delta y/2, z) - H_z(x, y - \Delta y/2, z)}{\Delta y} + \mathcal{O}(\Delta y^2) \quad , \qquad (2.42)$$

wobei diesmal die Ortsabhängigkeit explizit mit angegeben wird. Δy ist das räumliche Diskretisierungsintervall in y-Richtung, wie im vorangegangenen Abschnitt erläutert. Die übrigen Ableitungen ergeben sich genauso. Der Ort an dem sich die Ableitung (2.42) (und damit der Ort der x-Komponente von rot $\vec{H}$) ergibt, liegt der Natur des zentralen Differenzenquotienten entsprechend, stets in der Mitte der beiden Orte der Feldkomponenten, die für die Ableitung herangezogen werden. Ein Blick auf die x-Komponente von (2.41) ergibt nun, daß diese räumlich zentriert, und nur in y- und z-Richtung verschoben, zwischen den Komponenten H_z und H_y liegen muß. Da die vektoriellen Komponenten von rot $\vec{H}$ direkt in die Berechnung der entsprechenden Komponenten von $\vec{E}$ eingehen, ist dies auch der Ort von E_x. Entsprechendes gilt auch für die übrigen Vektorkomponenten und natürlich auch rot $\vec{E}$: Ähnlich wie die zeitliche Verschiebung beider Felder um $\Delta t/2$, sind auch die Vektorkomponenten von $\vec{E}$ und $\vec{H}$ räumlich zueinander um jeweils ein halbes Diskretisierungsintervall, in die *beiden* zur Komponentenrichtung orthogonalen Koordinatenrichtungen, verschoben. Graphisch dargestellt ist dieser Sachverhalt, der auf Yee [Yee66] zurückgeht in Bild 2.3.

Die ausgefüllten Pfeile sind dabei die Feldkomponenten, die jeweils zu einer sogenannten Yee-Zelle gehören. Die transparenten Pfeile bezeichnen die entsprechenden Feldkomponenten, die zu den direkt benachbarten Zellen gehören. Führt man analog zu (2.16) für die diskretisierten Koordinatenachsen

$$\begin{aligned} x &= i\Delta x \\ y &= j\Delta y \qquad \text{mit} \qquad (i,j,k) \in \mathbb{Z}^3 \\ z &= k\Delta z \end{aligned} \qquad (2.43)$$

ein, so kann man die Position der Feldkomponenten in leicht verständlicher Form wie folgt zusammenfassen:

$$\begin{aligned} E_x&: \; i+\tfrac{1}{2}, j, k \qquad & H_x&: \; i, j+\tfrac{1}{2}, k+\tfrac{1}{2} \\ E_y&: \; i, j+\tfrac{1}{2}, k \qquad & H_y&: \; i+\tfrac{1}{2}, j, k+\tfrac{1}{2} \\ E_z&: \; i, j, k+\tfrac{1}{2} \qquad & H_z&: \; i+\tfrac{1}{2}, j+\tfrac{1}{2}, k \end{aligned} \qquad (2.44)$$

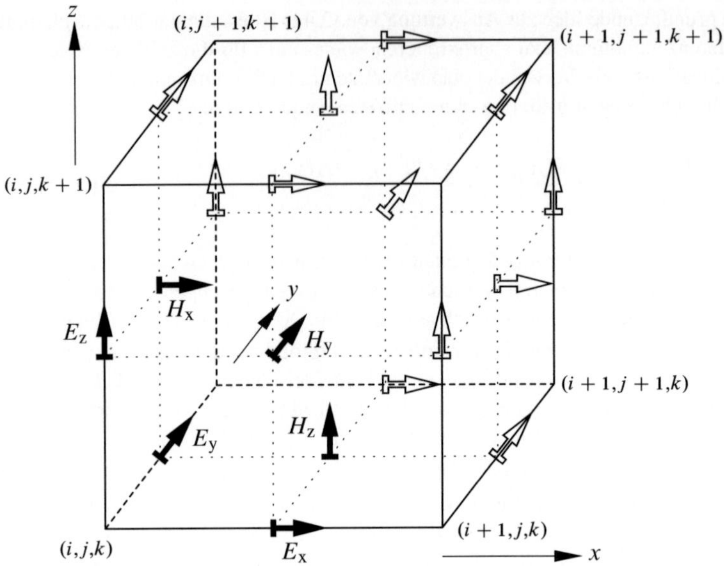

Bild 2.3.: Elementare FDTD-Gitterzelle nach Yee. Die elektrischen Feldkomponenten liegen zentriert auf den Kanten, die magnetischen Feldkomponenten stehen senkrecht und zentriert auf den Seitenflächen.

(i,j,k) repräsentiert dabei den „koordinatenmäßig kleinsten“ Eckpunkt der Yee-Zelle. Die Komponenten des $\vec{E}$-Feldes sind also jeweils einen halben Schritt in die Richtung der entsprechenden Komponente verschoben. Die Komponenten des $\vec{H}$-Feldes jeweils in die beiden Richtungen senkrecht dazu.

Komplettes Differenzenschema

Setzt man für jede Feldkomponente die Approximation analog zu (2.42) für die Ableitungen des Rotationsoperators nach (2.41) ein, erhält man eine finite Differenzendarstellung von rot $\vec{H}$ und rot $\vec{E}$ getrennt für jede Feldkomponente. Damit kann direkt in (2.30) und (2.31) eingegangen werden. Damit ergibt sich das grundlegende räumliche und zeitliche Differenzenschema.

$$\begin{aligned} {E_{\mathrm{x}}}^{n+1}_{i+\frac{1}{2},j,k} &= {C^{\mathrm{E}}_{1}}_{i+\frac{1}{2},j,k}\, {E_{\mathrm{x}}}^{n}_{i+\frac{1}{2},j,k} + \\ & {C^{\mathrm{E}}_{2}}_{i+\frac{1}{2},j,k} \left(\frac{{H_{\mathrm{z}}}^{n+\frac{1}{2}}_{i+\frac{1}{2},j+\frac{1}{2},k} - {H_{\mathrm{z}}}^{n+\frac{1}{2}}_{i+\frac{1}{2},j-\frac{1}{2},k}}{\Delta y} - \frac{{H_{\mathrm{y}}}^{n+\frac{1}{2}}_{i+\frac{1}{2},j,k+\frac{1}{2}} - {H_{\mathrm{y}}}^{n+\frac{1}{2}}_{i+\frac{1}{2},j,k-\frac{1}{2}}}{\Delta z} \right) \end{aligned} \tag{2.45}$$

$$
\begin{aligned}
{E_{\mathrm{y}}}^{n+1}_{i,j+\frac{1}{2},k} &= C^{\mathrm{E}}_{1\,i,j+\frac{1}{2},k}\, {E_{\mathrm{y}}}^{n}_{i,j+\frac{1}{2},k} + \\
& C^{\mathrm{E}}_{2\,i,j+\frac{1}{2},k} \left(\frac{{H_{\mathrm{x}}}^{n+\frac{1}{2}}_{i,j+\frac{1}{2},k+\frac{1}{2}} - {H_{\mathrm{x}}}^{n+\frac{1}{2}}_{i,j+\frac{1}{2},k-\frac{1}{2}}}{\Delta z} - \frac{{H_{\mathrm{z}}}^{n+\frac{1}{2}}_{i+\frac{1}{2},j+\frac{1}{2},k} - {H_{\mathrm{z}}}^{n+\frac{1}{2}}_{i-\frac{1}{2},j+\frac{1}{2},k}}{\Delta x} \right)
\end{aligned}
\tag{2.46}
$$

$$
\begin{aligned}
{E_{\mathrm{z}}}^{n+1}_{i,j,k+\frac{1}{2}} &= C^{\mathrm{E}}_{1\,i,j,k+\frac{1}{2}}\, {E_{\mathrm{z}}}^{n}_{i,j,k+\frac{1}{2}} + \\
& C^{\mathrm{E}}_{2\,i,j,k+\frac{1}{2}} \left(\frac{{H_{\mathrm{y}}}^{n+\frac{1}{2}}_{i+\frac{1}{2},j,k+\frac{1}{2}} - {H_{\mathrm{y}}}^{n+\frac{1}{2}}_{i-\frac{1}{2},j,k+\frac{1}{2}}}{\Delta x} - \frac{{H_{\mathrm{x}}}^{n+\frac{1}{2}}_{i,j+\frac{1}{2},k+\frac{1}{2}} - {H_{\mathrm{x}}}^{n+\frac{1}{2}}_{i,j-\frac{1}{2},k+\frac{1}{2}}}{\Delta y} \right)
\end{aligned}
\tag{2.47}
$$

$$
\begin{aligned}
{H_{\mathrm{x}}}^{n+\frac{1}{2}}_{i,j+\frac{1}{2},k+\frac{1}{2}} &= C^{\mathrm{H}}_{1\,i,j+\frac{1}{2},k+\frac{1}{2}}\, {H_{\mathrm{x}}}^{n-\frac{1}{2}}_{i,j+\frac{1}{2},k+\frac{1}{2}} + \\
& C^{\mathrm{H}}_{2\,i,j+\frac{1}{2},k+\frac{1}{2}} \left(\frac{{E_{\mathrm{y}}}^{n}_{i,j+\frac{1}{2},k+1} - {E_{\mathrm{y}}}^{n}_{i,j+\frac{1}{2},k}}{\Delta z} - \frac{{E_{\mathrm{z}}}^{n}_{i,j+1,k+\frac{1}{2}} - {E_{\mathrm{z}}}^{n}_{i,j,k+\frac{1}{2}}}{\Delta y} \right)
\end{aligned}
\tag{2.48}
$$

$$
\begin{aligned}
{H_{\mathrm{y}}}^{n+\frac{1}{2}}_{i+\frac{1}{2},j,k+\frac{1}{2}} &= C^{\mathrm{H}}_{1\,i+\frac{1}{2},j,k+\frac{1}{2}}\, {H_{\mathrm{y}}}^{n-\frac{1}{2}}_{i+\frac{1}{2},j,k+\frac{1}{2}} + \\
& C^{\mathrm{H}}_{2\,i+\frac{1}{2},j,k+\frac{1}{2}} \left(\frac{{E_{\mathrm{z}}}^{n}_{i+1,j,k+\frac{1}{2}} - {E_{\mathrm{z}}}^{n}_{i,j,k+\frac{1}{2}}}{\Delta x} - \frac{{E_{\mathrm{x}}}^{n}_{i+\frac{1}{2},j,k+1} - {E_{\mathrm{x}}}^{n}_{i+\frac{1}{2},j,k}}{\Delta z} \right)
\end{aligned}
\tag{2.49}
$$

$$
\begin{aligned}
{H_{\mathrm{z}}}^{n+\frac{1}{2}}_{i+\frac{1}{2},j+\frac{1}{2},k} &= C^{\mathrm{H}}_{1\,i+\frac{1}{2},j+\frac{1}{2},k}\, {H_{\mathrm{z}}}^{n-\frac{1}{2}}_{i+\frac{1}{2},j+\frac{1}{2},k} + \\
& C^{\mathrm{H}}_{2\,i+\frac{1}{2},j+\frac{1}{2},k} \left(\frac{{E_{\mathrm{x}}}^{n}_{i+\frac{1}{2},j+1,k} - {E_{\mathrm{x}}}^{n}_{i+\frac{1}{2},j,k}}{\Delta y} - \frac{{E_{\mathrm{y}}}^{n}_{i+1,j+\frac{1}{2},k} - {E_{\mathrm{y}}}^{n}_{i,j+\frac{1}{2},k}}{\Delta x} \right)
\end{aligned}
\tag{2.50}
$$

Hierbei werden, die diskreten Ortskoordinaten (i,j,k) als tiefgestellte Indizes an die Feldgrößen notiert. Von dieser Schreibweise wird auch im weiteren Verlauf Gebrauch gemacht. Die Konstanten C_1^{E} bis C_2^{H} sind in Erweiterung zu (2.30) und (2.31) nun ebenfalls ortsabhängig, lokal zur jeweiligen Feldgröße, angegeben. Wie diese genau bestimmt werden, wird in Abschnitt 2.6 erläutert. Um in der Hauptberechnungsschleife teure Divisionen zu vermeiden, sollten bei der Implementierung die Nenner der Differenzenquotienten mit in die vorangestellten Konstanten einbezogen werden. Zugunsten einer klareren Darstellung wird bei der vorliegenden Beschreibung jedoch darauf verzichtet.

2.4. Numerische Stabilität

Durch die räumliche und zeitliche Diskretisierung kann es passieren, daß sich das beschriebene Lösungsverfahren instabil verhält. Damit ist gemeint, daß die Beträge der Felder $\vec{E}$ und $\vec{H}$ mit zunehmenden Zeitschritt n unbegrenzt anwachsen. Unter diesen Umständen entspricht die zeitliche Entwicklung der Felder gemäß Abschnitt 2.3.1 nicht der Realität. Eine genaue Analyse des Stabilitätsverhaltens ist mit Hilfe der z-Transformation für zeitdiskrete Systeme möglich. Unter der Annahme vereinfachender Bedingungen, eines homogenen und unendlich ausgedehnten räumlichen Gitters, welches mit einem verlustfreien, homogenen und isotropen Medium gefüllt ist, kann eine *hinreichende* Bedingung für Stabilität angegeben werden:

$$\Delta t \leq \frac{1}{c\sqrt{\dfrac{1}{\Delta x^2}+\dfrac{1}{\Delta y^2}+\dfrac{1}{\Delta z^2}}} \qquad \text{mit} \qquad c = \frac{c_0}{\sqrt{\mu_r \varepsilon_r}} \tag{2.51}$$

Der Beweis dieser Bedingung ist der Länglichkeit wegen in Anhang A.3 ausgeführt. Die Ungleichung (2.51) besagt, daß der Zeitschritt Δt einen gewissen Wert nicht überschreiten darf, welcher von der gewählten räumlichen Diskretisierung $(\Delta x, \Delta y, \Delta z)$ und der Wellenausbreitungsgeschwindigkeit c im Medium abhängt. Je feiner die räumliche Diskretisierung gewählt ist, desto kleiner muß auch der Zeitschritt Δt festgelegt werden.

Zu beachten ist, daß im Wurzelterm von (2.51) die Quadrate der Kehrwerte der räumlichen Diskretisierungsintervalle summiert werden. Ist die räumliche Auflösung in den drei Raumrichtungen stark unterschiedlich gewählt, so ist für die Wahl von Δt in erster Linie die Raumrichtung mit der feinsten Auflösung maßgebend. Ein untere Grenze für Δt gibt es abgesehen von $\Delta t > 0$ nicht. Je kleiner jedoch Δt gewählt wird, desto mehr Zeitschritte müssen berechnet werden und desto höher ist der Verbrauch an Rechenzeit. Der Speicherverbrauch wird dadurch aber nicht beeinflußt.

Je höher die Permittivität ε_r bzw. die magnetische Permeabilität μ_r sind, desto geringer ist die Wellenausbreitungsgeschwindigkeit c. Damit darf der Zeitschritt Δt größer gewählt werden. Dies kompensiert die in Medien mit höherer Permittivität notwendige feinere Diskretisierung (vgl. (2.38)) teilweise.

Anschaulich betrachtet bedeutet die Bedingung (2.51), daß der Zeitschritt Δt so klein gewählt werden muß, dass sich die Welle innerhalb eines Zeitschrittes nicht mehr als ungefähr eine räumliche Gitterzelle ausbreiten darf. Da sich andererseits die räumliche Auswirkung eines Zeitschrittes durch die Differenzenquotienten (2.42) auf das Gebiet einer Gitterzelle beschränkt, kann sich eine räumliche Zustandsänderung auch nur mit maximal einer Gitterzelle pro Zeitschritt ausbreiten. Die Ungleichung (2.51) kann damit als eine räumlich zeitliche Kausalitätsbedingung aufgefaßt werden, die sicherstellt, daß sich die numerische Welle nicht langsamer ausbreitet als die physikalische.

Die Gültigkeit von (2.51) sollte aber keinesfalls überschätzt werden. Zum einen stellt diese unter den getroffenen Annahmen keine *notwendige* Bedingung für Stabilität dar, zum anderen ist die Stabilität nicht gewährleistet, wenn die getroffenen Voraussetzungen nicht erfüllt sind, also insbesondere wenn kein homogenes Medium vorliegt. Dennoch stellt auch in diesem Fall (2.51) eine hilfreiche Abschätzung dar, wenn für c die größte vorkommende Ausbreitungsgeschwindigkeit im Rechengebiet eingesetzt wird [Taf95]. Die Stabilität ist dann aber manuell zu prüfen. Weitere Ursachen für ein instabiles Verhalten sind die gewählten Randbedingungen an den Grenzen des Gitters und die begrenzte Fließkommagenauigkeit.

2.5. Numerische Dispersion

Die Stabilität alleine stellt noch kein ausreichendes Kriterium für die Gültigkeit einer Lösung dar. Die Tatsache, daß der Betrag der Felder beschränkt bleibt, bedeutet noch nicht, daß die Lösung korrekt ist. Durch die räumlich, zeitliche Diskretisierung entsteht der Effekt, daß die Phasengeschwindigkeit der Welle frequenzabhängig ist, selbst in einem nicht dispersiven Medium [OP08]. Die physikalische Dispersionsrelation für ein nicht dispersives Medium lautet

$$\beta^2 = \frac{\omega^2}{c^2} \qquad \Leftrightarrow \qquad \beta_\mathrm{x}^2 + \beta_\mathrm{y}^2 + \beta_\mathrm{z}^2 = \frac{\omega^2}{c^2} \quad , \tag{2.52}$$

wobei $\beta_\mathrm{x}\vec{e}_\mathrm{x}+\beta_\mathrm{y}\vec{e}_\mathrm{y}+\beta_\mathrm{z}\vec{e}_\mathrm{z}$ der Wellenzahlvektor der sich ausbreitenden harmonischen Welle mit der Kreisfrequenz ω ist. c bezeichnet die Ausbreitungsgeschwindigkeit der Welle im Medium.

Durch die räumliche und zeitliche Diskretisierung tritt an Stelle von (2.52) die Beziehung

$$\frac{\sin^2\left(\frac{1}{2}\beta_\mathrm{x}\Delta x\right)}{\Delta x^2} + \frac{\sin^2\left(\frac{1}{2}\beta_\mathrm{y}\Delta y\right)}{\Delta y^2} + \frac{\sin^2\left(\frac{1}{2}\beta_\mathrm{z}\Delta z\right)}{\Delta z^2} = \frac{\sin^2\left(\frac{1}{2}\omega\Delta t\right)}{c^2\Delta t^2} \quad , \tag{2.53}$$

wie in Anhang A.4 gezeigt wird. Diese Gleichung wird als numerische Dispersionsrelation bezeichnet. Auch hier ist c die physikalische (korrekte) Ausbreitungsgeschwindigkeit im Medium. Die Dispersion tritt hier nicht aufgrund der physikalischen Materialeigenschaften, sondern wegen der räumlichen und zeitlichen Diskretisierung auf. Dieser Effekt hängt neben den Diskretisierungsintervallen auch von der Ausbreitungsrichtung der Welle relativ zum Gitter ab.

Für eine korrekte Lösung des Feldproblems ist es notwendig, daß die numerische Dispersionsrelation (2.53) möglichst nahe an die physikalische (2.52) herankommt. Ein Blick auf Gleichung (2.53) läßt erkennen, daß dies in der Tat möglich ist, wenn die Produkte $\beta_x \Delta x$, $\beta_y \Delta y$, $\beta_z \Delta z$ und $\omega \Delta t$ jeweils $\ll 1$ sind. Unter dieser Voraussetzung lassen sich die Sinusfunktionen in (2.53) in guter Näherung durch ihr Argument ersetzen, so daß sich Δx bis Δt herauskürzen lassen und (2.52) übrig bleibt. Um dies zu erreichen müssen die räumliche und zeitliche Diskretisierung jeweils sehr viel kleiner als die Wellenlänge λ bzw. Periodendauer T sein:

$$\Delta x, \Delta y, \Delta z \ll \frac{\lambda}{2\pi} \qquad \text{und} \qquad \Delta t \ll \frac{T}{2\pi} \tag{2.54}$$

Als guter Kompromiß zwischen Genauigkeit und Ressourcenverbrauch haben sich in der Praxis eine räumliche und zeitliche Auflösung von

$$\Delta x, \Delta y, \Delta z \le \frac{\lambda}{10} \qquad \text{und} \qquad \Delta t \le \frac{T}{10} \tag{2.55}$$

bewährt, wobei die Stabilitätsbedingung (2.51) selbstverständlich zusätzlich beachtet werden sollte.

2.6. Geometrische Modellierung

Bisher wurde davon ausgegangen, daß das FDTD-Gitter unendlich ausgedehnt und mit einem homogenen Medium gefüllt ist. Damit ließe sich aber allenfalls eine reine Freiraumausbreitung elektromagnetischer Wellen simulieren. Um komplexere Szenarien zu modellieren, ist es erforderlich verschiedene Objekte im Raum plazieren zu können. Allgemeiner gesprochen besteht die Notwendigkeit, verschiedenen Raumbereichen, verschiedene (Material)eigenschaften zuordnen zu können. Im einfachsten Fall bedeutet dies, daß die Materialparameter wie Permittivität ε_r oder Leitfähigkeit κ ortsabhängig sein dürfen. Dies kann ganz einfach dadurch berücksichtigt werden, daß die Konstanten $C_{1,2}^{E,H}$ in den Gleichungen (2.46) bis (2.51) ortsabhängig betrachtet werden, d. h. am Ort der jeweiligen Feldgröße gebildet werden. Dabei wird aber vorausgesetzt, daß sich die Materialeigenschaften innerhalb des Bereichs einer Gitterzelle nicht wesentlich ändern. Wie im Falle sich räumlich stark oder gar sprungartig ändernder Materialparameter vorzugehen ist, wird im nachfolgenden Abschnitt beschrieben.

2.6.1. Modellierung von Materialgrenzen

In praktischen Problemen treten nicht nur kontinuierliche Änderungen der Materialeigenschaften auf. Häufig liegt der Fall vor, daß sich zwei verschiedenartige Materialien berühren. Damit entsteht eine Grenzfläche, an denen sich die Materialeigenschaften sprungartig ändern und somit die Felder unstetig sind. Dies wird von den Maxwellschen Gleichungen in Differentialform (2.1) bis (2.2) nicht erfasst. In solchen Fällen kann aber eine alternative Beschreibung des elektromagnetischen Feldes mittels der Maxwellschen Gleichungen in Integralform angewandt werden [Bal89]. Formell erhält man diese, indem man die Differentialform der Maxwellgleichungen über eine endliche Fläche (für (2.1) und (2.2)) bzw. über ein endliches Volumen (für (2.3)) und (2.4)) integriert und darauf den Stokeschen bzw. Gaußschen Integralsatz [Heu93b] anwendet. Die für den vorliegenden Fall notwendigen Gleichungen (2.1) und (2.2) gehen damit über in

$$\oint_{\partial A} \vec{H} \cdot \mathrm{d}\vec{s} = \int_A \kappa \vec{E} \cdot \mathrm{d}\vec{\sigma} + \varepsilon_0 \int_A \varepsilon_\mathrm{r} \frac{\partial \vec{E}}{\partial t} \cdot \mathrm{d}\vec{\sigma} \tag{2.56}$$

$$\oint_{\partial A} \vec{E} \cdot \mathrm{d}\vec{s} = -\int_A \varrho \vec{H} \cdot \mathrm{d}\vec{\sigma} - \mu_0 \int_A \mu_\mathrm{r} \frac{\partial \vec{H}}{\partial t} \cdot \mathrm{d}\vec{\sigma} \quad , \tag{2.57}$$

wobei die Materialgleichungen (2.5) bis (2.8) bereits eingesetzt sind. Die Integrale auf der linken Seite sind Wegintegrale die entlang des positiv orientierten Randes ∂A der beliebigen Fläche A genommen werden. Auf der rechten Seite stehen Flächenintegrale, welche den Fluß der Feldgrößen durch die Fläche A repräsentieren. Die Materialparameter dürfen dabei explizit unstetig sein. Es sei an dieser Stelle ausdrücklich betont, daß die Herleitung von (2.56) und (2.57) aus der differentiellen Form rein formeller Natur ist. Die Intergralform der Maxwellgleichungen gilt auch dann, wenn die für die Differentialform notwendigen Differenzierbarkeitsvoraussetzungen nicht erfüllt sind [Pre90b].

Wie im Falle von unstetigen Materialparametern zu verfahren ist, sei hier am Beispiel der E_z-Komponente des $\vec{E}$-Feldes gezeigt. Zunächst werde wie bisher ein Yee-Gitter gemäß Bild 2.3 angenommen. Greift man die E_z-Komponente an der Position $(i,j,k+\frac{1}{2})$ heraus und definiert senkrecht dazu eine rechteckige Fläche mit den Abmessungen einer Gitterzelle $\Delta x \Delta y$, erhält man die in Bild 2.4 dargestellte Anordnung von Feldkomponenten.

Wendet man (2.56) auf die in Bild 2.4 gezeigte Fläche an und nimmt die Feldkomponenten innerhalb und auf dem Rand der (hinreichend kleinen) Fläche A als näherungsweise konstant an[3], erhält man

$$\begin{aligned} &\left(H_{\mathrm{y}\,i+\frac{1}{2},j,k+\frac{1}{2}} - H_{\mathrm{y}\,i-\frac{1}{2},j,k+\frac{1}{2}}\right) \Delta y - \left(H_{\mathrm{x}\,i,j+\frac{1}{2},k+\frac{1}{2}} - H_{\mathrm{y}\,i,j-\frac{1}{2},k+\frac{1}{2}}\right) \Delta x \\ &= E_{\mathrm{z}\,i,j,k+\frac{1}{2}} \int_A \kappa \,\mathrm{d}\sigma + \varepsilon_0 \frac{\partial E_{\mathrm{z}\,i,j,k+\frac{1}{2}}}{\partial t} \int_A \varepsilon_\mathrm{r} \,\mathrm{d}\sigma \quad . \end{aligned} \tag{2.58}$$

Der Flächennormalenvektor von A zeigt dabei in die gleiche Richtung wie E_z Die Integrationsrichtung für das Wegintegral entlang des positiv orientierten Randes ergibt sich daraus

[3] An (realen) Materialgrenzen sind die tangentialen Komponenten von $\vec{E}$- und $\vec{H}$-Feld immer stetig.

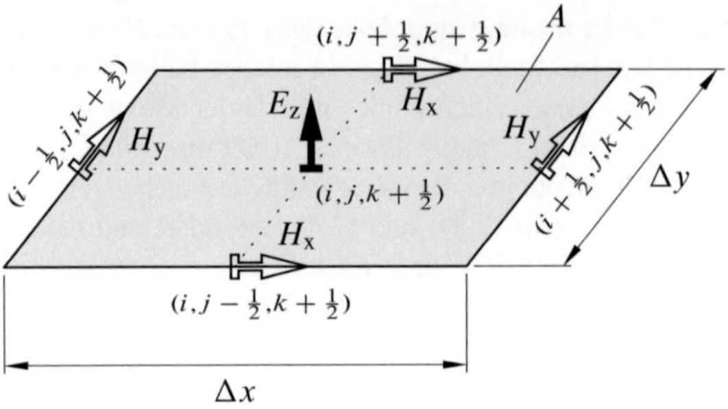

Bild 2.4.: Ausschnitt aus dem Yee-Gitter. Die rechteckige Integrationsfläche (grau) ist senkrecht zur betrachteten Feldkomponente E_z. Die umgebenden $\vec{H}$-Feldkomponenten liegen auf dem Rand der Fläche A. Die Flächennormale ist die positive z-Richtung.

im Gegenuhrzeigersinn in Bild 2.4. Statt das Feld auf einer Kante des Randes als konstant anzusehen, kann der Wert der zugehörigen Feldkomponente auch als lokaler arithmetischer Mittelwert der Feldkomponente auf dieser Kante interpretiert werden. Diese Betrachtung ist allgemeiner, führt aber auf das gleiche Ergebnis.

Betrachtet man die beiden Flächenintegrale auf der rechten Seite von Gleichung (2.58), so kann man diese durch die räumlichen arithmetischen Mittelwerte $\bar{\kappa}$ und $\bar{\varepsilon_r}$ ausdrücken:

$$\int_A \kappa \, \mathrm{d}\sigma = \bar{\kappa} \, \Delta x \Delta y \quad \text{und} \quad \int_A \varepsilon_r \, \mathrm{d}\sigma = \bar{\varepsilon_r} \, \Delta x \Delta y \tag{2.59}$$

Die Mittelwertbildung erstreckt sich dabei über die Fläche A. Setzt man dies in Gleichung (2.58) ein und dividiert durch das Produkt $\Delta x \Delta y$ ergibt sich

$$\frac{H_{y_{i+\frac{1}{2},j,k+\frac{1}{2}}} - H_{y_{i-\frac{1}{2},j,k+\frac{1}{2}}}}{\Delta x} - \frac{H_{x_{i,j+\frac{1}{2},k+\frac{1}{2}}} - H_{y_{i,j-\frac{1}{2},k+\frac{1}{2}}}}{\Delta y}$$

$$= \bar{\kappa} \, E_{z_{i,j,k+\frac{1}{2}}} + \varepsilon_0 \bar{\varepsilon_r} \frac{\partial E_{z_{i,j,k+\frac{1}{2}}}}{\partial t} \quad . \tag{2.60}$$

Drückt man, wie bei Herleitung von Gleichung (2.23), die zeitliche Ableitung von E_z wieder durch den zeitlich zentrierten Differenzenquotienten und E_z durch den zeitlichen Mittelwert aus, erhält man exakt die gleiche Form wie in (2.48). Der einzige Unterschied ist, daß zur Berechnung der Konstanten nun der Flächenmittelwert der Materialparameter gemäß (2.59) herangezogen wird.

Das, was hier für die E_z-Komponente gezeigt wurde, gilt analog auch für die übrigen Feldkomponenten. Insgesamt gilt das Differenzenschema (2.46) bis (2.51) damit unverändert auch für räumlich nicht konstante und sogar unstetige Materialparameter. Lediglich die

Materialparameter müssen lokal über eine Fläche senkrecht zur betrachteten Feldkomponente in der Größe einer Gitterzelle gemittelt werden. Im Falle räumlich konstanter Materialparameter stimmt der Mittelwert trivialerweise mit dem Wert des Parameters selbst überein. Dann führen die aus der Differentialform und der Integralform der Maxwellgleichungen gewonnen Feldentwicklungsgleichungen auf das gleiche Ergebnis. Daher werden die Begriffe *Finite Differenzen Methode* und *Finite Integrationsmethode* auch häufig synonym verwendet. Die hohe Genauigkeit, welche die Finiten Differenzen durch die Approximation zweiter Ordnung (vgl. (2.42)) bieten, geht im Falle unstetiger Materialparameter, d. h. insbesondere an den Materialgrenzen, allerdings verloren.

2.7. Elektromagnetische Randbedingungen

Bisher wird das Berechnungsgebiet und damit das räumliche Gitter als unendlich ausgedehnt angenommen. Dies ist aus praktischen Gründen nicht möglich, weil damit der Speicherbedarf und die Berechnungszeit ebenfalls unendlich groß würden. Bei einer nur endlichen Ausdehnung besitzt das Berechnungsgebiet somit einen Rand. Aufgrund der gewählten orthogonalen Gitterstruktur ist die Annahme eines achsparallelen *quaderförmigen* Berechnungsgebietes sinnvoll. Unter dieser Voraussetzung unterteilt sich der Rand in die sechs rechteckigen Begrenzungsflächen, die in Bild 2.5 dargestellt sind.

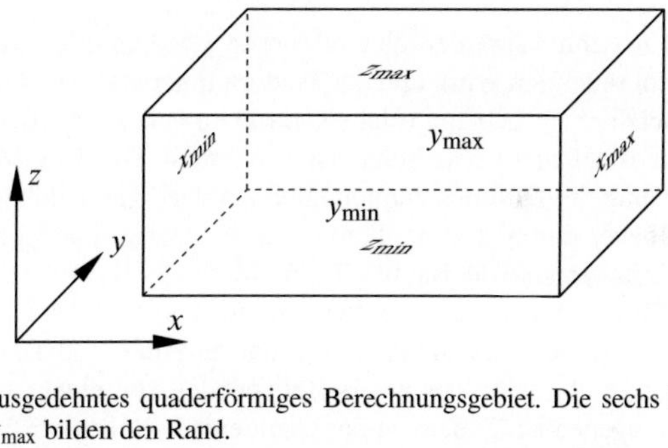

Bild 2.5.: Endlich ausgedehntes quaderförmiges Berechnungsgebiet. Die sechs Begrenzungsflächen $x_{\min}$ bis $z_{\max}$ bilden den Rand.

Zur Berechnung der Feldkomponenten gemäß dem Yee-Schema (2.46) bis (2.51) werden jeweils die räumlich orthogonal benachbarten Komponenten benötigt. Für die Feldkomponenten, welche zu den Randzellen des Gitters gehören, existieren nicht alle benötigten Feldkomponenten. Ersatzweise können diese jedoch aus den Eigenschaften des Randes berechnet werden. Dazu können verschiedene Randbedingungen definiert werden. In der vorliegenden Arbeit werden die zwei am meisten benötigten Randbedingungen implementiert: Der perfekte elektrische Leiter und ein perfekt angepaßter Rand (reflexionsfreier Abschluß). Diese werden in den nächsten beiden Abschnitten näher erläutert. Jeder der sechs Randflächen lassen sich dabei verschiedene Eigenschaften zuordnen.

2.7.1. Perfekter elektrischer Leiter (PEC)

Diese Randbedingung, welche auch als PEC (**P**erfect **E**lectric **C**onductor) oder metallische Ranbedingung bezeichnet wird, ist am einfachsten zu implementieren. Auf einer ideal elektrisch leitenden Fläche sind die tangentialen Komponenten des elektrischen Feldes $\vec{E}$ Null. Das gleiche gilt für die Normalkomponente des magnetischen $\vec{H}$-Feldes. Betrachtet man den Aufbau einer Yee-Gitterzelle (Bild 2.3), so sind die elektrischen Feldkomponenten tangential und die magnetischen Feldkomponenten normal zu den Seitenflächen. Die metallische Randbedingung läßt sich daher einfach implementieren, indem die Komponenten, welche den Rand berühren, zu Null gesetzt werden. Dies betrifft die Randflächen x_{min}, y_{min} und z_{min}. Bei den übrigen drei Randflächen (x_{max}, y_{max} und z_{max}) existieren die zugehörigen Gitterzellen nicht. Bei der Berechnung der innen liegenden Feldkomponenten, werden diese nicht existierenden Feldkomponenten ebenfalls zu Null angenommen. Dadurch wird genau an der Gittergrenze eine metallische Fläche mit perfekter elektrischer Leitfähigkeit simuliert.

2.7.2. Perfekt angepaßter Rand

Der reflexionsfreie Abschluß simuliert eine offene Randbedingung. Das bedeutet, daß die Welle am Rand nicht reflektiert wird, und das Feld im Inneren des Gitters sich verhält, als wäre das Gitter unendlich ausgedehnt (ohne Rand). Um eine solche Bedingung zu erzeugen, existieren grundsätzlich zwei verschiedene Verfahren. Die erste Möglichkeit basiert darauf, die zur Bildung der Differenzenquotienten notwendigen Feldkomponenten außerhalb des Rechengebietes durch „Extrapolation“ des Feldes im Inneren zu gewinnen. Beispiele für solche Verfahren sind die Bayliss-Turkel Methode [BT80] und die Extrapolation nach Liao [LWYY84]. Diese Verfahren setzen voraus, daß sich das Feld am Rand durch ebene oder sphärische Wellen darstellen läßt. Das hat zur Folge, daß das Gitter hinreichend groß gewählt werden muß, damit das untersuchte Modell von einem ausreichend dicken homogenen Rand umgeben ist. Zudem ist der resultierende Reflexionsfaktor stark von der Richtung des Welleneinfalls abhängig.

Die zweite Möglichkeit besteht darin, am Rand aber noch innerhalb des Berechnungsgebietes, ein Material mit nach außen hin stark zunehmenden Verlusten anzubringen, welches die einfallenden Wellen dämpft. Dies ist in etwa vergleichbar mit den Absorberwänden in einer Absorberkammer. Dieses Material wird dann nach außen durch eine PEC Randbedingung abgeschlossen, an der aufgrund der hohen Dämpfung aber nur eine geringe Reflexion stattfindet. Kritischer ist eine mögliche Reflexion beim Übergang vom Modell auf den absorbieren Rand. Hier wurde von Bérenger eine entscheidende Lösung gefunden [Ber94], welche diese Reflexion theoretisch komplett vermeidet. Da diese darüber hinaus einfach zu implementieren ist, wird diese Methode in dieser Arbeit verwendet.

Bérenger PML

Das von Bérenger eingeführte Verfahren [Bé96, KTT94] verbessert die Methode des absorbierenden Randes entscheidend. Verglichen mit anderen Methoden [TBR92], ergibt sich eine deutliche Verbesserung der Absorption, auch bei einer relativ dünn angenommenen PML-Schicht von nur wenigen Randzellen [ABT95]. Statt eines realen absorbierenden Materials, wird ein (nur theoretisch existierendes) Material mit besonderen Eigenschaften modelliert. Eine sogenannte PML (**P**erfectly **M**atched **L**ayer) definiert einen Raumbereich am Rand des Berechnungsgebietes, der mit diesem Material angefüllt ist. Das besondere an diesem Material ist, daß es gleichzeitig einen beliebig wählbaren reellen Wellenwiderstand und eine hohe Dämpfung aufweist, die richtungsabhängig gesteuert werden kann. Damit läßt sich bereits in einer relativ dünnen Schicht mit einer Dicke von von ca. 4 bis 8 Gitterzellen eine sehr hohe Dämpfung und somit eine geringe Reflexion erreichen.

Um ein Material mit solchen Eigenschaften zu beschreiben, muß die bisherige Theorie erweitert werden. Dabei werden die insgesamt 6 Feldkomponenten für das $\vec{E}$- und $\vec{H}$-Feld jeweils in zwei Teilkomponenten aufgespaltet. Da die formelle Beschreibung sehr umfangreich ist, wird diese in den Anhang A.5 ausgegliedert. Hier seien nur die wesentlichen Ergebnisse aufgeführt. Dabei wird davon ausgegangen, daß das Modell komplett von einem linearen, homogenen, isotropen und verlustfreien Medium, charakterisiert durch ε_r und μ_r, umgeben ist, vergleiche Bild 2.6a. Dieses sogenannte Umgebungsmedium ist von der PML umgeben, welche das gleiche ε_r und μ_r hat wie das Umgebungsmedium. Die Aufgabe dieser PML ist es, dafür zu sorgen, daß eine Welle beim Übergang vom Umgebungsmedium auf die PML weder reflektiert noch gebrochen wird, dafür aber zum metallischen Rand hin

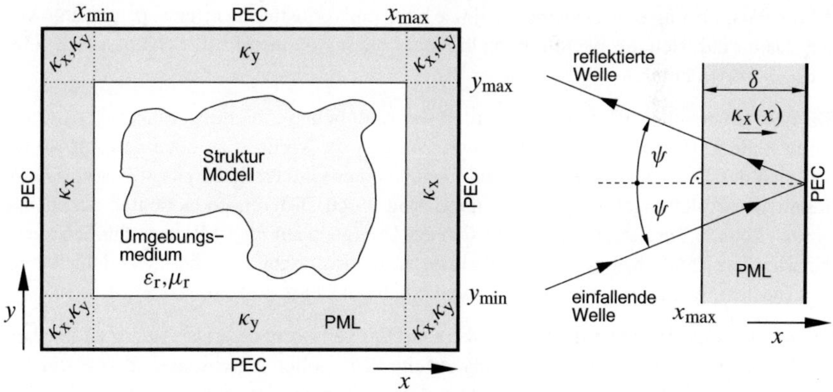

(a) Modellbereich und PML. 2D-Schnitt in der xy-Ebene. Die PML weist für jede Seite verschiedene Verlustterme auf.

(b) PML an der Seite x_{max} mit einfallender ebener Welle

Bild 2.6.: Perfekt angepaßter Rand nach Bérenger. Das Modell ist komplett in ein homogenes Umgebungsmedium eingebettet. Um dieses Medium herum befindet sich die PML, welche durch eine PEC nach außen abgeschlossen ist.

stark gedämpft wird. Die Dämpfung der Welle entsteht durch elektrische und magnetische Leitfähigkeitsverluste, charakterisiert durch $\kappa_{x,y,z}$ bzw. $\varrho_{x,y,z}$, welche richtungsabhängig gewählt werden können. Damit die Forderung nach Reflexionsfreiheit erfüllt ist, müssen die Verluste in einem ganz bestimmten Verhältnis gemäß

$$\frac{\varrho_i}{\mu_0\mu_r} = \frac{\kappa_i}{\varepsilon_0\varepsilon_r} \qquad \text{mit} \qquad i \in \{x,y,z\} \tag{2.61}$$

zueinander stehen. Unter dieser Voraussetzung besitzt die PML den gleichen (reellen) Feldwellenwiderstand wie das Umgebungsmedium. Weiterhin ist es notwendig, daß das Feld an der Grenze zwischen Umgebungsmedium und PML stetig ist. Daher ist es erforderlich, daß sich die Welle *tangential* zur Grenzschicht sowohl im Umgebungsmedium als auch in der PML in gleicher Weise ausbreitet. Daher müssen die Verlustterme der PML in tangentialer Richtung zu Null gesetzt werden, weil im Umgebungsmedium keine Verluste existieren. Eine Dämpfung findet also nur in der Richtung senkrecht zur Grenzschicht statt. Für die PMLs an den Grenzen $x_{\min}$ und $x_{\max}$ bedeutet dies, daß $\varrho_{y,z} = \kappa_{y,z} = 0$ gelten muß. In den Raumbereichen, an denen die PMLs zwei oder drei benachbarter Seiten überlappen, müssen die Verlustterme verschiedener Richtungen entsprechend kombiniert werden. Dies ist z. B. in den vier „Ecken" in Bild 2.6a der Fall. Diese Bedingung resultiert daraus, daß die tangentiale Dämpfung an der Grenzfläche, wo sich zwei PMLs berühren, in beiden Gebieten identisch sein muß.

PML mit variierender Leitfähigkeit

Erfolgt die Berechnung der Felder analytisch, ist der Übergang vom Umgebungsmedium auf die PML absolut reflexionsfrei, egal wie hoch die Verlustterme κ_x bzw. ϱ_x gewählt werden. Damit läßt sich die Welle innerhalb einer beliebig dünnen PML-Schicht auf beliebig geringe Werte dämpfen.

Bei der numerischen Berechnung werden die räumlichen Ableitungen analog zu (2.42) durch finite Differenzenquotienten ersetzt. Werden die Verluste zu hoch gewählt, so ändert sich das Feld innerhalb der kurzen Distanz einer Gitterzelle bereits so stark, daß die räumlichen Ableitungen nicht mehr zuverlässig durch Differenzenquotienten angenähert werden können. Im Extremfall verhält sich der Übergang auf die PML dann ähnlich einem metallischen Rand. Wählt man die Verluste zu niedrig, muß man die PML-Schicht sehr dick machen, wodurch der Rechenaufwand erheblich steigt.

Die Lösung des Problems liegt darin, die Leitfähigkeitsverluste ortsabhängig zu machen. Bei Übergang des Umgebungsmediums auf die PML sollen diese zunächst so gering gewählt werden, daß der numerische Fehler des Differenzenquotienten gering bleibt. Zum metallischen Rand darf die Leitfähigkeit dann immer stärker zunehmen, da sich der numerische Fehler aufgrund der schon stark gedämpften Welle nicht mehr so stark auf das gesamte Reflexionsverhaltens der PML auswirkt. Auf diese Weise läßt sich ein guter Kompromiß zwischen einer geringen Dicke der PML (weniger Gitterzellen, geringerer Rechenaufwand) und dennoch guter Absorption der Welle erreichen.

In der Praxis hat sich eine über der Tiefe exponentielle (geometrische) Zunahme der Leitfähigkeitsverluste bewährt [Bé96]. Für die in Bild 2.6b dargestellte PML an der Position $x_{\max}$ gilt damit

$$\kappa_{\mathrm{x}}(x) = \kappa_{\mathrm{x}}(x_{\max})\, g^{\,(x-x_{\max})/\Delta x} \qquad \text{mit} \qquad g > 1 \quad . \tag{2.62}$$

Die Leitfähigkeit $\kappa_{\mathrm{x}}(x)$ nimmt also um den Faktor g mit jeder Gitterzelle zu. Besitzt die PML bis zum metallischen Rand PEC die Dicke $\delta = N\Delta x$, so ergibt sich der vom Einfallswinkel ψ abhängige effektive Reflexionsfaktor $R(\psi)$ betragsmäßig (siehe Anhang A.5.3) zu

$$|R(\psi)| = |R(0)|^{\cos\psi} \tag{2.63}$$

$$|R(0)| = \exp\left[-2Z_{\mathrm{F0}}\sqrt{\frac{\mu_{\mathrm{r}}}{\varepsilon_{\mathrm{r}}}}\,\kappa_{\mathrm{x}}(x_{\max})\,\Delta x\,\frac{g^N-1}{\ln g}\right] \quad . \tag{2.64}$$

Wegen (2.63) wird der Betrag des Reflexionsfaktors für streifenden Einfall ($\psi = \pm\pi/2$) zu 1 und es findet keine Absorption statt. Gibt es eine angrenzende PML an einer benachbarten Seite, so steht diese orthogonal und kann damit die Welle absorbieren.

Implementierung der PML

Bei Implementierung der sich örtlich verändernden Leitfähigkeit wird diese, wie in Abschnitt 2.6.1 beschrieben, über die Ausdehnung einer Gitterzelle um die zugehörigen Feldkomponenten herum gemittelt. Für eine Feldkomponente innerhalb der PML, welche $i\,\Delta x$ von der PML-Grenze entfernt ist, gilt damit für die zugehörige Leitfähigkeit, siehe (A.120)

$$\kappa_{\mathrm{x},i} = \begin{cases} \dfrac{1}{\Delta x}\displaystyle\int_{\left(i-\frac{1}{2}\right)\Delta x}^{\left(i+\frac{1}{2}\right)\Delta x} \kappa_{\mathrm{x}}(x_{\max}+x)\,\mathrm{d}x = \kappa_{\mathrm{x}}(x_{\max})\,\dfrac{g^i\,(g-1)}{\ln g\,\sqrt{g}} & \text{für} \quad i = \dfrac{1}{2}, 1, \dfrac{3}{2}, \ldots \\[2ex] \dfrac{1}{\Delta x}\displaystyle\int_{0}^{\frac{1}{2}\Delta x} \kappa_{\mathrm{x}}(x_{\max}+x)\,\mathrm{d}x = \kappa_{\mathrm{x}}(x_{\max})\,\dfrac{\sqrt{g}-1}{\ln g} & \text{für} \quad i = 0 \quad . \end{cases} \tag{2.65}$$

Im Falle $i = 0$ befindet sich der Ort genau auf der Grenzfläche zwischen Umgebungsmedium und PML. Das halbe Integrationsgebiet liegt damit innerhalb des Umgebungsmediums und weist daher keine Leitfähigkeitsverluste auf.

Wegen der hohen Verluste in der PML klingt das Feld auch zeitlich sehr rasch ab. Daher wird in der Implementierung des finiten Differenzenschemas das exponentielle Zeitschrittverfahren verwendet. Die Koeffizienten ergeben sich aus Betrachtungen, die denen zu (2.28) und (2.29) analog sind.

2.8. Elektromagnetische Anregung

Damit sich im FDTD-Gitter ein von Null verschiedenes elektromagnetisches Feld ausbreiten kann, müssen ein oder mehrere Quellen eingebracht werden, die ein Feld anregen. Ein einfaches Beispiel für eine solche Quelle ist ein elektrischer oder magnetischer Dipol. Hierbei erfolgt die Anregung nur punktförmig. Eine weitere Form stellt die Anregung durch eine definierte einfallende Welle dar. Dies kann eine ebene einfallende Freiraumwelle aus einer beliebigen Richtung sein, wie sie häufig zur Berechnung von Streuung angenommen wird. Für eine Modellierung von Mikrowellenapplikatoren spielt aber die Einleitung von geführten Wellen, z. B. aus Hohlleitern oder anderen Leitungstypen eine bedeutendere Rolle.

In allen Fällen ist zur Definition der Anregung eine Zeitfunktion notwendig, die den zeitlichen Verlauf des Anregungssignals und damit auch dessen Amplitude wiedergibt. Für die Beschreibung von einfallenden Wellen muß neben der Einfallsrichtung auch die Polarisation festgelegt werden. Bei einer geführten Welle ist darüber hinaus die Definition eines sog. Tores (Ports) notwendig, welche sich aus der Geometrie der Speiseleitung ergibt. Da auf einer solchen Speiseleitung i. A. verschiedene Feldkonfigurationen (Moden) ausbreitungsfähig sind, müssen auch diese beschrieben werden.

2.8.1. Zeitfunktion der Anregung

Die Zeitfunktion bestimmt den zeitlichen Verlauf des Anregungssignals vom Beginn der elektromagnetischen Simulation bis zum Ende. Als skalare Größe gibt sie nur den Momentanwert der Amplitude vor. Die Richtung des Feldes wird durch andere, von der Art der Quelle abhängige Parameter bestimmt. Je nach Problemstellung sind unterschiedliche Zeitfunktionen sinnvoll. Für lineare, zeitinvariante Systeme[4] wird häufig ein hochfrequenter Impuls endlicher Dauer verwendet, der ein breites Frequenzspektrum abdeckt. Aus der sich ergebenden Impulsantwort kann das Verhalten des Systems dann über das komplette Frequenzspektrum ermittelt werden. Ist nur eine Frequenz von Interesse, so ist es genauer mit einem monofrequenten Signal anzuregen. Für nichtlineare oder zeitvariante Systeme kann aus der Systemantwort für eine spezielle Zeitfunktion nicht ohne weiteres auf die Antwort für eine davon verschiedene Zeitfunktion geschlossen werden. Daher ist in diesem Fall eine Anregung mit der tatsächlich vorliegenden Zeitfunktion notwendig.

Im Folgenden werde davon ausgegangen, daß die Anregung zum Zeitpunkt $t = 0$ beginnen soll. Alle elektromagnetischen Felder und die Zeitfunktion selbst sollen für $t < 0$

[4] Für das Modell bedeutet dies, daß die Materialgleichungen linear und zeitinvariant sind.

verschwinden. Auf diese Weise ist gewährleistet, daß für $t < 0$ stets Anregung und Felder zueinander konsistent sind. Alle im Zeitsignal enthaltenen Frequenzanteile sollten mit ihrer zugehörigen Wellenlänge λ bzw. Periodendauer T die durch die Diskretisierung gegebenen Grenzwerte (2.54) nicht unterschreiten. Damit sind höherfrequente Anteile im Signal, z. B. durch zu steile Signalflanken oder gar Unstetigkeiten grundsätzlich zu vermeiden. Insbesondere soll die Zeitfunktion, im Folgenden mit $\Phi(t)$ bezeichnet, damit auch zum Einschaltzeitpunkt $t = 0$ stetig sein, d. h. es gilt $\Phi(0) = 0$. Wie den zeiltichen Entwicklungsgleichungen (2.30) und (2.31) zu entnehmen ist, wird die Zeitfunktion nur zu den diskreten Zeitpunkten $n\Delta t/2$, $n \in \mathbb{N}_0$ ausgewertet.

Zeitharmonische Anregung

Die zeitharmonische Anregung hat zum Ziel, ein möglichst monofrequentes Signal der Frequenz f zur Verfügung zu stellen. Dies entspricht dem Ausgangssignal einer (idealisierten) Mikrowellenquelle. Damit erhält man direkt den zeitlichen Verlauf aller Felder bei der Frequenz f. Bei einem linearen, zeitinvarianten System ist der zeitliche Verlauf der zugehörigen Felder ebenfalls zeitharmonisch [Fö93]. Für eine reelle zeitharmonische Funktion $\Phi_{\mathrm{H}}(t)$ gilt

$$\Phi_{\mathrm{H}}(t) = \cos(2\pi f t + \varphi_0) \qquad \text{für} \qquad t \geq 0 \quad , \tag{2.66}$$

wobei φ_0 die Anfangsphase zum Zeitpunkt $t = 0$ darstellt. Diese läßt sich jedoch nicht direkt als Anregungsfunktion verwenden, da sie i. A. im Einschaltzeitpunkt $t = 0$ unstetig ist, und damit höhere Frequenzanteile enthält. Letzteres läßt sich vermeiden, wenn man $\Phi_{\mathrm{H}}(t)$ mit einer Fensterfunktion multipliziert, die einen möglichst sanften Einschwingvorgang aufweist. Mathematisch bedeutet dies, daß die Fensterfunktion in $t = 0$ eine Nullstelle möglichst hoher Ordnung besitzen sollte.

Da die Größe des Sprunges beim Einschalten von $\Phi_{\mathrm{H}}(t)$ von φ_0 abhängt empfiehlt es sich $\Phi_{\mathrm{H}}(t)$ zunächst in seine Quadraturkomponenten zu zerlegen und diese dann mit getrennten Fensterfunktionen zu versehen. Damit folgt für die Anregungsfunktion

$$\Phi(t) = p\left(\frac{t}{T_{\mathrm{E}}}\right) \cos\varphi_0 \, \cos(2\pi f t) - q\left(\frac{t}{T_{\mathrm{E}}}\right) \sin\varphi_0 \, \sin(2\pi f t) \qquad \text{für} \qquad 0 \leq t \leq T_{\mathrm{E}} \tag{2.67}$$

mit den Fensterfunktionen $p(\tau)$ und $q(\tau)$ und der Einschwingzeit T_{E}. Die Fensterfunktionen sollen folgende Eigenschaften besitzen:

- $p(0) = q(0) = 0$ und $p(1) = q(1) = 1$
- $p^{(k)}(0) = 0$ für $k \in \{1,2,...N+1\}$ und $q^{(k)}(0) = 0$ für $k \in \{1,2,...,N\}$
- $p^{(k)}(1) = 0$ für $k \in \{1,2,...N\}$ und $q^{(k)}(1) = 0$ für $k \in \{1,2,...,N\}$
- p und q auf $[0,1]$ streng monoton.

Der erste Punkt stellt sicher, daß nach Ablauf der Einschwingzeit T_{E} Φ stetig auf Φ_{H} übergeht. Damit dieser Übergang möglichst sanft erfolgt, wird ebenfalls die Stetigkeit der Ableitungen bis zur Ordnung N gefordert. Die Ordnung der Nullstelle von $\Phi(0)$ beträgt dann $N+2$. Da $\sin(2\pi f t)$ in $t=0$ schon eine einfache Nullstelle besitzt, ist die Nullstellenordnung von p um eins höher zu wählen als die von q. Unter dieser Voraussetzung ist das Einschwingverhalten unabhängig von φ_0 immer konstant. Die oben genannten Forderungen lassen sich stets durch Polynome vom Grad $2N+2$ für p bzw. $2N+1$ für q befriedigen. Für $N=2$ erhält man

$$p(\tau) = \tau^4(10\tau^2 - 24\tau + 15) \tag{2.68}$$

$$q(\tau) = \tau^3(6\tau^2 - 15\tau + 10) \quad . \tag{2.69}$$

Mit diesen Polynomen hat Φ in $t=0$ eine Nullstelle vierter Ordnung und geht in $t=T_{\mathrm{E}}$ zweimal stetig differenzierbar auf Φ_{H} über. Somit gilt

$$\Phi(t) = \Phi_{\mathrm{H}}(t) = \cos(2\pi f t + \varphi_0) \qquad \text{für} \qquad t \geq T_{\mathrm{E}} \quad . \tag{2.70}$$

Zusammen mit (2.67) ist damit $\Phi(t)$ für alle $t \geq 0$ definiert. T_{E} wird üblicherweise als Vielfaches der Periodendauer $T = 1/f$ angegeben. Als guter Richtwert kann $T_{\mathrm{E}} = 5T$ verwendet werden.

Mit der harmonischen Anregung kann die Simulation beendet werden, sobald das System den eingeschwungenen Zustand erreicht hat. Da aufgrund der Kausalität die Felder nicht von zukünftigen Werten von $\Phi_{\mathrm{H}}(t)$ abhängen, braucht es für das Ende der Simulation nicht unbedingt eines sanftes Abklingen, wie es bei einer Impulsanregung der Fall ist.

Stabilität bei zeitharmonischer Anregung Wird die zeitharmonische Anregung zu lange aufrecht erhalten, besteht die Gefahr von Instabilität. Diese resultiert aus der begrenzten numerischen Fließkommagenauigkeit. Der zeitliche Verlauf kann dann als Überlagerung eines idealen sinusförmigen Signals und eines „numerischen Rauschens“ interpretiert werden. Aufgrund der Linearität stellt der Zeitverlauf der Feldkomponente idealerweise auch eine harmonische Schwingung dar. Durch die genannten Ungenauigkeiten können sich jedoch exponentiell aufklingende Störungen überlagern. Um diesen Effekt zu minimieren, sollte die Rechengenauigkeit möglichst hoch gewählt werden. In der vorliegenden Implementierung wird durchgehend doppelte Fließkommagenauigkeit mit 64 Bit nach IEEE 754 verwendet.

2.8.2. Dipolanregung

Mit der Dipolanregung wird eine kleine Dipolantenne (Hertzscher Dipol) als Quelle simuliert. Hierfür wird örtlich lokal eine elektrische Stromdichte $\vec{J}_{\mathrm{e}}$ oder eine magnetische

Stromdichte $\vec{M}_\mathrm{e}$ eingeprägt. Dazu werden in den Materialgleichungen (2.7) und (2.8) die eingeprägten Stromdichten additiv hinzugefügt.

$$\vec{J}(t) = \kappa \vec{E}(t) + \vec{J}_\mathrm{e}(t) \qquad \text{und} \qquad \vec{M}(t) = \varrho \vec{H}(t) + \vec{M}_\mathrm{e}(t) \tag{2.71}$$

Der zeitliche Verlauf von $|\vec{J}_\mathrm{e}(t)|$ und $|\vec{M}_\mathrm{e}(t)|$ wird durch die Zeitfunktion aus Abschnitt 2.8.1 bestimmt. Statt der Gleichungen (2.9) und (2.10) erhält man dann

$$\frac{\partial \vec{H}}{\partial t} + \frac{\varrho}{\mu_0 \mu_\mathrm{r}} \vec{H} = -\frac{1}{\mu_0 \mu_\mathrm{r}} \operatorname{rot} \vec{E} - \underbrace{\frac{1}{\mu_0 \mu_\mathrm{r}} \vec{M}_\mathrm{e}(t)}_{\text{Magn. Quellterm}} \tag{2.72}$$

$$\frac{\partial \vec{E}}{\partial t} + \frac{\kappa}{\varepsilon_0 \varepsilon_\mathrm{r}} \vec{E} = \frac{1}{\varepsilon_0 \varepsilon_\mathrm{r}} \operatorname{rot} \vec{H} - \underbrace{\frac{1}{\varepsilon_0 \varepsilon_\mathrm{r}} \vec{J}_\mathrm{e}(t)}_{\text{Elektr. Quellterm}} \quad . \tag{2.73}$$

Führt man diese Gleichungen wieder in eine finite Differenzendarstellung über, erkennt man, daß sich die Orte des Feldkomponenten von $\vec{J}_\mathrm{e}(t)$ und $\vec{M}_\mathrm{e}(t)$ durch die Orte der Feldkomponenten auf der jeweils linken Seite der Gleichungen ergeben. Die Komponenten von $\vec{J}_\mathrm{e}(t)$ ergeben sich daher exakt an der Position der elektrischen Feldkomponenten von $\vec{E}$, die von $\vec{M}_\mathrm{e}(t)$ an der Position der Komponenten des $\vec{H}$-Feldes.

Das durch den Dipol angeregte Feld hängt neben der Amplitude auch von den Abmessungen der Gitterzelle ab, in welcher der Dipol implementiert ist. Betrachtet man die Gleichungen (2.72) und (2.73) gemäß der Vorgehensweise zu (2.58) in finiter integraler Form, so wird ersichtlich, daß stets der Fluß der Stromdichte durch die *Querschnittsfläche* in der Größe einer Gitterzelle über die gesamte *Länge* einer Gitterzelle wirksam ist. Mit anderen Worten, entscheidend ist stets das Produkt aus Stromdichte und Volumen der Gitterzelle.

Da die Stromdichte lokal eingeprägt ist, kann über die absolute eingespeiste Leistung zunächst keine Aussage gemacht werden. Diese hängt von den sich ergebenden elektrischen und magnetischen Feldstärken ab, die außer von der Anregung auch vom Modell abhängen. Befindet sich der Dipol komplett in einem leeren Raum (mit absorbierenden Rändern) bzw. einem homogenen, isotropen, verlustfreien Medium, charakterisiert durch ε_r und μ_r, kann die eingespeiste Leistung durch die abgestrahlte Leistung eines Hertzschen Dipols angegeben werden. Im Fall des elektrischen Dipols gilt bei zeitharmonischer Anregung [Mly94]

$$P_\mathrm{el.} = (J_0 \Delta V)^2 \, f^2 \, \frac{\pi \mu_0}{3 c_0} \sqrt{\varepsilon_\mathrm{r} \mu_\mathrm{r}} \quad , \tag{2.74}$$

beim magnetischen Dipol gilt analog

$$P_\mathrm{mag.} = (M_0 \Delta V)^2 \, f^2 \, \frac{\pi \varepsilon_0}{3 c_0} \sqrt{\varepsilon_\mathrm{r} \mu_\mathrm{r}} \quad . \tag{2.75}$$

Dabei sind J_0 und M_0 die Amplituden und f die Frequenz der zeitharmonischen Anregung. ΔVist das Volumen einer Gitterzelle, also $\Delta V = \Delta x \Delta y \Delta z$.

Harte Anregung In der bisher beschriebenen Weise wirken die Dipole als *weiche* Anregung (soft source). Das heißt die Anregung wird als additive Größe eingeführt. Das Feld des Dipols kann damit störungsfrei mit anderen Feldern überlagert werden. Insbesondere verhält sich ein Dipol mit einer Anregung von Null so, als wäre er gar nicht vorhanden.

Im Gegensatz dazu ist es auch möglich eine *harte* Anregung (Hard Source) durchzuführen. Diese besteht einfach darin, daß statt einer eingeprägten Stromdichte direkt der zeitliche Verlauf der entsprechenden Feldkomponente des $\vec{E}$- oder $\vec{H}$-Feldes vorgegeben wird. Im Falle des $\vec{E}$-Feldes entspricht dies der Funktion einer sogenannten Voltage-Gap. Ist die Anregungsfunktion Null, so beeinflusst der Dipol nach wie vor das Feld, da lokal eine Feldkomponente zu Null erzwungen wird. Dies entspricht damit einem kurzen, sehr dünnen und ideal leitenden Stab in Richtung des Dipols.

2.8.3. Anregung mit Wellenleitern

Eine wesentliche Rolle spielt bei Mikrowellenapplikatoren die Anregung mittels eines externen Wellenleiters, der von *außen* in den Applikator einkoppelt. Damit kann beispielsweise die Einspeisung mittels eines Hohlleiters simuliert werden. Im Gegensatz zur einfachen Einspeisung mittels Dipolen kann hierbei die eingespeiste Leistung exakt bestimmt werden ebenso wie die Anpassung.[5] Dafür ist die Modellierung aber auch aufwändiger, da die Wellenausbreitung im Wellenleiter ebenfalls mitsimuliert werden muß.

Zur Realisierung einer solchen Einspeisung ist es erforderlich, für den Wellenleiter ein eigenes Gitter zu erstellen, welches mit dem Gitter für das Modell verkoppelt ist. Die Verkopplung geschieht, indem auf dem Rand des Modellgitters, ein rechteckiger Bereich (Port) für die Einspeisung definiert wird. Vergleiche hierzu Bild 2.7.

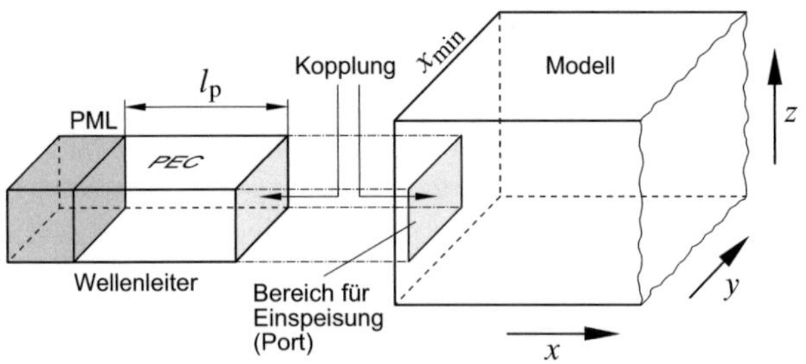

Bild 2.7.: Das Gitter des Modellbereichs (rechts) ist im Bereich der Einspeisung mit dem Gitter des Wellenleiters (links) gekoppelt. Die PML am gegenüberliegenden Ende absorbiert Wellen, die in den Wellenleiter hineinlaufen.

[5] Ein Teil der eingespeisten Leistung kann von dem Modell wieder zurück in den Wellenleiter reflektiert werden.

Die Randgitterzellen, welche in diesen Bereich fallen, werden mit den Gitterzellen auf der Stirnfläche des Wellenleiters *räumlich* verbunden. Dies erfolgt indem die für die Bildung der Differenzenquotienten notwendigen benachbarten Feldkomponenten aus den Feldkomponenten des jeweiligen anderen Gitters bezogen werden. Dazu hat das Gitter des Wellenleiters im Querschnitt die gleichen Abmessungen wie der rechteckige Bereich für die Einspeisung und die gleiche Auflösung wie das Modellgitter. Die Struktur wirkt dann quasi so, als wäre das Wellenleitergitter seitlich an das Modellgitter „angeflanscht".

Das Wellenleitergitter hat auf der gegenüberliegenden Seite der Kopplungsfläche eine absorbierende Randbedingung (PML). Diese dient dazu, Wellen, welche in den Wellenleiter *hinein* laufen, zu absorbieren. Dies können Wellen sein, die von anderen Quellen im Modell erzeugt werden, oder im Modell reflektiert werden. Dies modelliert eine ideal angepasste Quelle, die z. B. durch einen Zirkulator, sämtliche rücklaufende Leistung absorbiert. Der Wellenleiter ist an den übrigen Seiten durch eine elektrisch ideal leitende Randbedingung (PEC) abgeschlossen. Dies macht die Modellierung eines einfachen Rechteckhohlleiters für die Einspeisung extrem einfach. Im Allgemeinen ergibt sich die Struktur der Leitung aus der Struktur der Kopplungsfläche. Diese wird für alle Gitterzellen entlang der Achse des Wellenleiters über die gesamte Portlänge l_p fortgesetzt. Für l_p könnte theoretisch jede beliebige Länge > 0 gewählt werden. Praktisch sollte das Gitter des Wellenleiters aber einige Gitterzellen lang sein, da die Leiterstruktur in der PML selbst nicht mehr repliziert wird und damit am Übergang zur PML das Feld verzerrt wird.

Split-Field Anregung

In der bisher beschriebenen Weise wirkt der Port wie eine Senke, der eine einfallende Welle absorbieren kann, aber selbst keine Leistung erzeugt. Dies entspricht genau einer Anregung von Null. Um eine Leistung einzuspeisen, muß eine Welle simuliert werden, die den Wellenleiter in Vorwärtsrichtung verläßt. Dies läßt sich mit einem Ansatz realisieren, der die Felder in einen *gesamten* und einen *gestreuten* Anteil zerlegt, wobei sich das gesamte Feld $\vec{E}$ bzw. $\vec{H}$ als Summe des von einer Quelle erzeugten Feldes $\vec{E}_\mathrm{e}$ bzw. $\vec{H}_\mathrm{e}$ und einem gestreuten Anteil $\vec{E}_\mathrm{s}$ bzw. $\vec{H}_\mathrm{s}$ ergibt:

$$\vec{E} = \vec{E}_\mathrm{e} + \vec{E}_\mathrm{s} \qquad \text{und} \qquad \vec{H} = \vec{H}_\mathrm{e} + \vec{H}_\mathrm{s} \tag{2.76}$$

Dies wird auch als Split-Field-Methode bezeichnet [Taf95]. Aufgrund der Linearität der feldbeschreibenden Gleichungen, und damit auch des daraus resultierenden finiten Differenzenschemas, können diese beiden Anteile getrennt betrachtet werden: Das bisher entwickelte Gleichungssystem (2.46) bis (2.51) beschreibt sowohl die zeitliche Entwicklung des *gesamten* elektromagnetischen Feldes als auch die des nur *gestreuten* Anteils, sofern die Gleichungen auch nur auf den gestreuten Anteil angewandt werden. Dadurch ist es möglich in bestimmten Raumbereichen das gesamte Feld zu berechnen, während in anderen Raumbereichen mit den selben Gleichungen nur das gestreute Feld berechnet wird.

Voraussetzung dafür ist allerdings, daß an der Grenze zwischen zwei solchen Bereichen Konsistenz hergestellt wird.

Für die Anregung mittels eines Wellenleiters wird dieses Prinzip ausgenutzt. Im Gitter des Wellenleiters (Bild 2.7) wird nur das gestreute Feld (hineinlaufende Welle) berechnet. Im idealen Fall einer reflexionsfreien Last, wäre dieses Feld sogar Null. Im Bereich des Modells wird wie bisher das gesamte Feld berücksichtigt. Da die Feldkomponenten aus beiden Bereichen über die räumlichen Differenzenquotienten miteinander verkoppelt sind, müssen bei der Berechnung derjenigen Feldkomponenten, die Felder aus verschiedenen Bereichen heranziehen, geeignete Korrekturterme hinzugefügt werden. Zur Verdeutlichung sei dies für das Beispiel einer Einspeisung bei x_{min} gezeigt.

Bild 2.8 stellt die Position der Feldkomponenten des $\vec{E}$- und $\vec{H}$-Feldes im FDTD-Gitter entlang der x-Achse dar.[6] Vergleiche hierzu auch Bild 2.3.

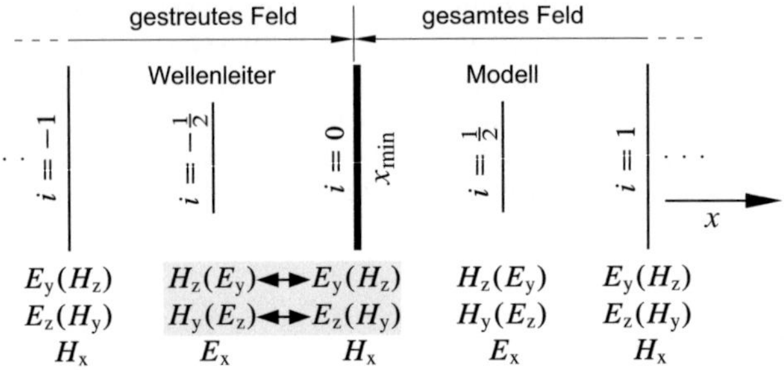

Bild 2.8.: Übergangsbereich eines Wellenleiters bei x_{min} auf den Modellbereich mit Position der Feldkomponenten. Im Wellenleiter (links) breitet sich ausschließlich das gestreute Feld aus, im Modellbereich (rechts) das gesamte Feld. Der breite Strich markiert die Grenze bei $i = 0$. Die grau unterlegten Feldkomponenten benötigen zur Berechnung Komponenten aus beiden Feldbereichen.

Links der Grenze $i = 0$ befindet sich das Gitter des Wellenleiters, rechts das Gitter des Modellbereichs. Die Feldkomponenten im Modellgitter (dazu gehören auch die auf der Grenze) geben das gesamte elektromagnetische Feld wieder, die Feldkomponenten links stellen nur das gestreute Feld dar. In Klammern steht bei jeder Feldkomponente, von welcher in x-Richtung verschobenen Feldkomponente sie abhängt. So benötigt man beispielsweise zur Berechnung von H_y die Feldkomponenten E_x und E_z (siehe Gleichung (2.50)). Dabei sind die Feldkomponenten des E_z-Feldes gegenüber H_y eine halbe Gitterzelle in x-Richtung verschoben. Zur Bestimmung von H_y an der Position $i = -\frac{1}{2}$ werden $E_z|_{i=-1}$ und $E_z|_{i=0}$ benötigt. Während $E_z|_{i=-1}$ sich wie $H_y|_{i=-\frac{1}{2}}$ auf das gestreute Feld bezieht, stellt $E_z|_{i=0}$ das *gesamte* elektrische Feld dar. Um Gleichung (2.50) dennoch anwenden

[6] Das entspricht in diesem Fall der Achse des Wellenleiters und der Ausbreitungsrichtung der darin geführten Welle.

zu können, muß daher $E_z|_{i=0}$ in den gestreuten Anteil $E_z^s|_{i=0}$ umgerechnet werden. Dies geschieht über die aus (2.76) folgende Beziehung

$$E_z^s|_{i=0} = E_z|_{i=0} - E_z^e|_{i=0} \quad . \tag{2.77}$$

$E_z^e|_{i=0}$ ergibt sich dabei direkt aus dem Feld, das die Quelle erzeugt und ist damit bekannt. Im Allgemeinen ist das eine in Vorwärtsrichtung laufende Welle, die den Wellenleiter in Richtung Applikator verläßt. Am einfachsten erfolgt diese Korrektur, indem zunächst das $\vec{H}$-Feld im gesamten Raum *ohne* Unterscheidung von einfallendem und gestreutem Feld berechnet wird. Danach, und noch *vor* der Berechnung des $\vec{E}$-Feldes im nachfolgenden halben Zeitschritt, wird das Feld korrigiert, indem

$$H_y^{\text{korr}}|_{i=-\frac{1}{2}} := -\frac{C_2^{\text{H}}}{\Delta x} E_z^e|_{i=0} \tag{2.78}$$

bei den betroffenen H_y-Komponenten addiert wird. C_2^{H} ist dabei die Konstante gemäß Gleichung (2.50). Entsprechend wird mit den übrigen Feldkomponenten H_z, E_y und E_z im Grenzbereich verfahren. Findet die Einspeisung mittels Wellenleiter nicht auf der Seite x_{min}, sondern auf einer der übrigen Seiten statt, so ist die Vorgehensweise entsprechend.

Modellierung des anregenden Feldes Das anregende Feld besteht aus einer Welle, die den Wellenleiter an der Stelle des Ports verläßt. Dieser Port dient gleichzeitig als Referenzebene. Gemäß der Split-Field Anregung müssen das tangentiale $\vec{E}$- und $\vec{H}$-Feld der einlaufenden Welle bekannt sein. Für einfache Formen des Wellenleiters, wie Rechteck- oder Rundhohlleiter oder Koaxialleiter, existiert eine analytische Beschreibung des Feldes [Wie98].

Da die Feldkomponenten im FDTD-Gitter räumlich versetzt angeordnet sind, werden die tangentialen Komponenten nicht nur in der Port-Ebene selbst, sondern auch im Abstand einer halben Gitterzelle davor bzw. dahinter benötigt. Das hat zur Folge, daß $\vec{E}$- und $\vec{H}$-Feld der einfallenden Welle i. A. für verschiedene Phasen ausgewertet werden müssen. Es müssen also $\vec{E}$ *und* $\vec{H}$ des anregenden Feldes auch in der räumlichen Umgebung der Portebene bekannt sein. Für ein schmalbandiges Anregungssignal kann eine Näherung eingeführt werden, bei der es ausreicht nur das tangentiale $\vec{E}$-Feld in der Portfläche zu kennen.

Für eine zeitharmonische Anregung lassen sich die tangentialen Komponenten des $\vec{H}$-Feldes aus den tangentialen Komponenten des $\vec{E}$-Feldes auch bei räumlicher Verschiebung berechnen. Sei E eine beliebige tangentiale Komponente des $\vec{E}$-Feldes, so gilt für eine harmonische Welle, die sich in positive x-Richtung ausbreitet

$$E(x,t) = \hat{E}(x_0)\,\cos(2\pi f t + \varphi_0 - \beta(x - x_0)) \quad . \tag{2.79}$$

Dabei ist f die Frequenz und β die Wellenzahl, die i. A. sowohl von der Frequenz, als auch von der Gestalt des Wellenleiters und dem sich ausbreitenden Mode abhängt. $\hat{E}(x_0)$ ist die Feldstärkeamplitude am Ort der Referenzebene. Mit einfachen trigonometrischen Umformungen folgt daraus

$$\begin{aligned} E(x,t) &= \hat{E}(x_0)\,\left[\cos(2\pi f t + \varphi_0)\cos\beta(x-x_0) + \cos(2\pi f t - \tfrac{\pi}{2} + \varphi_0)\sin\beta(x-x_0)\right] \\ &= \hat{E}(x_0)\,\left[\Phi_{\mathrm{H}}(t)\cos\beta(x-x_0) + \Phi_{\mathrm{H}}(t-\tfrac{T}{4})\sin\beta(x-x_0)\right] \quad . \end{aligned} \tag{2.80}$$

Das $\vec{E}$-Feld läßt sich also bei Kenntnis des Feldes in der Portebene $x = x_0$ auch in jeder um $x - x_0$ verschobenen Ebene berechnen, wenn man sowohl den aktuellen Wert $\Phi_{\mathrm{H}}(t)$ als auch den um eine Viertel Periodendauer vorangegangen Wert $\Phi_{\mathrm{H}}(t - \frac{T}{4})$ der zeitlichen Anregungsfunktion kennt. Für die Anwendung der Korrekturterme nach (2.78) werden aber lediglich die Felder im Abstand $x - x_0 = \pm\Delta x/2$ benötigt. Die Umrechnung in das tangentiale magnetische Feld erfolgt mittels des Feldwellenwiderstandes Z_{F} für den Wellenleiter:

$$H_{\mathrm{y}} = -\frac{E_{\mathrm{z}}}{Z_{\mathrm{F}}} \qquad \text{und} \qquad H_{\mathrm{z}} = \frac{E_{\mathrm{y}}}{Z_{\mathrm{F}}} \tag{2.81}$$

Breitet sich die Welle in negative x-Richtung aus, so kehren sich die Vorzeichen um.

Bei der bisherigen Betrachtung wurde ein zeitharmonische Anregung angenommen. Für ein breitbandiges Signal ist diese Beschreibung nicht möglich. Dies gilt erst recht für einen dispersiven Wellenleiter. Für eine relativ schmalbandige Anregung kann (2.80) dennoch verwendet werden, wenn für f und β jeweils die Frequenz und Wellenzahl in Bandmitte eingesetzt werden. Für $\Delta x \to 0$ folgt $(x - x_0) \to 0$ und damit

$$\lim_{\Delta x \to 0} E(x,t) = \hat{E}(x_0)\,\Phi_{\mathrm{H}}(t) \quad . \tag{2.82}$$

Das bedeutet, daß bei hinreichend feiner räumlicher Auflösung, der Einfluß von β zunehmend verschwindet und damit auch nicht exakt bekannt sein muß. Unter dieser Voraussetzung wirkt sich die Frequenzabhängigkeit der Wellenzahl[7] für die Berechnung der Anregung nicht aus. Die Gültigkeit der hier gezeigten Näherung hängt dann nur noch von der Frequenzabhängigkeit des Feldwellenwiderstandes Z_{F} ab. Wird für die Anregung ein TEM-Mode verwendet, so ist Z_{F} (für ein nicht dispersives Medium) nicht frequenzabhängig und die hier gezeigte Modellierung gilt auch für beliebige breitbandige Anregungsfunktionen $\Phi(t)$ statt $\Phi_{\mathrm{H}}(t)$.

[7] Dabei spielt es keine Rolle ob der Wellenleiter dispersiv ist oder nicht. Im nicht dispersiven Fall gilt $\beta = 2\pi f/c$.

2.8.4. Berechnung von Streuvariablen

Bei einer Anregung mittels Wellenleitern können die sogenannten Streuvariablen berechnet werden. Das Feld direkt an der Portebene wird dazu aufgeteilt in zwei Wellen entgegengesetzter Richtung. Die eine Welle, welche aus dem Port hinausläuft, erhält die Bezeichnung a und entspricht direkt dem von der Quelle an diesem Port erzeugten Feld. Gibt es für den betrachteten Port keine Anregung, so ist diese Null. Da diese Welle vom Port in die betrachtete Struktur hineinläuft, wird diese Welle auch als *hinlaufende* Welle bezeichnet. Die zweite Welle b läuft in den Port hinein. Diese stammt niemals direkt von der Quelle des betrachteten Ports. Die in einen Port hineinlaufende Welle ergibt sich entweder als gestreute Leistung von anderen Quellen oder es wird ein Teil der hinlaufenden Welle in der Struktur zurück in den Port reflektiert. Daher wird b auch als *rücklaufende* oder *gestreute* Welle bezeichnet. Für die Analyse von Mikrowellenanlagen sind die Streuvariablen von großer Bedeutung. So ist es für eine zuverlässig und wirtschaftlich arbeitende Anlage erforderlich, daß höchstens ein geringer Teil der eingespeisten Leistung in den Port zurück reflektiert wird und der größte Anteil innerhalb des zu prozessierenden Material absorbiert wird. Man spricht dann von einer guten Anpassung.

Da die Berechnung des elektromagnetischen Feldes im Zeitbereich erfolgt, werden auch die Streuvariablen im Zeitbereich bestimmt. Diese sind dabei als momentane zeitabhängige Amplitude des elektromagnetischen Feldes der hin- bzw. rücklaufenden Welle in der Referenzebene des Portes bestimmt. Die folgende Darstellung der Streuvariablen beschränkt sich auf die Angabe der wesentlichen Zusammenhänge. Die zugrunde liegenden Details sind in Anhang A.6 ausführlich dargestellt. Da das Feld eine vektorwertige Größe ist, die Streuvariablen jedoch skalar angegeben werden, ist eine geeignete Umrechnung des Feldes erforderlich. Grundlage dafür bilden die momentanen Leistungen, welche die Wellen durch den Port transportieren. Verantwortlich für die transportierte Leistung sind nur die zur Portebene tangentialen Feldkomponenten des elektromagnetischen Feldes $\vec{E}_t$ und $\vec{H}_t$, daher gehen auch nur diese in die Berechnung der Streuvariablen ein. Zur Erläuterung sei Bild 2.9 herangezogen. Das tangentiale elektrische Feld $\vec{E}_t$ in der Portebene setzt sich

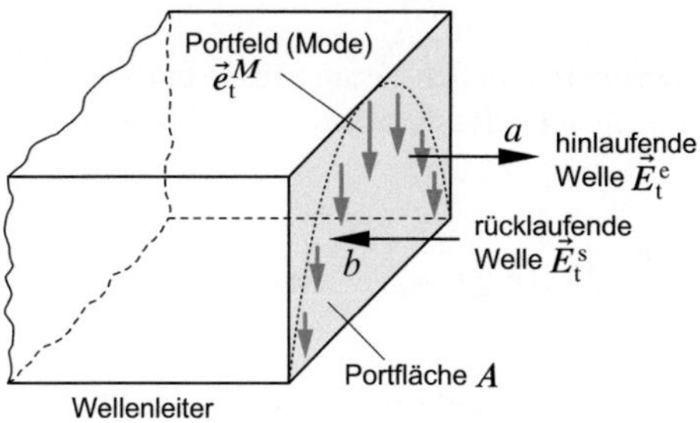

Bild 2.9.: Hinlaufende Welle a und rücklaufende (gestreute) Welle b an einer Einspeisung mit Wellenleiter. Eingezeichnet ist zusätzlich der $\vec{E}$-Feldbasisvektor des H_{10} Modes in der Portebene.

gemäß Gleichung (2.76) aus dem Feld der eingespeisten (hinlaufenden) Welle und einer gestreuten (rücklaufenden) Welle zusammen:

$$\vec{E}_\mathrm{t} = \vec{E}_\mathrm{t}^\mathrm{e} + \vec{E}_\mathrm{t}^\mathrm{s} \qquad \text{und} \qquad \vec{H}_\mathrm{t} = \vec{H}_\mathrm{t}^\mathrm{e} + \vec{H}_\mathrm{t}^\mathrm{s} \tag{2.83}$$

$\vec{E}_\mathrm{t}^\mathrm{e}$ ist dabei durch die Quelle für den Port gegeben und damit bekannt.

Die Streuvariablen beziehen sich immer auf einen bestimmten Mode, d. h. einen wohldefinierten Feldverlauf in der Portebene. Dies ist in der Regel der Grundmode (z. B. H_{10}-Mode im Rechteckhohlleiter). Bei übermodierten Hohlleitern können zusätzlich weitere Moden existieren. In einem solchen Fall existieren für jeden Mode eigene Streuvariablen $a(t)$ bzw. $b(t)$. Zur Beschreibung eines Modes M wird der Verlauf des tangentialen elektrischen Feldes in der Portebene angegeben. Dies geschieht durch den Vektor $\vec{e}_\mathrm{t}^{\,M}$, der die Richtung und den relativen Betrag der tangentialen elektrischen Feldstärke innerhalb der Portfläche angibt. Dieser Vektor wird als $\vec{E}$-Feldbasisvektor bezeichnet. Die absolute Größe und Einheit von $\vec{e}_\mathrm{t}^{\,M}$ spielt keine Rolle. Zusammen mit dem zu diesem Mode gehören Feldwellenwiderstand Z_F^M kann die Streuvariable der hinlaufenden Welle $a(t)$ aus dem Feld $\vec{E}_\mathrm{t}^\mathrm{e}$ der anregenden Quelle berechnet werden zu

$$a(t) = \frac{\displaystyle\int_A \vec{E}_\mathrm{t}^\mathrm{e}(t) \cdot \vec{e}_\mathrm{t}^{\,M} \,\mathrm{d}\sigma}{\sqrt{Z_\mathrm{F}^M \displaystyle\int_A \left[\vec{e}_\mathrm{t}^{\,M}\right]^2 \mathrm{d}\sigma}} \quad , \tag{2.84}$$

wobei sich die beiden Integrale über die Portfläche A erstrecken. Natürlich läßt sich $\vec{e}_\mathrm{t}^{\,M}$ so normieren, daß das Integral im Nenner zu 1 wird. $a(t)$ ist proportional zur Feldstärke $\vec{E}_\mathrm{t}^\mathrm{e}(t)$. Die momentane Leistung, welche die anregende Welle durch den Port transportiert, ergibt sich zu

$$P^\mathrm{e}(t) = a^2(t) \quad . \tag{2.85}$$

Setzt sich das Feld aus mehreren Moden zusammen, so müssen die zu zwei verschiedenen Moden M und N gehörenden Feldbasisvektoren $\vec{e}_\mathrm{t}^{\,M}$ und $\vec{e}_\mathrm{t}^{\,N}$ orthogonal sein, um (2.84) anwenden zu können, d. h. es muß gelten

$$\int_A \vec{e}_\mathrm{t}^{\,M} \cdot \vec{e}_\mathrm{t}^{\,N} \,\mathrm{d}\sigma = 0 \qquad \text{für} \qquad M \neq N \quad . \tag{2.86}$$

Diese Beziehung ist bei den standardmäßig angegebenen Moden eines Rechteck- bzw. Rundhohlleiters [Wie98] erfüllt.

Entsprechend ergibt sich für die rücklaufende (gestreute) Welle, wenn man noch (2.83) heranzieht

$$b(t) = \frac{\int_A \left[\vec{E}_\mathrm{t}(t) - \vec{E}_\mathrm{t}^\mathrm{e}(t)\right] \cdot \vec{e}_\mathrm{t}^M \,\mathrm{d}\sigma}{\sqrt{Z_\mathrm{F}^M \int_A \left[\vec{e}_\mathrm{t}^M\right]^2 \mathrm{d}\sigma}} \quad . \tag{2.87}$$

Für die in den Port gestreute Leistung gilt damit

$$P^\mathrm{s}(t) = b^2(t) \quad . \tag{2.88}$$

Die für die Streuvariablen notwendigen Integrale lassen sich aus den Feldkomponenten des FDTD-Gitters mit hoher Genauigkeit berechnen.

2.9. Variable räumliche Auflösung

In der bisher dargelegten Theorie wird für das finite Differenzenschema stets von einem räumlichen Gitter mit konstanter örtlicher Auflösung ausgegangen. Die notwendige Auflösung hängt von dem örtlichen Änderungsverhalten des Feldes ab. Je stärker dieses ausgeprägt ist, desto feiner muß der Raum diskretisiert werden. In homogenen Raumbereichen läßt sich die örtliche Veränderung des Feldes durch die Wellenlänge charakterisieren. Innerhalb von Materialien mit hoher Permittivität ist die Wellenlänge deutlich kleiner als in Materialien mit geringer Permittivität. Das bedeutet, daß sich im erstgenannten Fall die Felder innerhalb einer gewissen räumlichen Distanz deutlich stärker ändern, als im letztgenannten Fall. Bei Übergängen von einem Material auf das andere treten auch sehr rasche (sprunghafte) Änderungen der Feldstärke auf, die nur dann genau abgebildet werden können, wenn die räumliche Auflösung die geometrischen Feinheiten des Modells ausreichend genau wiedergeben kann. Das gilt besonders für schiefe oder gekrümmte Flächen, welche nicht exakt durch das orthogonale Gitter nachgebildet werden können.

Da die normale FDTD im ganzen zu berechnenden Volumen ein konstantes Gitter voraussetzt, richtet sich dessen Auflösung immer nach dem Material mit der kleinsten Wellenlänge bzw. den feinsten aufzulösenden geometrischen Strukturen. Erfordern nur relativ kleine Bereiche des gesamten Berechnungsgebietes eine hohe Auflösung, so müssen auch die übrigen Gebiete mit der selben hohen Auflösung diskretisiert werden. Das erhöht zwar prinzipiell die Rechengenauigkeit, geht jedoch zu Lasten der Ressourcen Speicherbedarf und Rechenzeit. Legt man für die drei Koordinatenachsen eine in etwa gleiche Diskretisierungslänge Δx zu Grunde, so steigt die Anzahl der Gitterzellen und damit der Speicherbedarf mit der dritten Potenz der Auflösung Δx^{-1}. Da aufgrund des Stabilitätskriteriums (2.51) der Zeitschritt Δt mit feiner werdender Diskretisierung ebenfalls verringert werden muß, steigt die Anzahl der Zeitschritte, und damit steigt die Rechenzeit sogar mit der vierten Potenz der räumlichen Auflösung.

Um dieses Problem zu lösen, ist es daher erforderlich, in verschiedenen Raumbereichen verschiedene räumliche Auflösungen verwenden zu können. Die Auflösung des Gitters kann dann flexibel an die jeweiligen örtlichen Bedürfnisse angepasst werden. Bereiche mit feineren geometrischen Strukturen werden dann höher aufgelöst als Bereiche mit groben bzw. homogenen Strukturen. Bei numerischen Verfahren, die ein irreguläres Gitter verwenden (z. B. FEM), ist dies von Hause aus kein Problem. Verfahren, um die räumliche Auflösung des FDTD Gitters in lokalen Bereichen zu erhöhen, werden in [ZYM91] und [WYI01] beschrieben. Diese gehen von einer gegebenen Diskretisierung aus und erlauben in ausgewählten Gebieten eine Verfeinerung der räumlichen Auflösung um einen ganzzahligen Faktor. In dieser Arbeit wird ein neues Verfahren vorgestellt, das verschiedene Teilgitter in der bisher behandelten Form, entsprechend der räumlichen Anordnung, miteinander verkoppelt. Damit bestehen wesentlich weniger Einschränkungen hinsichtlich der Wahl der Diskretisierung in den einzelnen Teilgittern. Insbesondere müssen keine ganzzahligen Teilverhältnisse eingehalten werden[8] und feldfreie Bereiche können sogar nahezu „leer" bleiben, wodurch erheblich Speicherplatz eingespart werden kann. Zusätzlich dürfen die Teilgitter zueinander beliebig verschoben angeordnet werden. Damit kann noch genauer auf die Gegebenheiten des Modells eingegangen werden.

Es ist allerdings zu beachten, daß durch die sprunghafte Änderung der Gitterauflösung eine zusätzliche Quelle für Instabilitäten geschaffen wird. Die für ein homogenes Gitter gültige Stabilitätsbedingung (2.51) liefert in diesem Fall keine hinreichende Aussage zur Stabilität. Zur Sicherstellung der Stabilität, ist diese während der Simulationsdurchführung explizit zu prüfen. Weiterhin ist an den Grenzen zwischen zwei Teilgittern unterschiedlicher Auflösung die Divergenzfreiheit gemäß (2.33) und (2.34) numerisch nicht exakt erfüllt. Es entstehen damit quasi Scheinladungen an den Gittergrenzen. Vergleichsrechnungen zeigen jedoch, daß der dadurch entstehende zusätzliche Fehler von untergeordneter Bedeutung ist.

2.9.1. Räumlich gekoppelte FDTD Teilgitter

Um eine sich örtlich verändernde Auflösung erzielen zu können, werden mehrere FDTD Gitter im Raum angeordnet. Diese einzelnen Teilgitter haben jeweils eine konstante Auflösung, die sich i. A. aber untereinander unterscheiden. Die Position im Raum wird durch ein übergeordnetes Raster festgelegt. Dazu werden die drei Koordinatenachsen in beliebige Intervalle eingeteilt. Die kartesischen Produkte dieser Intervalle bilden eine entsprechende Menge räumlicher Intervalle, welche das gesamte, als quaderförmig angenommene, Berechnungsgebiet abdecken, siehe Bild 2.10.

Aufgrund dieser Einteilung, können den einzelnen Raumbereichen Teilgitter unterschiedlicher Auflösung zugeordnet werden. Ein einzelnes Teilgitter kann sich dabei sowohl auf ein einzelnes Intervall beschränken als auch über mehrere Intervalle erstrecken. Auf diese Weise läßt sich die räumliche Auflösung flexibel an die Erfordernisse des Modells anpassen.

[8] Damit sind auch Teilverhältnisse < 2 möglich. Da das Teilverhältnis in der dritten Potenz (für alle Raumrichtungen) in den Speicherbedarf eingeht, sind so bei minimaler Änderung der Diskretisierung bereits erhebliche Einsparungen beim Speicherbedarf möglich.

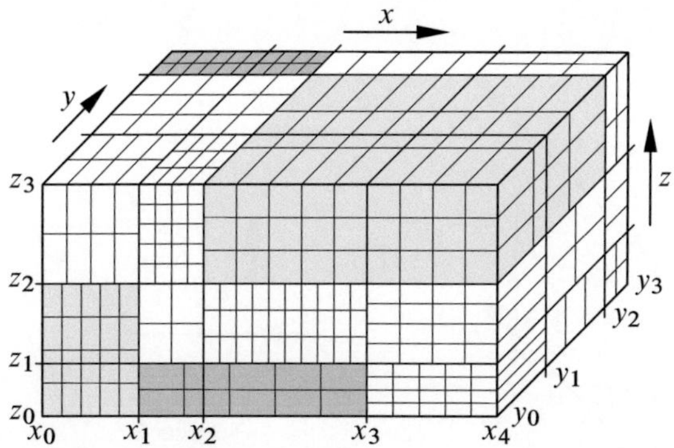

Bild 2.10.: Einteilung des Rechengebietes in räumliche Intervalle. Diesen Intervallen werden einzelne Teilgitter mit verschiedenen Auflösungen zugeordnet. Die grau unterlegten Teilgitter erstrecken sich jeweils über mehrere Intervalle.

Die Berechnung der Feldkomponenten der einzelnen Teilgitter erfolgt wie bisher für jeden Zeitschritt sequentiell. Eine Besonderheit ergibt sich dabei für diejenigen Feldkomponenten, welche in der Nähe des Randes an der Grenze zu einem benachbarten Teilgitter lokalisiert sind. Für die Berechnung der notwendigen Differenzenquotienten müssen dann Feldkomponenten aus diesem benachbarten Teilgitter herangezogen werden. Da dieses im Allgemeinen eine andere Auflösung besitzt, existiert in der Regel keine Feldkomponente an dem Ort, an welchem sie für die Bildung des (zentralen) Differenzenquotienten benötigt wird. In diesem Fall muß der benötigte Wert aus den *nächstgelegenen* Komponenten interpoliert werden. Dazu müssen zahlreiche verschiedene Fälle betrachtet werden.

Im einfachsten Fall stellt sich die Situation wie in Bild 2.11 dar. Es soll die Komponente E_{z} aus Teilgitter 2 berechnet werden, wozu gemäß Gleichung (2.48) die vier umgebenden H_{x}- und H_{y}-Komponenten benötigt werden. Da sich E_{z} am linken Rand des Teilgitters 2 befindet, gibt es links von E_{z} keine passende H_{y}-Komponente. Stattdessen befindet sich dort Teilgitter 1, welches aber eine andere Auflösung besitzt. Daher sind die Positionen der Feldkomponenten von Teilgitter 1 und Teilgitter 2 im Allgemeinen nicht aufeinander ausgerichtet. $H_{\mathrm{y}}^{(1)}$ bis $H_{\mathrm{y}}^{(4)}$ bezeichnen die zu E_{z} nächstgelegenen H_{y}-Komponenten aus Teilgitter 1. Diese befinden sich alle in der selben Ebene $x = \text{const}$ und sind gleichmäßig auf den vier Eckpunkten eines achsparallelen Rechteckes angeordnet. Mit Hilfe einer zweidimensionalen Interpolation wird aus diesen vier Komponenten H_{y}' an der Position (y_0, z_0) bestimmt:

$$\begin{aligned} H_{\mathrm{y}}' \;=\;& H_{\mathrm{y}}^{(1)} + \frac{y_0 - y_1}{y_2 - y_1}\left[H_{\mathrm{y}}^{(2)} - H_{\mathrm{y}}^{(1)}\right] + \frac{z_0 - z_1}{z_2 - z_1}\left[H_{\mathrm{y}}^{(4)} - H_{\mathrm{y}}^{(1)}\right] \\ &+ \frac{(y_0 - y_1)(z_0 - z_1)}{(y_2 - y_1)(z_2 - z_1)}\left[H_{\mathrm{y}}^{(3)} - H_{\mathrm{y}}^{(4)} - H_{\mathrm{y}}^{(2)} + H_{\mathrm{y}}^{(1)}\right] \end{aligned} \tag{2.89}$$

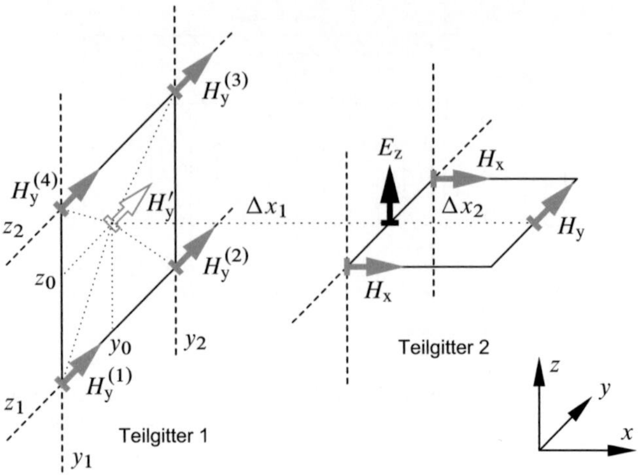

Bild 2.11.: Übergang zwischen zwei Teilgittern unterschiedlicher Auflösung. Zur Berechnung der Komponente E_z in Teilgitter 2 fehlt die linksseitige Komponente H_y. Ersatzweise wird eine Komponente H_y' an der Position (y_0, z_0) bestimmt, indem diese aus den Komponenten $H_y^{(1)}$ bis $H_y^{(4)}$ interpoliert wird.

Die Lage der jeweiligen y- und z-Koordinaten ist in Bild 2.11 mit eingezeichnet.

H_y' liegt in der selben Ebene $x = \text{const}$ wie $H_y^{(1)}$ bis $H_y^{(4)}$, bezüglich der y- und z-Position besitzt H_y' die gleichen Koordinaten wie E_z. Dies ist durch die kurz gestrichelte horizontale Linie angedeutet. Damit kann aus H_y' und der rechts befindlichen Komponente H_y ein Differenzenquotient berechnet werden, welcher den eigentlich benötigten approximiert:

$$\frac{H_y(x - \Delta x_2/2) - H_y(x + \Delta x_2/2)}{\Delta x_2} \approx \frac{H_y' - H_y(x + \Delta x_2/2)}{\frac{1}{2}(\Delta x_1 + \Delta x_2)} \tag{2.90}$$

Dieser Differenzenquotient ist allerdings nicht mehr zentral, wodurch die Approximationsgüte $\mathcal{O}(\Delta x_2^2)$ verloren geht. Um diesen Effekt zu minimieren, empfiehlt es sich, die Auflösung zwischen zwei Teilgittern in orthogonaler Richtung um nicht mehr als den Faktor 2 bis 3 zu variieren.

Das hier gezeigte Verfahren ist aber nur solange möglich, wie man die vier Komponenten $H_y^{(1)}$ bis $H_y^{(4)}$ bestimmen kann, da für eine zweidimensionale Interpolation mindestens vier Werte benötigt werden. Befindet sich die betrachtete Position von Bild 2.11 beispielsweise zusätzlich an der Grenze y_{max} von Teilgitter 1, so existieren die Komponenten $H_y^{(2)}$ und $H_y^{(3)}$ nicht innerhalb von Teilgitter 1. In diesem Falle müssen für die Interpolation Komponenten aus den beiden y_{max} benachbarten Teilgittern herangezogen werden. Dieser

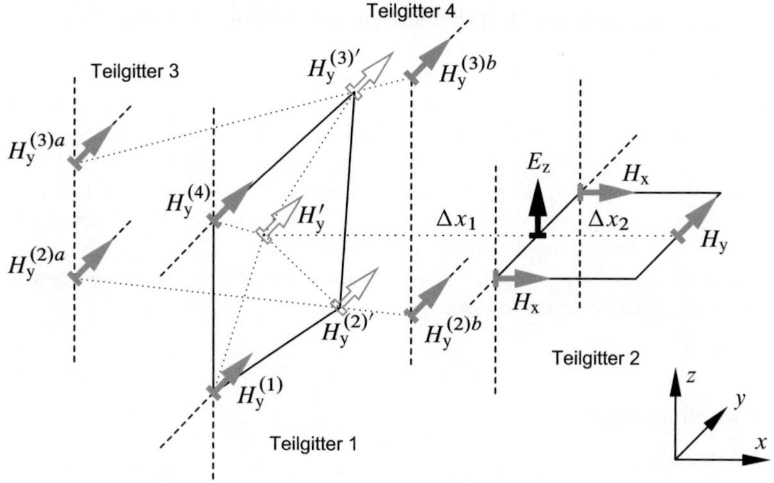

Bild 2.12.: Interpolation der Feldkomponente H'_y aus $H_y^{(2)'}$ und $H_y^{(3)'}$ am Rand des Teilgitters 1. $H_y^{(2)'}$ und $H_y^{(3)'}$ werden wiederum durch Interpolation von Feldkomponenten aus den benachbarten Teilgittern 3 und 4 gewonnen.

allgemeinere Fall ist in Bild 2.12 dargestellt. Zunächst werden die jeweils nächstgelegenen Komponenten von H_y bestimmt, welche auf verschiedenen Seiten der durch $H_y^{(1)}$ und $H_y^{(4)}$ verlaufenden Interpolationsebene $x = \text{const}$ liegen. Zwischen $H_y^{(2)a}$ und $H_y^{(2)b}$ bzw. $H_y^{(3)a}$ und $H_y^{(3)b}$ aus den Teilgittern 3 bzw. 4 werden nun die neuen Komponenten $H_y^{(2)'}$ bzw. $H_y^{(3)'}$ durch lineare Interpolation gebildet, welche auf der Interpolationsebene lokalisiert sind. Der jeweilige Ort ergibt sich als Schnittpunkt der zugehörigen Verbindungsstrecke mit der Ebene. Als Resultat liegen nun die vier Komponenten $H_y^{(1)}$, $H_y^{(4)}$, $H_y^{(2)'}$ und $H_y^{(3)'}$ vor, die unregelmäßig um den Punkt H'_y auf der Interpolationsebene verteilt sind. Da die Orte von jeweils drei dieser Komponenten nicht auf einer Geraden liegen, läßt sich nun H'_y durch Interpolation dieser vier Komponenten bilden. Durch die unregelmäßige Verteilung dieser Orte, die nun nicht mehr notwendigerweise auf den Eckpunkten eines Rechteckes lokalisiert sind, ist eine einfache Interpolation wie in (2.89) nicht mehr möglich. Es muß die detaillierte Lage der vier Stützfeldkomponenten mit berücksichtigt werden. Dazu ist ein lineares Gleichungssystem zu lösen. In Anhang A.7 ist diese Rechnung ausgeführt. Die Lösung ergibt sich analog zu (2.89) zu

$$H'_y = H_y^{(1)} + b\,(y_0 - y_1) + c\,(z_0 - z_1) + d\,(y_0 - y_1)(z_0 - z_1) \quad . \tag{2.91}$$

Die Lösung für die Koeffizienten $b, c\ , d$ ist in Anhang A.7 durch die Gleichungen (A.142) bis (A.144) gegeben und wird der Länglichkeit wegen hier nicht wiederholt. Aus dem so berechneten H'_y läßt sich dann der Differenzenquotient gemäß (2.90) bestimmen.

Hervorzuheben ist bei dieser Vorgehensweise, daß die Interpolation der fehlenden Feldkomponenten immer nur in den zu der Berechnung des Differenzenquotienten orthogonalen Raumrichtungen erfolgt. In der Raumrichtung, in welcher der Differenzenquotient gebildet wird, wird also stets die räumlich am nächsten gelegene verfügbare Feldinformation verwendet. Dies ermöglicht die bestmögliche Approximation des unsymmetrischen Differenzenquotienten in (2.90). Für die einfach zu behandelnden Sonderfälle, in denen die Diskretisierung des Nachbargitters mit dem aktuell betrachteten übereinstimmt, oder sich nur in der Richtung senkrecht zur Grenzfläche ändert, entsteht bei dieser Vorgehensweise kein zusätzlicher Approximationsfehler.

Virtuelle Gitterzellen

Bei der Implementierung der Berechnung nach dem FDTD-Schema ist es vorteilhaft, wenn auf eine explizite Fallunterscheidung zwischen den inneren Gitterzellen und solchen, die sich an der Grenze zu einem benachbarten Teilgitter befinden, verzichtet werden kann. Das Berechnungsschema, insbesondere also die Bestimmung der Differenzenquotienten, kann dann für alle Zellen eines Teilgitters in gleicher Weise erfolgen

Um dies zu erreichen, wird das Konzept der *virtuellen Gitterzelle* eingeführt. Bei der Berechnung jedes Zeitschrittes wird über alle Gitterzellen eines Teilgitters iteriert. Zur Berechnung der Differenzenquotienten müssen dabei jeweils alle sechs orthogonal benachbarten Gitterzellen zur Verfügung stehen. Am Gitterrand zu einem benachbarten Teilgitter fehlt mindestens eine Nachbarzelle, zumindest dann, wenn das benachbarte Teilgitter eine unterschiedliche Diskretisierung besitzt oder parallel zur Grenzfläche verschoben ist. In diesem Fall wird dynamisch eine virtuelle Gitterzelle an der richtigen Position erzeugt, welche die gleichen Abmessungen besitzt, wie die Zellen im aktuell betrachteten Teilgitter. Für diese werden dann virtuelle Ersatzkomponenten der Feldstärken berechnet, so daß die Bedingung (2.90) erfüllt ist. Entsprechende Bedingungen werden auch für die übrigen Differenzenquotienten der anderen Feldkomponenten angesetzt. Diese virtuellen Feldkomponenten berechnen sich aus den, nach der vorstehend beschriebenen Interpolation gewonnenen, Feldstärken. Für die y-Komponente der magnetischen Feldstärke H_y ergibt sich aus (2.90) mit $H_\mathrm{y}^\mathrm{virt} \mathrel{\hat{=}} H_\mathrm{y}(x - \Delta x_2/2)$ zunächst

$$\frac{H_\mathrm{y}^\mathrm{virt} - H_\mathrm{y}(x + \Delta x_2/2)}{\Delta x_2} \stackrel{!}{=} \frac{H'_\mathrm{y} - H_\mathrm{y}(x + \Delta x_2/2)}{\frac{1}{2}(\Delta x_1 + \Delta x_2)} \tag{2.92}$$

und daraus schließlich

$$H_\mathrm{y}^\mathrm{virt} = H_\mathrm{y}(x + \Delta x_2/2) + \frac{2\Delta x_2}{\Delta x_1 + \Delta x_2}\left[H'_\mathrm{y} - H_\mathrm{y}(x + \Delta x_2/2)\right] \quad . \tag{2.93}$$

Die virtuelle Komponente H_y^{virt} berechnet sich also aus den H_y-Komponenten des aktuellen Teilgitters und dem interpolierten Wert H_y' aus den benachbarten Teilgittern. Für die übrigen Feldstärkekomponenten ergeben sich bei analoger Vorgehensweise entsprechende Resultate.

2.9.2. Lokaler Zeitschritt

Das Stabilitätskriterium (2.51) verlangt, daß der gewählte Zeitschritt Δt einen von der räumlichen Diskretisierung abhängigen Wert nicht überschreiten darf. Dabei muß Δt umso kleiner gewählt werden, je feiner die räumliche Diskretisierung ausfällt. Verändert sich die räumliche Auflösung, indem das Rechengebiet in mehrere räumliche Teilgitter unterteilt wird, und gibt es nur einen globalen Zeitschritt in der Simulation, so muß die Stabilitätsbedingung in jedem Teilgitter einzeln erfüllt sind. Der globale Zeitschritt richtet sich damit also immer nach dem Teilgitter mit der feinsten Auflösung. In den übrigen Teilgittern wird dadurch mit einer unnötig hohen zeitlichen Auflösung gerechnet, wodurch sich die Simulationsdauer erheblich verlängern kann.

Um diese Einschränkung zu umgehen und die Simulationsdauer zu verkürzen, wird für jedes Teilgitter ein lokaler Zeitschritt eingeführt, siehe auch [CYKN05]. Auf diese Weise wird nur in den Gitterbereichen mit hoher räumlicher Auflösung mit einer feineren räumlichen Diskretisierung gerechnet. Es ist aber wichtig, daß die Berechnungen in den einzelnen Teilgittern in der richtigen Reihenfolge und synchron zueinander ablaufen. Dazu wird eine Hauptschrittweite Δt definiert, welche für alle Teilgitter zugrunde gelegt wird.

Für jedes Teilgitter läßt sich dann ein Faktor k definieren, der die zeitliche Überabtastung angibt. Der Zeitschritt in einem Teilgitter mit der Überabtastung k beträgt dann

$$\Delta t_k = \frac{\Delta t}{k} \qquad \text{mit} \qquad k = 1,3,5,\ldots \quad . \tag{2.94}$$

Der Faktor k muß dabei eine ungerade Zahl sein. Dies ergibt sich aus der Forderung, daß nach jedem ganzen Zeitschritt Δt die Felder in allen Teilgittern auf dem gleichen zeitlichen Stand sein sollen. Bild 2.13 visualisiert diesen Zusammenhang.

Dargestellt sind die zeitlichen Abfolgen der Berechnungsschritte in unterschiedlichen Teilgittern mit den Überabtastfaktoren $k = 1$, 3 und 5. Damit zum Zeitpunkt $n + \frac{1}{2}$ alle $\vec{H}$-Felder aus allen Teilgittern synchron sind, ist es notwendig, daß zwischen den Zeitpunkten n und $n + \frac{1}{2}$ stets eine gerade Anzahl von Zwischenschritten gleichmäßig verteilt liegt, die zugehörige Zeitdifferenz also ein ungeradzahliges Vielfaches k von $\Delta t/2$ beträgt. Es gilt also $k\Delta t_k/2 = \Delta t/2$ und damit (2.94).

Bei der Berechnung ist zu beachten, daß die Zeitschritte in chronologischer Reihenfolge durchgeführt werden. Aus Bild 2.13 ist zu erkennen, daß die Berechnungen zeitlich aufeinander folgender Zeitschritte i. A. in verschiedenen Teilgittern durchgeführt werden müssen. Zu Beginn der Berechnung wird daher zunächst eine sortierte Liste berechnet, in welche

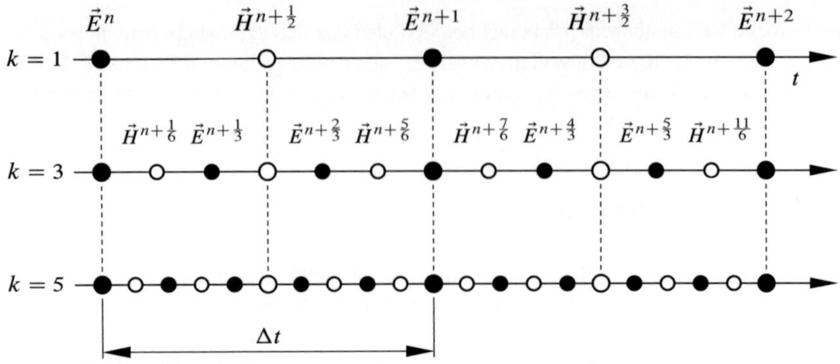

Bild 2.13.: Zeitliche Anordnung der Berechnungsschritte für das $\vec{E}$-Feld (•) und $\vec{H}$-Feld (◦) bei unterschiedlicher zeitlicher Auflösung in verschiedenen Teilgittern. Im oberen Teilgitter ($k = 1$) ist die Hauptschrittweite Δt aktiv. Darunter ist die zeitliche Abfolge für ein Teilgitter mit dreifacher ($k = 3$) Überabtastung zu sehen. Ganz unten ist die Situation bei 5-facher ($k = 5$) Überabtastung dargestellt.

die einzelnen Teilgitter bezüglich der zeitlichen Reihenfolge der Zeitschritte in aufsteigender Ordnung einsortiert sind. Diese Reihenfolge wiederholt sich mit jedem übergeordneten Zeitschritt Δt und braucht daher nur für die Schritte zwischen n und $n + \frac{1}{2}$ sowie $n + \frac{1}{2}$ und $n + 1$ durchgeführt werden.

In Bild 2.14 ist der Ablauf skizziert. Zunächst wird eine sortierte Liste mit der Reihenfolge aller vorkommenden Zwischenzeitschritte erstellt. Das sind die Zeitschritte, die in Teilgittern mit $k > 1$ zwischen den Hauptschritten n und $n + \frac{1}{2}$ ($\vec{E} \rightarrow \vec{H}$) bzw. $n + \frac{1}{2}$ und $n + 1$ ($\vec{H} \rightarrow \vec{E}$) ausgeführt werden müssen. Die Sortierung stellt sicher, daß die Zeitschritte in den einzelnen Teilgittern zueinander in der richtigen Reihenfolge ausgeführt werden. Wie das Schema gemäß Bild 2.13 zeigt, fallen die Hauptzeitschritte $n + m\frac{1}{2}$ ($m \in \mathbb{Z}$) in allen Teilgittern zusammen. Diese werden daher direkt innerhalb der Hauptschleife ausgeführt. Gilt für alle Teilgitter $k = 1$, findet die Berechnung von $\vec{E}$ und $\vec{H}$ ausschließlich in der Hauptschleife statt.

Für Teilgitter mit $k > 1$ werden zwischen den Hauptzeitschritten, für jedes Teilgitter separat, lokale Zeitschritte eingeführt. Diese sind innerhalb eines Teilgitters äquidistant, können jedoch in verschiedenen Teilgittern zueinander nahezu beliebig versetzt sein. Diese werden daher anhand der zuvor erstellten Liste in der richtigen Reihenfolge ausgeführt. Dabei unterscheidet sich die Reihenfolge für die beiden Abschnitte $(n, n + \frac{1}{2})$ und $(n + \frac{1}{2}, n + 1)$ nur durch die Vertauschung der Berechnungsschritte für $\vec{E}$ und $\vec{H}$. Im ersten Abschnitt beginnt die Berechnung immer mit dem $\vec{H}$-Feld, da sie direkt auf das im Hauptzeitschritt n berechnete $\vec{E}$-Feld folgt (letzter Schritt der Iteration in der Hauptschleife). Im zweiten Abschnitt muß jedoch in den Teilgittern immer mit der Berechnung des $\vec{E}$-Feldes begonnen werden, da diese direkt auf das zum Zeitschritt $n + \frac{1}{2}$ berechnete $\vec{H}$-Feld folgt.

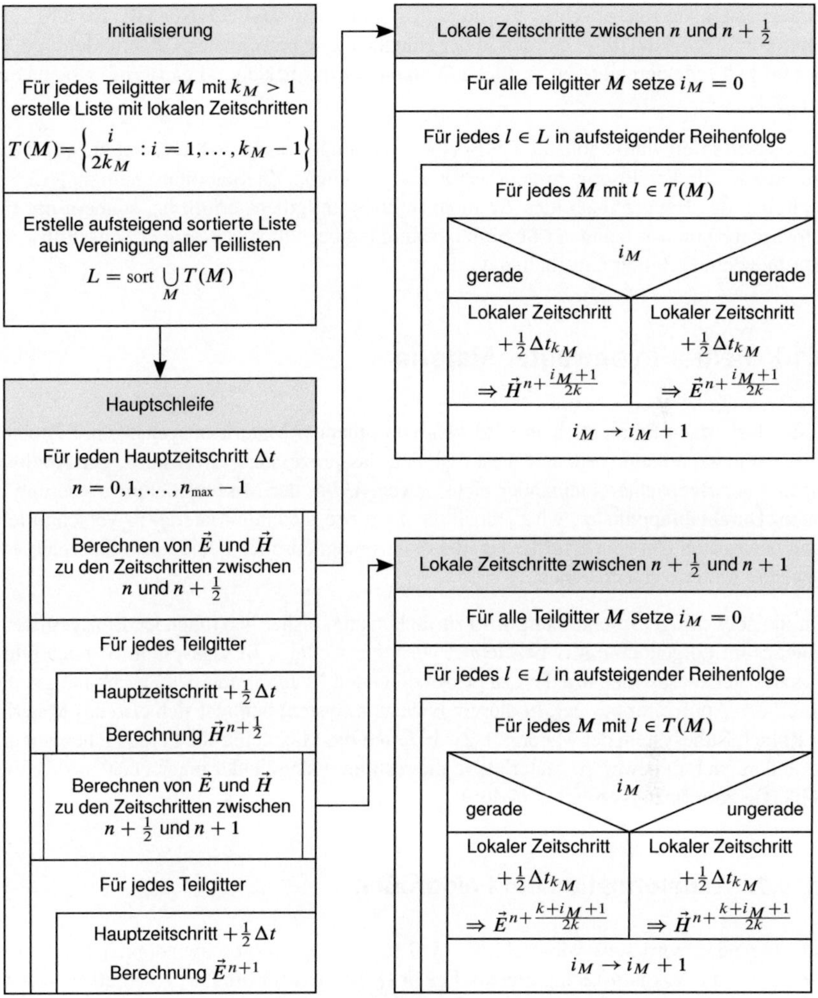

Bild 2.14.: Strukturierter Ablaufplan für die $\vec{E}$- und $\vec{H}$-Feldberechnung unter Berücksichtigung der korrekten zeitlichen Reihenfolge der Zeitschritte in den einzelnen Teilgittern. Die Berechnung findet nach der Initialisierung in der Hauptschleife statt. Die rechts dargestellten Prozeduren berechnen die Felder in den Teilgittern mit $k_M > 1$ zu den Zeitpunkten, die zwischen den Hauptzeitschritten liegen.

Die Berechnungsschritte $\vec{E} \rightarrow \vec{H}^{n+\frac{1}{2}}$ und $\vec{H} \rightarrow \vec{E}^{n+1}$ in der Hauptschleife beziehen sich immer auf die Berechnung des Feldes $\vec{H}^{n+\frac{1}{2}}$ bzw. $\vec{E}^{n+1}$ aus dem im unmittelbar vorangegangenen Rechenschritt bestimmten $\vec{E}$-Feld bzw. $\vec{H}$-Feld. Nur falls für alle Teilgitter $k = 1$ gilt, sind diese mit den in der Hauptschleife berechneten Feldern identisch. In diesem Fall reduziert sich das zeitliche Schema auf das bekannte Leap-Frog Schema aus Bild 2.1.

Dieses Verfahren wurde anhand von Beispielrechnungen verifiziert. Es zeigt sich, daß damit eine stabile Feldlösung erreicht werden kann, obwohl die Stabilitätsbedingung (2.51) bezüglich des Hauptzeitschrittes Δt nicht in allen Teilgittern erfüllt ist, sondern nur die schwächere Voraussetzung der Stabilitätsbedingung bezüglich der lokalen Zeitschrittweite Δt_k in jedem Teilgitter eingehalten wird.

2.10. Felder in bewegter Materie

In den bisherigen Betrachtungen wird stets von ruhender Materie ausgegangen. Für einen Mikrowellenapplikator bedeutet dies, daß sich das prozessierte Werkstück, der Applikator und der Beobachter zueinander nicht bewegen. Bei der Mikrowellenprozessierung in einem Durchlaufapplikator, wird jedoch das zu prozessierende Material in Vorschubrichtung bewegt. Es ist somit erforderlich, die elektromagnetischen Felder auch innerhalb von bewegter Materie zu berechnen.

Für die notwendige Beschreibung wird zusätzlich zum bisherigen ruhenden Bezugssystem, welches im Folgenden mit S bezeichnet wird, ein weiteres Bezugssystem S' eingeführt, welches sich, zusammen mit dem zu prozessierenden Material, mit der Geschwindigkeit $\vec{v}$ durch den Applikator bewegt. In diesem bewegten System befindet sich also das Material in Ruhe („Ruhesystem der Materie“). Zwar gelten die Maxwellschen Feldgleichungen unverändert auch in bewegten Materialien, die resultierenden Felder unterscheiden sich aber abhängig vom Bezugssystem [JWM06].

2.10.1. Transformation der Feldgrößen

Im Folgenden wird stets vorausgesetzt, daß die Bewegungsgeschwindigkeit $\vec{v}$ sehr viel kleiner als die Vakuum-Lichtgeschwindigkeit c_0 ist, was für die hier vorgesehene technische Anwendung keine Einschränkung darstellt. Bezeichnet man die Feldgrößen im ruhenden System S wie bisher und bezeichnet die zugehörigen Feldgrößen im bewegten System S' mit einfach gestrichenen ($'$) Symbolen, so gilt die Transformationsvorschrift [Mly94]

$$\begin{aligned} \vec{E} &= \vec{E}' - \vec{v} \times \vec{B}' & \qquad \vec{E}' &= \vec{E} + \vec{v} \times \vec{B} \\ \vec{H} &= \vec{H}' + \vec{v} \times \vec{D}' & \qquad \vec{H}' &= \vec{H} - \vec{v} \times \vec{D} \quad , \\ \vec{J} &= \vec{J}' + \eta'\vec{v} & \qquad \vec{J}' &= \vec{J} - \eta\vec{v} \end{aligned} \tag{2.95}$$

die in Anhang A.9 hergeleitet wird. Die übrigen Feldgrößen, also die dielektrische Verschiebungsdichte $\vec{D}$, die magnetische Flußdichte $\vec{B}$, die magnetische Stromdichte $\vec{M}$ sowie die Raumladungsdichte η transformieren sich beim Übergang zwischen den Bezugssystemen nicht. Aufgrund der eingangs gemachten Bemerkung in Abschnitt 2.1 ist für den vorgesehenen Anwendungszweck die Raumladungsdichte η gleich Null. Unter dieser Voraussetzung ist auch die elektrische Stromdichte $\vec{J}$ invariant gegenüber einem Wechsel des Bezugssystems.

Nur die elektrische Feldstärke $\vec{E}$ und die magnetische Feldstärke $\vec{H}$ werden beim Wechsel des Bezugssystems transformiert. Beim elektrischen Feld kommt noch die Komponente $\pm\, \vec{v} \times \vec{B}$ hinzu, die Teil des Faradayschen Induktionsgesetzes ist und bei der technischen Stromerzeugung mit Generatoren eine große Rolle spielt. Analog ändert sich die magnetische Feldstärke beim Wechsel des Bezugssystems um $\pm\, \vec{v} \times \vec{D}$.

Da sich die elektrische Feldstärke $\vec{E}$ beim Übergang in das bewegte Bezugssystem ändert, die dielektrische Verschiebungsdichte $\vec{D}$ jedoch konstant bleibt, müssen die Materialgleichungen in beiden Systemen verschieden sein.[9] Die Materialgleichungen in der bisher betrachteten Form beziehen sich immer auf ein Bezugssystem in dem das Material ruht. Bewegt sich das Material, so sind diese geeignet anzupassen. Bevor jedoch eine solche Anpassung erfolgt, ist der zu erwartende Einfluß einer Transformation abzuschätzen.

2.10.2. Abschätzung des Transformationsfehlers

Unter dem Transformationsfehler wird in diesem Zusammenhang der Fehler bezeichnet, der sich ergibt, wenn eine Transformation der Feldgrößen $\vec{E}$ und $\vec{H}$ gemäß (2.95) unterbleibt und stattdessen in allen Bezugssystemen die Felder als gleich betrachtet werden. Der relative Fehler für das elektrische Feld ergibt sich aus (2.95) zu

$$F_{\mathrm{E}} := \frac{|\vec{E} - \vec{E}'|}{|\vec{E}'|} = \frac{|\vec{v} \times \vec{B}'|}{|\vec{E}'|} \quad . \tag{2.96}$$

Ist keine (statisch eingeprägte) magnetische Flußdichte vorhanden, so ergibt sich $\vec{B}'$ allein durch Induktion aus dem elektrischen Feld $\vec{E}'$. Im Ruhesystem des prozessierten Materials gilt $\vec{B} = \mu_0 \mu_{\mathrm{r}} \vec{H}$. Die Feldlösungen setzen sich aus den Basislösungen der Wellengleichung A.24 zusammen. Für jede dieser Basislösungen gilt ein festes Verhältnis von $|\vec{E}'|$ zu $|\vec{H}'|$, das durch den Feldwellenwiderstand Z_{F} bezeichnet wird. Für das gesamte Feld, gilt dies in der Regel zwar nicht, aber für eine ungefähre Abschätzung der Größenordnung ist der Zusammenhang ausreichend:

$$|\vec{H}'| \approx \frac{|\vec{E}'|}{Z_{\mathrm{F}}} = \sqrt{\frac{\varepsilon_0 \varepsilon_{\mathrm{r}}}{\mu_0 \mu_{\mathrm{r}}}} |\vec{E}'| \tag{2.97}$$

[9] Siehe hierzu auch die Anmerkungen am Ende von Anhang A.9.

Damit ergibt sich als Abschätzung

$$|\vec{B}'| \approx \mu_0\mu_\mathrm{r}\sqrt{\frac{\varepsilon_0\varepsilon_\mathrm{r}}{\mu_0\mu_\mathrm{r}}}|\vec{E}'| = \sqrt{\varepsilon_0\varepsilon_\mathrm{r}\mu_0\mu_\mathrm{r}}\,|\vec{E}'| = \frac{1}{c}\,|\vec{E}'| \quad , \tag{2.98}$$

wobei c die Lichtgeschwindigkeit innerhalb des betrachteten Materials darstellt. Setzt man dies in (2.96) ein, so erhält man schließlich die handliche Abschätzung

$$F_\mathrm{E} \leq \frac{|\vec{v}||\vec{B}'|}{|\vec{E}'|} \approx \frac{|\vec{v}|}{c} = \frac{|\vec{v}|}{c_0}\sqrt{\mu_\mathrm{r}\varepsilon_\mathrm{r}} \quad . \tag{2.99}$$

Entsprechend gilt für den relativen Fehler für das magnetische Feld

$$F_\mathrm{H} := \frac{|\vec{H} - \vec{H}'|}{|\vec{H}'|} = \frac{|\vec{v} \times \vec{D}'|}{|\vec{H}'|} \leq \frac{|\vec{v}||\vec{D}'|}{|\vec{H}'|} \approx \frac{|\vec{v}|}{c} = \frac{|\vec{v}|}{c_0}\sqrt{\mu_\mathrm{r}\varepsilon_\mathrm{r}} \quad . \tag{2.100}$$

Beide Fehler haben somit die gleiche Größenordnung. Selbst für hochpermeable und hochpermittive Materialien mit $\mu_\mathrm{r}\varepsilon_\mathrm{r} \approx 10^4$ und eine hohe Prozessierungsgeschwindigkeit von $|\vec{v}| \approx 10\,\mathrm{m/s}$ liegt der zu erwartende relative Fehler bei Vernachlässigung der Transformation bei

$$F_\mathrm{E} \approx F_\mathrm{H} \approx \frac{10}{10^8}\sqrt{10^4} \approx 10^{-5} \quad . \tag{2.101}$$

Dieser geringe zu erwartende Fehler läßt den zusätzlichen Implementierungs- und Rechenaufwand zur Transformation der Felder als nicht gerechtfertigt erscheinen. Daher werden für die Berechnungen alle elektromagnetischen Feldgrößen als unabhängig vom Bewegungszustand angesehen. Damit brauchen auch die Materialgleichungen nicht angepaßt zu werden, womit das bisherige Berechnungsschema nach (2.46) bis (2.51) unverändert erhalten bleibt.

3. Berechnung der thermischen Felder

Ein elektrisches Feld erzeugt in elektrisch leitfähigen Materialien Ströme. In dielektrischen Medien werden durch das hochfrequente elektrische Wechselfeld die Moleküle im Takt des Feldes ständig umpolarisiert. Die mit den Strömen verbundenen ohmschen Verluste erzeugen, zusammen mit den dielektrischen Verlusten durch die Umpolarisierung, Wärme innerhalb des entsprechenden Materials. Analog zu den dielektrischen Verlusten kann ein Material auch magnetische Verluste aufweisen. Diese treten aber nur bei bestimmten Materialien, die z. B. Ferromagnetika (Eisen, Nickel, Cobalt) enthalten, in Erscheinung.

Für die Mikrowellenerwärmung ist neben dem elektromagnetischen Feld, welches für den Wärmeeintrag sorgt, auch das thermische Feld von Interesse. Mit thermischen Feld ist vor allem die Temperaturverteilung gemeint, daneben sind aber noch sekundäre Feldgrößen, wie z. B. Wassergehalt von Interesse. Analog dem elektromagnetischen Feld wird die zeitliche Entwicklung des thermischen Feldes durch Differentialgleichungen beschrieben. Um das thermische Feld zu berechnen, müssen daher sowohl der Wärmeeintrag durch das elektromagnetische Feld, als auch die physikalischen Gesetze der Wärmeausbreitung berücksichtigt werden.

Erwärmungsvorgänge werden grundsätzlich im Zeitbereich beschrieben. Die sich ergebenden Differentialgleichungen, welche die Wärmeausbreitungsphänomene beschreiben, werden daher auch im Zeitbereich gelöst. Aufgrund der strukturellen Ähnlichkeit der Gleichungen, welche das elektromagnetische Feld beschreiben, mit den thermischen Gleichungen, bietet sich die Anwendung eines ähnlichen Lösungsverfahrens an.

3.1. Thermodynamische Grundlagen

Im Folgenden werden zunächst die thermodynamischen Grundlagen kurz dargestellt. Daraus werden die Gleichungen abgeleitet, welche die zu berücksichtigenden Effekte beschreiben. Darauf aufbauend wird anschließend auf die numerische Implementierung eingegangen. Die prinzipielle Vorgehensweise ist dabei teilweise analog der Berechnung des elektromagnetischen Feldes.

3.1.1. Erster Hauptsatz der Wärmelehre

Die Zustandsgröße in einem thermodynamischen System ist die innere Energie U. Als *extensive* Zustandsgröße bezieht sie diese auf ein noch zu definierendes Volumen. Der aus dem Energieerhaltungssatz abgeleitete erste Hauptsatz der Wärmelehre besagt, daß die innere Energie sich nur durch Zufuhr externer Energie in Form von Wärme ΔQ oder mechanischer Arbeit ΔW ändern läßt [GV93]:

$$\Delta U = \Delta Q + \Delta W \tag{3.1}$$

Der Unterschied beider Formen liegt darin, daß eine Wärmezufuhr den Mikrozustand des betrachteten Systems ändert, d. h. die Besetzung der Energieniveaus, welche die einzelnen Teilchen des Systems einnehmen können, wird verändert. Eine reine Verrichtung von mechanischer Arbeit am System, z. B. durch Kompression des Volumens, verändert den Mikrozustand des Systems dagegen nicht, es ändert sich lediglich die Lage der Energieniveaus. Der Eintrag von Energie durch mechanische Arbeit wird hier nicht betrachtet, da keine mechanischen Umformungen vorliegen.

Zu beachten ist, daß der absolute Wert der inneren Energie nicht bekannt zu sein braucht, da im Folgenden stets nur *Änderungen* der inneren Energie betrachtet werden. Die wichtigsten Mechanismen der Wärmezu- und Abfuhr bei einer technischen Mikrowellenanlage sind:

- Übertragung von Wärme aus benachbarten Raumbereichen, die sich auf einer anderen Temperatur befinden, durch Wärmeleitung.
- Abstrahlung oder Aufnahme von Wärme über die Oberfläche des Volumens durch Wärmestrahlung.
- Eintrag von Wärme durch ohmsche und dielektrische sowie magnetische Verluste unter Einwirkung eines angelegten elektromagnetischen Wechselfeldes.

Wichtig für die Mikrowellenerwärmung ist der letzte Punkt. Dieser Mechanismus zeichnet sich obendrein dadurch aus, daß hierüber lediglich Wärme zugeführt, jedoch niemals abgeführt werden kann.

Zusammen genommen ergibt sich durch diese drei Mechanismen für den Wärmeeintrag in das betrachtete Volumen

$$\Delta U = \Delta Q = \Delta Q_{\text{cond}} + \Delta Q_{\text{rad}} + \Delta Q_{\text{el}} \quad . \tag{3.2}$$

ΔQ_{cond} stellt den Wärmeeintrag durch Wärmeleitung, ΔQ_{rad} den Eintrag durch Wärmestrahlung aus der Umgebung und ΔQ_{el} die durch ohmsche und dielektrische oder auch magnetischen Verluste erzeugte Wärme dar. Zu beachten ist, daß ΔQ_{rad} bei einer reinen Mikrowellenheizung meist negativ ist, also Wärme durch Strahlung abgegeben wird. Für eine Wärmezufuhr auf diesem Wege müßten aktive Heizstrahler installiert sein. Die detaillierte Behandlung des Wärmeeintrages durch das elektromagnetische Feld, erfolgt erst in Kapitel 4, da dies kein rein thermisches Phänomen darstellt. Vorerst kann der Term ΔQ_{el} in (3.2) zu Null gesetzt werden.

Die innere Energie setzt sich zusammen aus der kinetischen Energie der unregelmäßigen Bewegungen der Moleküle bzw. Atome. Diese Bewegungsenergie teilt sich nochmals auf in translatorische Bewegungsenergie sowie Rotations- und Schwingungsenergie, die je nach Aggregatzustand der Materie und Aufbau der Moleküle eine unterschiedliche Rolle spielen. Statistisch kann dies mit den Freiheitsgraden der Moleküle bzw. Atome beschrieben werden, die aber nur für Gase und einfache Festkörper sicher bestimmt werden können [BK06]. Wenn sich im betrachteten Volumen ein Gleichgewichtszustand eingestellt hat, sind die Energieniveaus gemäß dem wahrscheinlichsten Mikrozustand besetzt, der durch eine Boltzmann-Verteilung beschrieben wird. Unter dieser Voraussetzung läßt sich dem Volumen eine Temperatur T zuordnen.

In den weiteren Ausführungen wird vorausgesetzt, daß alle Vorgänge hinreichend langsam ablaufen bzw. das betrachtete Volumen klein genug ist, so daß zu jedem Zeitpunkt der Gleichgewichtszustand vorliegt. Damit gibt es einen Zusammenhang zwischen der inneren Energie U und der Temperatur T:

$$\mathrm{d}U = C_{\mathrm{th}}(T)\,\mathrm{d}T \tag{3.3}$$

Demnach ist eine Änderung der inneren Energie U einer Änderung der Temperatur T proportional. Der Proportionalitätsfaktor C_{th} ist die sogenannte Wärmekapazität des betrachteten Volumens.[1] Die Wärmekapazität hängt neben dem Material auch von dessen Aggregatzustand und der Temperatur ab.

Bisher wird die gesamte Energie innerhalb eines endlichen Volumens V betrachtet. Sowohl die innere Energie U als auch die Temperatur T sind integrale Größen, die für das Gesamtsystem innerhalb des Volumens V gelten. Um zu lokalen Größen überzugehen, wird die Energie auf das Volumen bezogen und der Grenzübergang $V \to 0$ ausgeführt. Damit gehen die Gleichungen (3.2) und (3.3) über in

$$\Delta u = \Delta q = \Delta q_{\mathrm{cond}} + \Delta q_{\mathrm{rad}} + \Delta q_{\mathrm{el}} \tag{3.4}$$

und

$$\mathrm{d}u = \rho c_{\mathrm{th}} \mathrm{d}T \quad . \tag{3.5}$$

Δu stellt die Änderung der inneren Energiedichte und Δq die Dichte des lokalen Wärmeeintrages dar. Die Wärmekapazität C_{th} wird nun lokal durch die Massendichte ρ und die *spezifische* Wärmekapazität c_{th} ausgedrückt wird. In einem homogenen Volumen V gilt $C_{\mathrm{th}} = \varrho c_{\mathrm{th}} V$. Es ist jedoch zu beachten, daß es sich bei dem Grenzübergang $V \to 0$ nur um eine geschickte mathematische Näherung handelt, mit der sich einfacher rechnen läßt. Physikalisch betrachtet muß V hinreichend groß sein, damit das Ensemble der Teilchen im Volumen V umfangreich genug ist, um eine statistische Beschreibung zu ermöglichen.[2] Gleichzeitig ist jedoch die Forderung zu stellen, daß V hinreichend klein ist, damit sich lokal „instantan" ein thermisches Gleichgewicht einstellt und eine lokale Temperatur definiert werden kann.

[1] Im Falle von Gasen gilt dies für ein konstantes Volumen, da keine mechanische Ausdehnungsarbeit berücksichtigt wird.

[2] Genauer gesagt muß für die Teilchenzahl n im Volumen V gelten $n \gg \sqrt{n}$.

Tauscht das Volumen V mit der Umgebung Wärme aus, so ändert sich die innere Energie mit der Zeit. Die Rate mit der das geschieht ergibt sich durch zeitliche Differentiation aus (3.2) zu

$$\frac{\partial U}{\partial t} = \frac{\partial Q}{\partial t} = \frac{\partial Q_{\mathrm{cond}}}{\partial t} + \frac{\partial Q_{\mathrm{rad}}}{\partial t} + \frac{\partial Q_{\mathrm{el}}}{\partial t} \tag{3.6}$$

oder wenn man analog zu (3.4) alle Größen auf das Volumen V bezieht und zu lokalen räumlichen Energiedichten übergeht

$$\frac{\partial u}{\partial t} = \frac{\partial q}{\partial t} = \frac{\partial q_{\mathrm{cond}}}{\partial t} + \frac{\partial q_{\mathrm{rad}}}{\partial t} + \frac{\partial q_{\mathrm{el}}}{\partial t} \quad . \tag{3.7}$$

Im Folgenden werden nun die Mechanismen betrachtet, über die das Volumen V Wärme austauscht. Dieser Wärmeaustausch führt zu einer Änderung der inneren Energie U gemäß (3.2) und damit, wenn man noch (3.3) heranzieht, zu einer Änderung der Temperatur T.

3.1.2. Wärmeleitung

Bei der Wärmeleitung wird Wärme durch mechanischen Kontakt eines Volumens V mit einem benachbarten Volumen ausgetauscht. Durch Stöße der benachbarten Moleküle bzw. Atome beider Volumen oder durch Übertragung von Gitterschwingungen im Festkörper, findet dabei ein Energiefluß statt. Dabei fließt die Energie grundsätzlich von dem Volumenbereich mit der höheren Temperatur zu dem mit der niedrigeren Temperatur. Dieser Austausch findet so lange statt, bis sich in allen miteinander in Kontakt stehenden Volumenbereichen die gleiche Temperatur eingestellt hat. Ein Austausch der Moleküle oder Atome selbst, d. h. ein Stofftransport, findet dabei nicht statt. Dieser Mechanismus würde als Konvektion bezeichnet. Die Wärmeleitung spielt vor allen Dingen in Festkörpern eine entscheidende Rolle, in Gasen ist sie meist zu vernachlässigen.

Der Energiefluß in oder aus einem Volumen V durch die Wärmeleitung findet über die Oberfläche dieses Volumens statt. Dies kann ausgedrückt werden durch das zugehörige Oberflächenintegral

$$\frac{\partial Q_{\mathrm{cond}}}{\partial t} = -\oint_{\partial V} \vec{p}_{\mathrm{th}} \cdot \mathrm{d}\vec{\sigma} \tag{3.8}$$

für die zeitliche Ableitung des Wärmeeintrages Q_{cond}. Der Vektor $\vec{p}_{\mathrm{th}}$ gibt dabei die lokale Flächenleistungsdichte und Richtung der Wärmestromdichte an. Der resultierende Wärmestrom wird positiv gezählt, wenn er aus dem Volumen V heraus strömt und damit zu einer Abnahme der inneren Energie führt. Dies wird durch das negative Vorzeichen in (3.8) berücksichtigt.

Wird auf Gleichung (3.8) der Gaußsche Integralsatz angewandt, so folgt zunächst

$$\frac{\partial Q_{\mathrm{cond}}}{\partial t} = -\oint_{\partial V} \vec{p}_{\mathrm{th}} \cdot \mathrm{d}\vec{\sigma} = -\int_V \mathrm{div}\, \vec{p}_{\mathrm{th}}\, \mathrm{d}V \quad , \tag{3.9}$$

sofern das Wärmestromdichtefeld $\vec{p}_{\mathrm{th}}$ bezüglich des Ortes stetig differenzierbar ist. Da dieser Zusammenhang für jedes beliebige endliche Volumen V gilt, folgt somit durch beidseitiger Division durch den Inhalt des Volumens $|V|$ und Grenzübergang $|V| \to 0$

$$\frac{\partial q_{\mathrm{cond}}}{\partial t} = -\,\mathrm{div}\, \vec{p}_{\mathrm{th}} \quad , \tag{3.10}$$

wobei q_{cond} die lokale Volumendichte des Wärmeeintrages durch Wärmeleitung darstellt. Dies besagt, daß die zeitliche Änderung der Wärmeeintragsdichte eine Senke für den Wärmestrom $\vec{p}_{\mathrm{th}}$ darstellt. Aufnahme von Wärme führt dabei zu einer Verminderung des Wärmestromes. Stehen keine Quellen oder Senken zur Verfügung ist div $\vec{p}_{\mathrm{th}} = 0$. Da ein flächig ausgedehntes, aber „unendlich dünnes" Volumen keine Wärme aufnehmen, bzw. abgeben kann, folgt aus (3.10) sofort die Grenzbedingung

$$\mathrm{Div}\, \vec{p}_{\mathrm{th}} = 0 \quad , \tag{3.11}$$

was bedeutet, daß die Normalkomponente von $\vec{p}_{\mathrm{th}}$ an Grenzflächen stetig verlaufen muß.

Die Beschreibung der Wärmestromdichte erfolgt örtlich lokal. Die Wärme fließt dabei immer in Richtung des steilsten Temperaturgefälles, beschrieben durch den Temperaturgradienten. Formell wird dies durch das Fouriersche Wärmeleitungsgesetz [GV93]

$$\vec{p}_{\mathrm{th}} = -\sigma_{\mathrm{th}}\, \mathrm{grad}\, T \tag{3.12}$$

ausgedrückt. σ_{th} ist dabei die materialspezifische Wärmeleitfähigkeit.

Für ein homogenes Material, in dem es außer der Wärmeleitung keine weiteren Wärmetransportmechanismen gibt, lassen sich die bisherigen Ergebnisse in einer Formel zusammenfassen. Aus (3.5) und (3.7) folgt mit (3.12) zunächst

$$\rho c_{\mathrm{th}} \frac{\partial T}{\partial t} = \frac{\partial u}{\partial t} = \frac{\partial q_{\mathrm{cond}}}{\partial t} = -\,\mathrm{div}(-\sigma_{\mathrm{th}}\, \mathrm{grad}\, T) \tag{3.13}$$

und damit

$$\frac{\partial T}{\partial t} = \frac{\sigma_{\mathrm{th}}}{\rho c_{\mathrm{th}}} \Delta T \quad . \tag{3.14}$$

Darin bedeutet $\Delta = \mathrm{div}\,\mathrm{grad}$ den Laplace Operator. Mit dieser partiellen Differentialgleichung läßt sich für den angenommenen Fall die zeitabhängige Temperaturverteilung berechnen, wenn man noch die Randbedingungen kennt. Setzt man $\partial T/\partial t = 0$, erhält man die Gleichung für den stationären Zustand

$$\Delta T = 0 \quad . \tag{3.15}$$

Die letzten beiden Gleichungen seien hierbei nur der Vollständigkeit halber erwähnt. Für einfache Problemstellungen läßt sich mit diesen Gleichungen die Temperaturverteilung analytisch berechnen. Für die vorliegende Anwendung sind sie jedoch zu speziell und spielen daher keine direkte Rolle. Für eine Beschreibung der Wärmeleitung mittels numerischer Methoden siehe Abschnitt 3.2.3.

3.1.3. Wärmestrahlung

Der zweite wesentliche Wärmetransportmechanismus ist der Austausch von Wärmeenergie durch Wärmestrahlung. Dabei handelt es sich um kurzwellige elektromagnetische Strahlung im Infrarotbereich mit einer Wellenlänge von etwa 780 nm bis hinauf zu 1 mm. Jeder Körper, der sich auf einer Temperatur $> 0\,\mathrm{K}$ befindet, sendet diese Strahlung aus. Im Gegensatz zur Wärmeleitung und Konvektion ist für den Wärmetransport kein Medium erforderlich, sie funktioniert daher als einziges auch im Vakuum. Sofern keine erzwungene Konvektion in der umgebenden Luft stattfindet, ist die Wärmestrahlung der dort vorherrschende Wärmetransportmechanismus.

Aufgrund der im Vergleich zu den Abmessungen des Modells sehr kurzen Wellenlängen im Mikrometerbereich, kann die Wärmestrahlung nicht, wie das elektromagnetische Feld der Mikrowellenheizung, numerisch durch eine feldtheoretische Methode berechnet werden. Der Aufwand für die räumliche Diskretisierung wäre viel zu hoch. Strahlenoptische Verfahren sind dafür viel besser geeignet [GW98]. Da es für den Wärmeaustausch nur auf die Strahlungsleistung bzw. Intensität ankommt, sind dabei Phaseninformation und Polarisation nicht relevant. Es ist daher ausreichend die reellen Amplituden bzw. Effektivwerte zu betrachten.

Grundlage für die Beschreibung der Wärmestrahlung bildet ein theoretischer Schwarzer Körper nach Kirchhoff [GV93]. Dabei handelt es sich um einen idealisierten Körper, der in der Lage ist, auftretende elektromagnetische Strahlung bei jeder Wellenlänge vollständig zu absorbieren. Abhängig von seiner Temperatur emittiert die Oberfläche eines solchen Körpers ein Strahlungsspektrum, daß durch das Plancksche Strahlungsgesetz [GV93, Tip94] beschrieben wird:

$$\frac{\partial L(\nu, T)}{\partial \nu} = \frac{2h\nu^3}{c_0^2} \frac{1}{e^{\frac{h\nu}{k_\mathrm{B}T}} - 1} \tag{3.16}$$

Dies beschreibt die von der Temperatur T der Oberfläche abhängige spektrale Strahlungsdichteverteilung $\partial L/\partial \nu$ über der Frequenz ν pro Flächeneinheit der strahlenden Oberfläche. Darin sind $h = 6{,}626 \cdot 10^{-34}$ Js das Plancksche Wirkungsquantum und $k_\mathrm{B} = 1{,}381 \cdot 10^{-23}$ J/K die Boltzmann-Konstante.

Die gesamte, über alle Frequenzen aufsummierte, Strahlungsdichte pro Flächeneinheit ergibt sich durch Integration über die Frequenz ν zu

$$L(T) = \int_0^\infty \frac{\partial L(\nu, T)}{\partial \nu} \,\mathrm{d}\nu = \frac{2(k_\mathrm{B}T)^4}{h^3 c_0^2} \int_0^\infty \frac{u^3}{e^u - 1} \,\mathrm{d}u \quad , \tag{3.17}$$

wobei $u = \frac{h\nu}{k_\mathrm{B}T}$ substituiert wurde. Das verbleibende Integral kann über eine Entwicklung des Bruches in eine geometrische Reihe in ein Produkt aus der Riemannschen Zetafunktion ζ und der Gammafunktion Γ überführt werden [AS64]. Es ergibt sich

$$\int_0^\infty \frac{u^3}{e^u - 1} \,\mathrm{d}u = \sum_{k=1}^\infty \frac{1}{k^4} \int_0^\infty \xi^{4-1} \, e^{-\xi} \,\mathrm{d}\xi = \zeta(4)\,\Gamma(4) = \frac{\pi^4}{90} 6 = \frac{\pi^4}{15} \quad . \tag{3.18}$$

Eingesetzt in (3.17) ergibt sich damit für die gesamte Strahlungsdichte

$$L(T) = \frac{2\pi^4 k_\mathrm{B}^4}{15 h^3 c_0^2} T^4 \quad . \tag{3.19}$$

Die Strahlungsdichte eines schwarzen Körpers ist unabhängig von der Raumrichtung, welcher somit einen diffusen Strahler darstellt [GV93]. Ein solcher Strahler besitzt in jedem Raumwinkelbereich die gleiche Strahlungsdichte, welche definiert ist zu

$$L(T) := \frac{\mathrm{d}P_\Omega}{\mathrm{d}A \cos\theta \,\mathrm{d}\Omega} \qquad \text{mit} \quad \theta \in [0, \pi/2] \quad , \tag{3.20}$$

wobei θ den Winkel zwischen Flächennormale und Beobachtungsrichtung und $\mathrm{d}A$ ein infinitesimales Flächenelement der strahlenden Oberfläche darstellt. $\mathrm{d}P_\Omega$ ist die in den Raumwinkelbereich $\mathrm{d}\Omega$ abgestrahlte Leistung. Für diese ergibt sich direkt durch Umstellung von (3.20)

$$\mathrm{d}P_\Omega = L(T)\,\mathrm{d}A \,\cos\theta \,\mathrm{d}\Omega \quad . \tag{3.21}$$

Da $L(T)$ selbst nicht von der Beobachtungsrichtung abhängt, stellt dies die Abstrahlcharakteristik eines Lambertschen Strahlers dar. Die gesamte von dem Flächenelement $\mathrm{d}A$ abgestrahlte Leistung p_rad ergibt sich daraus durch Integration über den gesamten Winkelbereich des Halbraumes, in den die Abstrahlung erfolgt:

$$P_{\mathrm{rad}} = \mathrm{d}A \int_{\frown} L(T)\cos\theta\,\mathrm{d}\Omega = \int_0^{2\pi}\int_0^{\pi/2} L(T)\cos\theta\sin\theta\,\mathrm{d}\theta\,\mathrm{d}\psi \tag{3.22}$$

Mit (3.19) ergibt sich hieraus

$$\begin{aligned} P_{\mathrm{rad}} &= \mathrm{d}A\,\frac{2\pi^4 k_{\mathrm{B}}^4}{15h^3c_0^2}\,T^4\,2\pi\int_0^{\pi/2} L(T)\cos\theta\sin\theta\,\mathrm{d}\theta = \mathrm{d}A\,\frac{2\pi^5 k_{\mathrm{B}}^4}{15h^3c_0^2}\,T^4 \quad , \\ &= \mathrm{d}A\,\sigma_{\mathrm{B}}\,T^4 \end{aligned} \tag{3.23}$$

wobei

$$\sigma_{\mathrm{B}} = \frac{2\pi^5 k_{\mathrm{B}}^4}{15h^3c_0^2} = 5{,}670\cdot 10^{-8}\,\mathrm{Wm^{-2}K^{-4}} \tag{3.24}$$

die Stefan-Boltzmann-Konstante genannt wird und (3.23) das Stefan-Boltzmann Gesetz. Es gibt die gesamte Strahlungsleistung an, die von einem Flächenelement $\mathrm{d}A$ auf der Oberfläche eines schwarzen Körpers mit der Temperatur T emittiert wird. Charakteristisch hierfür ist die Proportionalität zur absoluten Temperatur in der vierten Potenz.

Die bisher betrachteten Gesetzmäßigkeiten gelten nur für den idealen schwarzen Strahler, welcher das gesamte elektromagnetische Spektrum vollständig zu absorbieren vermag. Reale Körper besitzen jedoch ein über der Frequenz selektives Absorptionsvermögen. Dadurch wird nicht die gesamte Strahlungsleistung absorbiert, der übrige Anteil wird reflektiert. Dies wird durch den Absorptionsgrad α_{rad} und Reflexionsfaktor ρ_{rad} beschrieben. Diese Größen hängen von der Beschaffenheit der Oberfläche, z. B. Rauigkeit und Material ab. Da Absorption und Emission im thermischen Gleichgewicht gleich groß sein müssen, findet bei realen Körpern auch eine, im Vergleich zum schwarzen Körper, geringere Emission statt. Dies wird beschrieben durch den Emissionsgrad $\varepsilon_{\mathrm{rad}}$. Mit diesen Betrachtungen geht (3.23) über in

$$P_{\mathrm{rad}} = \mathrm{d}A\,\varepsilon_{\mathrm{rad}}\,\sigma_{\mathrm{B}}\,T^4 \quad , \tag{3.25}$$

wobei gilt

$$\varepsilon_{\mathrm{rad}} = \alpha_{\mathrm{rad}} = 1 - \rho_{\mathrm{rad}} \qquad \text{mit} \quad 0 \le \varepsilon_{\mathrm{rad}}, \alpha_{\mathrm{rad}} \le 1 \quad . \tag{3.26}$$

Nun befinde sich der strahlende Körper in einer abgeschlossenen Umgebung mit der Temperatur T_{amb}, welche die vom Körper abgegebene Strahlungsleistung vollständig absorbiert. Gleichzeitig wirkt diese Umgebung selbst als schwarzer Strahler. Von dieser abgestrahlten Leistung nimmt das betrachtete Flächenelement $\mathrm{d}A$ einen Anteil P_{abs} auf und absorbiert ihn. Für $T = T_{\text{amb}}$ befindet sich das System im thermischen Gleichgewicht und es findet kein Netto-Energieaustausch statt, es gilt somit $P_{\text{rad}} = P_{\text{abs}}$ und mit (3.25) folgt

$$P_{\text{abs}} = \mathrm{d}A\,\varepsilon_{\text{rad}}\,\sigma_{\text{B}}\,T^4 = \mathrm{d}A\,\varepsilon_{\text{rad}}\,\sigma_{\text{B}}\,T_{\text{amb}}^4 \quad . \tag{3.27}$$

Der letzte Teil dieser Gleichung bleibt auch für $T \neq T_{\text{amb}}$ gültig, da die vom Flächenstück $\mathrm{d}A$ absorbierte Leistung in Wirklichkeit nicht von der eigenen Temperatur T abhängt. Damit gilt für die Netto-Leistung, welche das Flächenstück $\mathrm{d}A$ mit der Umgebung austauscht

$$P_{\text{rad,netto}} = P_{\text{rad}} - P_{\text{abs}} = \mathrm{d}A\,\varepsilon_{\text{rad}}\,\sigma_{\text{B}}\big(T^4 - T_{\text{amb}}^4\big) \quad . \tag{3.28}$$

Die Energie der Wärmestrahlung wird dem abstrahlenden Körper in Form von Wärme entzogen. Um die gesamte einem Volumen V entzogene Wärme zu bestimmen ist (3.28) über die gesamte strahlende Oberfläche A zu integrieren. Es gilt daher

$$\frac{\mathrm{d}Q_{\text{rad}}}{\mathrm{d}t} = -P_{\text{rad,netto}} = \varepsilon_{\text{rad}}\,\sigma_{\text{B}} \int_A \big(T_{\text{amb}}^4 - T^4\big)\,\mathrm{d}\sigma \quad . \tag{3.29}$$

Dies gilt jedoch nur, wenn der strahlende Körper eine konvexe Form aufweist. Unter dieser Voraussetzung ist von jedem Punkt der Oberfläche kein anderer Punkt der Oberfläche des selben Körpers sichtbar. Somit findet ein Wärmeaustausch durch Strahlung auf der gesamten Oberfläche nur zwischen dem Körper und der Umgebung statt, nicht jedoch zwischen zwei verschiedenen Punkten der Oberfläche des selben Körpers.

Die Wärmestrahlung besitzt ein breites Frequenzspektrum gemäß (3.16). Interessant ist in diesem Zusammenhang, welche spektralen Frequenzen den größten Anteil der Strahlungsdichte ausmachen. Leitet man (3.16) nach der Frequenz ν ab, so ist zu erkennen, daß $\partial L(\nu, T)/\partial\nu$ ein Maximum besitzt, welches von der Temperatur T abhängt. Für dieses ergibt sich die Bestimmungsgleichung

$$\frac{\partial}{\partial\nu}\frac{\partial L(\nu,T)}{\partial\nu} = 0 \qquad \Leftrightarrow \qquad 3 - \frac{\chi e^{\chi}}{e^{\chi} - 1} = 0 \qquad \text{mit} \qquad \chi := \frac{h\nu}{k_{\text{B}}T} \tag{3.30}$$

Die numerische Lösung dieser Gleichung ergibt $\chi \approx 2{,}8214$. Daraus ergibt sich das Maximum von (3.16), d. h. die Frequenz mit dem höchsten spektralen Anteil zu

$$\nu\big|_{\partial L/\partial\nu \overset{!}{=} \max} = 58{,}789\,\text{GHz}\,\frac{T}{1\,\text{K}} \quad . \tag{3.31}$$

Dies stellt das *Wiensche Verschiebungsgesetz* in Frequenzform dar. Es ist leicht zu erkennen, daß schon bei normaler Umgebungstemperatur ($T = 290\,\text{K}$) die wesentlichen Frequenzanteile bei über 10 THz liegen, die zugehörigen Wellenlängen im Mikrometerbereich.

Das Wiensche Verschiebungsgesetz ist häufiger in der Darstellung mit Wellenlängen λ statt der Frequenz ν anzutreffen. Die damit berechnete Wellenlänge mit dem höchsten Anteil der Strahlungsdichte korrespondiert nicht zu der mit (3.31) berechneten Frequenz, gemäß $\lambda\nu = c_0$. Dies resultiert aus dem nichtlinearen Zusammenhang von Frequenz ν und Wellenlänge λ. Die spektrale Dichtefunktion über λ ergibt sich aus (3.16) durch Multiplikation mit $|\partial\nu/\partial\lambda| = c_0/\lambda^2$. Durch Differentiation nach λ läßt sich daraus analog zu (3.30) die Wellenlänge mit der höchsten Strahlungsdichte bestimmen zu

$$\lambda|_{\partial L/\partial\lambda \overset{!}{=} \max} = 2897{,}8\,\mu\mathrm{m}\frac{1\,\mathrm{K}}{T} \quad . \tag{3.32}$$

3.1.4. Konvektion

Bei der Konvektion findet der Wärmetransport durch aktiven Stofftransport statt. Die in einem Festkörper, Flüssigkeit oder Gas gespeicherte innere Energie ist an den Stoff gebunden und wird zusammen mit diesem transportiert, wenn sich dieser bewegt. Dabei wird zwischen freier und erzwungener Konvektion unterschieden. Die freie Konvektion findet nur bei Gasen und Flüssigkeiten statt. Dabei werden im Stoff Strömungen durch örtlich verschiedene Dichten und Konzentrationen verursacht, die wiederum von der Temperatur abhängen. Die physikalische und mathematische Beschreibung dieser Vorgänge ist sehr komplex. In einem Mikrowellenapplikator zur Prozessierung fester Werkstücke findet eine freie Konvektion nur durch die umgebende Luft statt. Die übertragene Wärmemenge ist dabei aufgrund der geringen Dichte und Geschwindigkeit jedoch so gering, daß diese gegenüber den anderen Transportmechanismen in guter Näherung vernachlässigt werden kann.

Das gleiche gilt in der Regel für die Dampfbildung. Hier hängt die übertragene Wärmemenge maßgeblich von der Dichte des Dampfes und damit vom Druck ab. Unter Umgebungsdruck ist die Dichte von Wasserdampf bei 100 °C mit ca. 0,598 kg/m^3 etwa 1600 mal geringer als die Dichte flüssigen Wassers. Sind der Dampfdruck und die Strömungsgeschwindigkeit nicht zu groß, so ist aufgrund der geringen Dichte, die Wärmekapazität für ein bestimmtes Dampfvolumen und damit auch die transportierte Energie vernachlässigbar. Dies gilt nicht für die zum Verdampfen selbst notwendige Energie, also die Energie, die aufgebracht werden muß, eine bestimmte Menge Wasser vom flüssigen in den gasförmigen Zustand umzuwandeln.

Bei der erzwungenen Konvektion ist die Stoffbewegung und damit auch die transportierte Wärme durch geeignete Maßnahmen vorgegeben und damit im Vorhinein bekannt. Dies ermöglicht eine einfachere Beschreibung. Ein Beispiel dafür wäre ein Heißluftgebläse. Dies ist jedoch nicht Gegenstand der vorliegenden Arbeit, die sich auf eine reine Mikrowellenheizung beschränkt.

Eine erzwungene Konvektion kann auch in Festkörpern stattfinden, wenn diese bewegt werden. Dies kann sich zu Nutze gemacht werden. Von besonderer technischer Bedeutung ist dabei der Materialvorschub. Das zu prozessierende Werkstück wird dabei in vorgegebener Weise durch das Mikrowellenfeld bewegt. Zusammen mit dem Material bewegt sich die Temperaturverteilung. Auf diese Weise kann z. B. die Homogenität der Erwärmung gesteigert und die Prozeßintegration verbessert werden. Den Einfluß des Vorschubes auf die Temperaturverteilung zu modellieren, ist Bestandteil dieser Arbeit.

3.1.5. Verdampfung

Bei der Materialprozessierung mit Mikrowellen spielen auch Verdampfungsvorgänge eine wesentliche Rolle. Darunter versteht man den Übergang eines flüssigen Stoffes in den gasförmigen Aggregatzustand, wobei dieses Gas entweicht. Beispiele dafür sind Trocknungsvorgänge oder das Aushärten von lösungsmittelbasierten Klebstoffen. Verdampfungsvorgänge stellen keine Wärmeübertragung im eigentlichen Sinne dar, sie gehen jedoch als zusätzlicher Term in die Energiebilanz (3.1) mit ein. Zur Illustration wird im Folgenden ein Material angenommen, welches zum Teil aus einer Flüssigkeit besteht, die durch Wärmeeinwirkung verdampft wird.

Bei der bisherigen Betrachtung führt eine Zufuhr an Energie in Form von Wärme in ein bestimmtes Volumen, stets zu einer Erhöhung der inneren Energie U, welches gemäß (3.3), unter den dort gemachten Voraussetzungen, zu einer Erhöhung der Temperatur führt. Sind Verdampfungsvorgänge im Spiel, so teilt sich die zugeführte Energie auf, d. h. an Stelle der Gleichung (3.1) tritt

$$\Delta U + \Delta Q_{\mathrm{v}} = \Delta Q \quad , \tag{3.33}$$

wobei ΔW wieder zu Null angenommen wird. Die einem Volumen V zugeführte Wärme ΔQ führt also nicht nur zu einer Erhöhung der inneren Energie. Ein Teil wird auch für die Verdampfung einer gewissen Menge der Flüssigkeit benötigt. Diesen Anteil bezeichnet man als Verdampfungswärme ΔQ_{v}. Diese Energie ist nicht verloren, da sie sich als kinetische Energie im entweichenden Gas wiederfindet.

Zum Verständnis, wie sich die zugeführte Wärme auf die Erhöhung der inneren Energie ΔU und die Verdampfung ΔQ_{v} aufteilt, ist eine mikroskopische Betrachtung auf Molekülebene notwendig.[3] Dazu wird eine Flüssigkeit in einem geschlossenen Gefäß betrachtet, welche dieses nur teilweise füllt. Der übrige Teil des Gefäßes sei zunächst leer (Vakuum). Herrscht innerhalb des Gefäßes ein thermisches Gleichgewicht, so verteilt sich die Gesamtenergie gemäß einer Boltzmann-Verteilung auf die kinetische bzw. potentielle Energie der einzelnen Moleküle der Flüssigkeit. Laut der Boltzmann-Verteilung besitzt stets ein geringer Anteil der Moleküle eine ausreichend hohe Energie, um den Flüssigkeitsverband an der Oberfläche zu verlassen, diese gehen dann in die Gasphase über. Bei diesem Vorgang müssen die Moleküle Arbeit verrichten, zum einen gegen die Anziehungskraft der übrigen Moleküle in der Flüssigkeit (Austrittsarbeit), zum anderen gegen den Gasdruck der bereits in der Gasphase befindlichen Moleküle. Es können auch Moleküle aus der Gasphase, welche auf die Oberfläche der Flüssigkeit treffen, wieder in den Flüssigkeitsverband

[3] Im Folgenden wird stets nur von Molekülen gesprochen, wobei in Sonderfällen auch Atome gemeint sein können. Dies spielt für die durchgeführten Betrachtungen aber keine Rolle.

eintreten. Nach einer gewissen Zeit hat sich ein Gleichgewichtszustand eingestellt, so daß gleich viele Moleküle aus dem Flüssigkeitsverband pro Zeiteinheit aus- und wieder eintreten. Auf diese Weise stellt sich in der Gasphase ein für die Flüssigkeit charakteristischer *Sättigungsdampfdruck* ein. Dieser ist, solange die beiden Phasen Flüssigkeit und Gas koexistieren, unabhängig vom Volumen des Gefäßes. Ist das Gefäß jedoch nicht geschlossen, so ist als Druck der Umgebungsdruck des äußeren Luftdrucks eingeprägt. Das Molekül muß dann beim Austreten aus dem Flüssigkeitsverband Arbeit gegen den äußeren Luftdruck aufbringen.

Je höher die Temperatur ist, desto mehr Moleküle besitzen nach der Boltzmann-Verteilung genügend Energie, die Flüssigkeit als Gas zu verlassen. Diesen Vorgang nennt man *Verdunsten*. Es ist jedoch schwierig, die genaue Anzahl der verdunsteten Moleküle mit Hilfe der Boltzmann-Verteilung zu berechnen, da die dafür benötigte Zustandssumme, d. h. insbesondere die statistischen Gewichte der möglichen Energieniveaus innerhalb der Flüssigkeit, nicht oder nur sehr schwer, zu bestimmen sind, und obendrein von der Oberfläche der Flüssigkeit abhängen. Wird die Temperatur weiter erhöht, so erreicht der Dampfdruck der Flüssigkeit irgendwann den Luftdruck der Umgebung. Dieser reicht dann nicht mehr aus, um die Flüssigkeitsphase komplett zusammen zu halten. Im Inneren der Flüssigkeit entstehen Dampfblasen, die aufsteigen und die Flüssigkeit verlassen. Die Temperatur T_s, bei der dieses geschieht, heißt *Siedepunkt* der Flüssigkeit und der entsprechende Vorgang *Sieden*. Bei reinem Wasser und einem Umgebungsdruck von 1013 hPa beträgt der Siedepunkt von Wasser $T_\mathrm{s} = 373{,}15\,\mathrm{K}$ (100 °C).

Das Besondere am Sieden ist, daß die Temperatur während dieses Vorganges konstant bleibt, bis die Flüssigkeit komplett verdampft ist. Die dabei zugeführte Wärme ΔQ geht also komplett in die Verdampfung. Es gilt also

$$\Delta Q_\mathrm{v} = \Delta Q, \quad \Delta U = 0 \qquad \text{und} \qquad T = T_\mathrm{s} \tag{3.34}$$

während des Siedevorganges. Wird keine weitere Wärme zugeführt, so entziehen die verdampfenden Moleküle der Flüssigkeit Energie, worauf die Temperatur wieder unterhalb des Siedepunktes fällt und der Siedevorgang aufhört. Die beim Sieden pro Zeiteinheit verdampfende Flüssigkeitsmenge ist weitaus höher als bei reiner Verdunstung. Daher kann die Verdunstung im Vergleich zum Verdampfen am Siedepunkt vernachlässigt werden, wenn nicht allzu lange Zeiträume betrachtet werden. Zur Beschreibung der für die Verdampfung notwendigen Energie, wird die *spezifische Verdampfungsenthalpie* h_v angegeben. Diese beschreibt, wie viel Energie der Flüssigkeit, die sich bereits bei der Siedetemperatur T_s befindet, pro verdampfender Masseneinheit zugeführt werden muß. Sie enthält bereits, die bei konstantem Umgebungsdruck notwendige Volumenarbeit, die der Dampf beim Ausdehnen gegen den äußeren Umgebungsdruck verrichten muß. Es gilt daher

$$\Delta Q_\mathrm{v} = \Delta m_\mathrm{D} h_\mathrm{v} \quad . \tag{3.35}$$

Δm_D ist dabei die in Dampf umgewandelte Masse. Für Wasser beträgt die spezifische

Verdampfungsenthalpie $h_\mathrm{v} = 2{,}256\,\mathrm{MJ/kg}$ bei $100\,^\circ\mathrm{C}$.

Insgesamt ergibt sich bei Wärmezufuhr, wenn ein Verdampfungsvorgang im Spiel ist, ein Temperaturverlauf, wie er in Bild 3.1 skizziert ist. Befindet sich die Temperatur unterhalb des Siedepunktes T_s, wie es im Beispiel für Zeitpunkte $< t_1$ der Fall ist, so findet keine Verdampfung statt. Die zugeführte Wärme führt zu einem Anstieg der inneren Energie ΔU und damit der Temperatur. Hat die Temperatur den Siedepunkt T_s erreicht (Zeitpunkt t_1), so wird die zugeführte Wärme komplett für die Verdampfung aufgewendet, während die Temperatur auf dem Siedepunkt T_s verbleibt. Zum Zeitpunkt t_2 sei die gesamte Flüssigkeit verdampft. Ab diesem Zeitpunkt fließt die zugeführte Wärme wieder komplett in die innere Energie und erhöht damit die Temperatur. Da sich durch das Verdampfen der Flüssigkeit die Wärmekapazität verändert, ändert sich auch der zeitliche Temperaturanstieg.

Für die Berechnung ist interessant, welcher Anteil der Flüssigkeit pro Zeiteinheit bei einer gewissen Wärmezufuhr verdampft. Dieser Zusammenhang ergibt sich aus der Gleichung (3.35) durch Differentiation nach der Zeit, wenn man noch beachtet, daß die Masse des entweichenden Dampfes Δm_D gerade der Masse entspricht, welche der Flüssigkeit Δm_Fl verloren geht, d. h. $\Delta m_\mathrm{Fl} = -\Delta m_\mathrm{D}$. Beachtet man noch (3.34), so folgt

$$\frac{\partial m_\mathrm{Fl}}{\partial t} = -\frac{1}{h_\mathrm{v}}\frac{\partial \Delta Q_\mathrm{v}}{\partial t} = -\frac{1}{h_\mathrm{v}}\frac{\partial \Delta Q}{\partial t} \qquad \text{bei} \qquad T = T_\mathrm{s} \quad . \tag{3.36}$$

Bezieht man dies, wie die übrigen Größen, auf das Volumen V und bildet den Grenzüber-

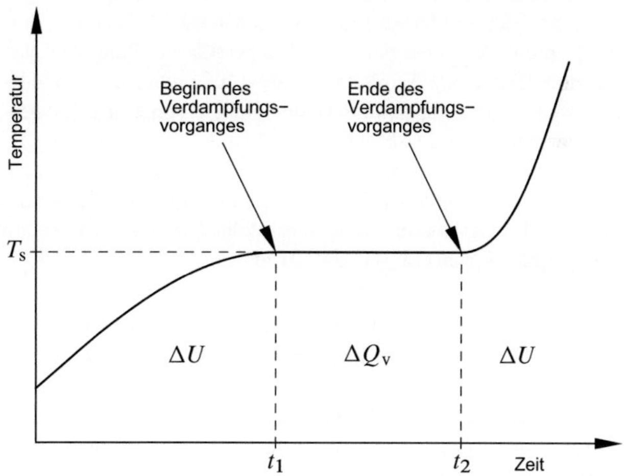

Bild 3.1.: Temperaturverlauf (qualitativ) über der Zeit bei einer verdampfenden Flüssigkeit unter Wärmezufuhr. Die Verdampfung findet statt zwischen den Zeitpunkten t_1 und t_2. Während dieser Zeit bleibt die Temperatur konstant auf dem Siedepunkt T_s.

gang $V \to 0$, so folgt mit der Definition der Dichte des Flüssigkeitsanteils

$$\Theta := \lim_{V \to 0} \frac{m_{\mathrm{Fl}}}{V} \tag{3.37}$$

schließlich

$$\frac{\partial \Theta}{\partial t} = -\frac{1}{h_{\mathrm{v}}} \frac{\partial q}{\partial t} \qquad \text{bei} \qquad T = T_{\mathrm{s}} \quad . \tag{3.38}$$

Gemäß Definition gibt Θ die lokale Dichte des Flüssigkeitsanteils an, d. h. die Masse des Flüssigkeitsanteils pro Volumeneinheit. Diese ist kleiner oder gleich der lokalen Gesamtdichte ρ, welche neben der Flüssigkeit auch feste bzw. nicht verdampfbare Stoffanteile enthalten kann.

Die lokale Massendichte des Flüssigkeitsgehaltes ist mit dem volumetrischen Flüssigkeitsgehalt η verknüpft über die Beziehung

$$\Theta = \eta \rho_{\mathrm{Fl}} \quad , \tag{3.39}$$

wobei ρ_{Fl} die Massendichte der flüssigen Komponente angibt.

3.2. Modellierung

Ziel der Modellierung ist es, die örtliche Temperaturverteilung in Abhängigkeit der Zeit zu bestimmen. Solange keine Phasenumwandlungen stattfinden, ist der Zustand des Systems zu jedem Zeitpunkt komplett durch die Temperaturverteilung $T(x,y,z,t)$ beschrieben. Die Temperatur ist gemäß (3.5) mit der inneren Energiedichte verknüpft, da die lokale Dichte und spezifische Wärmekapazität bekannt sind. Da von einem lokalen thermischen Gleichgewicht ausgegangen wird (Abschnitt 3.1.1), ist der thermodynamische Zustand damit komplett beschrieben. Ausgehend von einer bekannten anfänglichen Temperaturverteilung kann eine Änderung der inneren Energiedichte durch lokale Wärmezu- oder Abfuhr in eine Änderung der Temperaturverteilung umgerechnet werden. Die beschreibende Differentialgleichung ergibt sich aus (3.5) und (3.7) zu

$$\frac{\partial T}{\partial t} = \frac{1}{\rho c_{\mathrm{th}}} \frac{\partial u}{\partial t} = \frac{1}{\varrho c_{\mathrm{th}}} \left(\frac{\partial q_{\mathrm{cond}}}{\partial t} + \frac{\partial q_{\mathrm{rad}}}{\partial t} + \frac{\partial q_{\mathrm{el}}}{\partial t} \right) \quad . \tag{3.40}$$

Diese Gleichung gilt für jeden Punkt des betrachten Modells. Sie beschreibt grundlegend die zeitliche Entwicklung der Temperaturverteilung, die sich aufgrund lokaler Wärmezu- und Abflüsse ergibt. Nicht immer treten alle Wärmetransport- oder Erzeugungsmechanismen gleichzeitig auf. So beschreibt $\mathrm{d}q_{\mathrm{cond}}$ die lokale Wärmeänderung durch Wärmeaustausch mit benachbarten Volumenbereichen durch Wärmeleitung, die sich durch einen Wärmefluß gemäß (3.12) beschreiben läßt. Dieser Austausch findet nur statt zwischen Bereichen, die in thermischen Kontakt miteinander stehen. Die durch Wärmestrahlung aufgenommene oder abgegebene Wärme dq_{rad} erfolgt dagegen auch über sehr große Distanzen und spielt aufgrund des Terms T^4 in (3.29) vor allem bei sehr hohen Temperaturen eine wichtige Rolle. Der Wärmeeintrag durch das elektromagnetische Feld dq_{el} wirkt überall dort, wo das elektromagnetische Feld vorhanden ist und ohmsche bzw. dielektrische oder magnetische Verluste im Material vorhanden sind. Dieser Term wirkt als Wärmequelle, direkt im Inneren des prozessierten Materials.

Die Wärmebeiträge dq_{cond} und dq_{rad} hängen allein von den thermischen Materialparametern und der gegenwärtigen Temperaturverteilung ab. Ist die anfängliche Temperaturverteilung bekannt und liegen die Materialparameter entweder als Konstante oder Funktion der Temperatur vor, so beschreibt (3.40) vollständig den zeitlichen Verlauf der Temperatur in jedem Punkt.

Zur Berechnung des Wärmeeintrages durch das elektromagnetische Feld wird die zeitlich gemittelte Verlustleistung benötigt. Darauf wird im folgenden Kapitel in Abschnitt 4.2.3 eingegangen, wenn die Verkopplung zwischen dem thermischen und elektromagnetischen Feld behandelt wird.

3.2.1. Diskretisierung der Zeitachse

Zur numerischen Berechnung wird die Zeitachse diskretisiert. Die Temperaturverteilung wird also ähnlich wie das elektromagnetische Feld nur zu bestimmten diskreten Zeitpunkten berechnet. Dazu wird ein thermischer Zeitschritt Δt definiert.[4] Mit diesem Zeitschritt ergeben sich die diskreten Zeitpunkte, für welche das thermische Feld berechnet wird, zu

$$t_n = n\Delta t \qquad \text{mit} \qquad n \in \mathbb{N}_0 \quad . \tag{3.41}$$

Analog dem Vorgehen in Abschnitt 2.2 wird der Differentialquotient auf der linken Seite von (3.40) durch den zugehörigen Differenzenquotienten approximiert:

$$\frac{T^{n+1} - T^n}{\Delta t} = \frac{1}{\rho c_{\mathrm{th}}} \left. \frac{\partial u}{\partial t} \right|_{t=t_n} + \mathcal{O}(\Delta t) \tag{3.42}$$

Dabei wird, analog zu (2.19), der den Zeitschritt bezeichnende Index n hochgestellt. T^n ist damit die Temperatur zum Zeitpunkt t_n. Im Vergleich zu (2.12) ist der Differenzenquotient jedoch nicht zentral, wodurch das Restglied nur von der Ordnung $\mathcal{O}(\Delta t)$ ist. Ein zentraler Differenzenquotient ist bei der elektromagnetischen Feldberechnung grundsätzlich deshalb möglich, weil gemäß der zeitlichen Verschachtelung nach Bild 2.1 zwei *getrennte* Felder

[4] Dieser ist nicht identisch mit dem Zeitschritt Δt für die elektromagnetische Feldberechnung. Es wird jedoch der besseren Übersicht wegen auf eine Unterscheidung in der Notation verzichtet, wenn keine Verwechslung zu befürchten ist.

$(\vec{E}, \vec{H})$ berechnet werden, die jeweils nicht von sich selbst, sondern nur vom jeweils anderen Feld abhängen.[5] Die dadurch prinzipiell bedingte Verschlechterung der Genauigkeit, kann nur dadurch kompensiert werden, indem der Zeitschritt Δt ausreichend klein gewählt wird.

Aus (3.42) ergibt sich, wenn man nach T^{n+1} auflöst die Gleichung

$$T^{n+1} \approx T^n + \frac{\Delta t}{\rho c_{\text{th}}} \left(\left.\frac{\partial q_{\text{cond}}}{\partial t}\right|_{t=t_n} + \left.\frac{\partial q_{\text{rad}}}{\partial t}\right|_{t=t_n} + \left.\frac{\partial q_{\text{el}}}{\partial t}\right|_{t=t_n} \right) \quad , \tag{3.43}$$

die es erlaubt, aus der aktuellen Temperaturverteilung T^n und den aktuellen Wärmeeinträgen $\partial q / \partial t$ zum Zeitpunkt t_n die Temperaturverteilung zum nächsten darauf folgenden Zeitpunkt t_{n+1} zu berechnen. Das Lösungsverfahren der Differentialgleichung (3.40) gemäß (3.43) entspricht einem expliziten Euler-Verfahren. In Anhang B.1 ist gezeigt, daß der prinzipielle Approximationsfehler zu einem beliebigen Zeitpunkt proportional zur zeitlichen Schrittweite Δt ist und T^n für $\Delta t \to 0$ gegen die exakte Lösung zum Zeitpunkt t_n konvergiert. Ausgehend von einer bekannten Temperaturverteilung zum Zeitpunkt t_0 kann somit die Temperaturverteilung zu jedem Zeitpunkt mit (theoretisch) beliebiger Genauigkeit berechnet werden.

3.2.2. Diskretisierung des Raumes

Um die Temperaturverteilung auch räumlich zu beschreiben, ist es notwendig den betrachteten Raum in kleine Volumenbereiche zu unterteilen. Dies geschieht am zweckmäßigsten mittels eines kartesischen an den Koordinatenachsen ausgerichteten Gitters, wie schon bei der elektromagnetischen Feldberechnung nach Abschnitt 2.3. Die resultierenden Gitterzellen sollten in ihren Abmessungen ausreichend klein gewählt werden, damit innerhalb dieses Volumens der Zustand und die Eigenschaften des Materials näherungsweise als räumlich konstant angenommen werden können. Das für die thermischen Berechnungen verwendete Gitter ist vollkommen unabhängig von dem, welches für die elektromagnetischen Berechnungen verwendet wird. Die Diskretisierungsintervalle Δx,Δy, und Δz können in den drei Achsrichtungen unterschiedlich gewählt werden. Aufgrund dieser ergibt sich die Einteilung der drei Koordinatenachsen zu

$$x_i = i\,\Delta x \quad , \qquad y_j = j\Delta y \quad , \qquad z_k = k\Delta z \quad . \tag{3.44}$$

Die Position einer Gitterzelle im Gitter wird mit dem Tupel $(i,j,k) \in \mathbb{Z}^3$ bezeichnet, wobei deren Ausdehnung von den Koordinaten der Eckpunkte (x_i, y_j, z_k) bis $(x_{i+1}, y_{j+1}, z_{k+1})$ reicht. Siehe hierzu Bild 3.2.

[5] Dies ändert sich zwar bei Berücksichtigung von Leitfähigkeitsverlusten, jedoch setzen die Überlegungen die zu (2.22) bzw. (2.23) geführt haben, eine lineare Abhängigkeit des Differentialquotienten von der Feldgröße voraus.

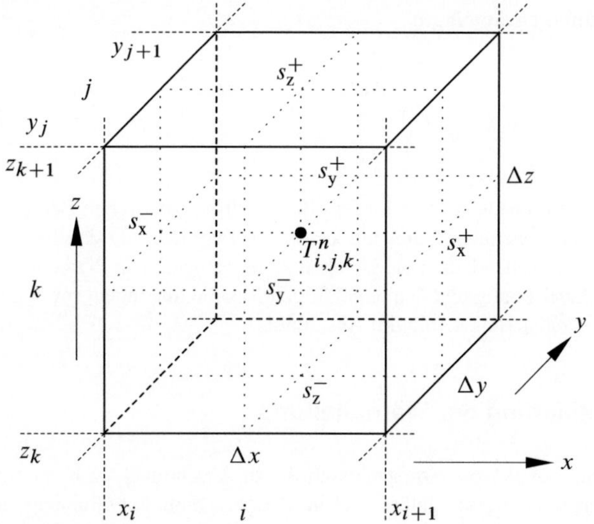

Bild 3.2.: Einzelne Gitterzelle an der Position (i, j, k) für thermische Berechnungen mit Abmessungen. Als Feldkomponente existiert (vorerst) nur die Temperatur, welche sich auf das Zentrum der Gitterzelle bezieht. Mit $s^{\pm}_{x,y,z}$ werden die sechs Seitenflächen der Gitterzelle bezeichnet.

Jeder Gitterzelle wird eine Temperatur und Materialeigenschaften zugeordnet. Zu den Materialeigenschaften, welche für die thermischen Berechnungen notwendig sind, gehören

- Massendichte ρ,
- Spezifische Wärmekapazität c_{th},
- Wärmeleitfähigkeit σ_{th},
- Elektrische Leitfähigkeit κ und
- Magnetische Leitfähigkeit ϱ.

Die letzten beiden Eigenschaften sind für die Berechnung des Wärmeeintrages durch das elektromagnetische Feld erforderlich. Die Materialeigenschaften werden innerhalb einer Gitterzelle als konstant angenommen. Die Temperatur jedoch darf sich ändern, die der Gitterzelle zugeordnete Temperatur bezieht sich immer auf deren räumliches Zentrum, vergleiche Bild 3.2.

Die zeitliche Entwicklung des Temperaturfeldes nach (3.43) ist für jede einzelne Gitterzelle separat durchzuführen. Somit gilt

$$T^{n+1}_{i,j,k} \approx T^{n}_{i,j,k} + \frac{\Delta t}{\rho^{i,j,k} c^{i,j,k}_{\text{th}}} \left(\frac{\partial q_{\text{cond}}}{\partial t}\bigg|^{n}_{i,j,k} + \frac{\partial q_{\text{rad}}}{\partial t}\bigg|^{n}_{i,j,k} + \frac{\partial q_{\text{el}}}{\partial t}\bigg|^{n}_{i,j,k} \right) \quad . \tag{3.45}$$

Zunächst wird vereinfachend, wie im Fall der elektromagnetischen Berechnung, von einem unendlich ausgedehnten Gitter mit konstanter räumlicher Diskretisierung ausgegangen, d. h. alle Gitterzellen haben die gleichen Abmessungen. Die Betrachtung von Gittern mit endlicher Ausdehnung und den zugehörigen Randbedingungen, sowie einer variablen räumlichen Diskretisierung erfolgt im Anschluß.

3.2.3. Modellierung der Wärmeleitung

Zur Berechnung der Wärmeleitung müssen die in Abschnitt 3.1.2 beschriebenen Differentialgleichungen numerisch gelöst werden. Dies geschieht auf Grundlage der zeitlichen und räumlichen Diskretisierung. Zur einfacheren Darstellung werden zunächst nur zwei Gitterzellen betrachtet, die in x-Richtung unmittelbar benachbart sind, und somit in gegenseitigen thermischen Kontakt stehen. Damit stellt sich die Situation wie in Bild 3.3 dar.

Ein Wärmeaustausch zwischen diesen beiden Gitterzellen findet durch die (einzige) gemeinsame Grenzfläche statt. Der Wärmefluß durch diese Fläche ergibt sich durch Integration der Wärmestromdichte $\vec{p}_{\text{th}}$ nach (3.12) über diese Grenzfläche. Da der Normalenvektor

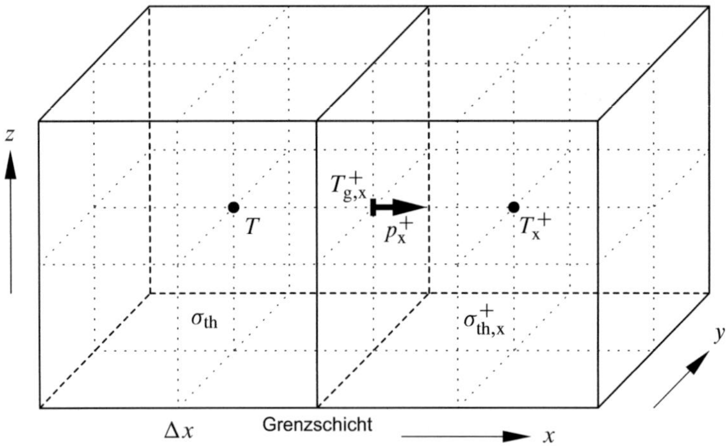

Bild 3.3.: Zwei benachbarte Gitterzellen. Der Wärmeaustausch findet hier an der Grenzfläche in x-Richtung durch die Wärmestromdichte p_x^+ statt.

der Grenzfläche in positive x-Richtung zeigt, genügt es, sich bei der Berechnung des Gradienten auf die x-Komponente zu beschränken. Die y- und z-Komponenten liefern keinen Beitrag zum Fluß.

Betrachtet werde nun die linke Gitterzelle in Bild 3.3, welche in der Mitte die Temperatur T aufweist. Die rechte benachbarte Zelle besitze in ihrem Zentrum die Temperatur T_x^+. Um den Wärmefluß zwischen den beiden Gitterzellen zu berechnen, ist es notwendig, die x-Komponente des Temperaturgradienten zu bestimmen. Dazu muß der Temperaturverlauf in x-Richtung *zwischen* den zu T und T_x^+ gehörenden Punkten bekannt sein. Ein einfacher linearer interpolierter Verlauf zwischen diesen beiden Punkten darf nicht angenommen werden, da dies einen konstanten Temperaturgradienten bedeuten würde. Sind die Wärmeleitfähigkeiten σ_th und $\sigma_\mathrm{th,x}^+$ in beiden Zellen unterschiedlich, so bedeutet dies gemäß (3.12) eine unterschiedliche Wärmestromdichte auf beiden Seiten der Grenzschicht, was die Stetigkeitsbedingung (3.11) verletzt. Daher wird von einem abschnittsweise linearen Verlauf ausgegangen, jeweils vom Punkt T bis zur Grenzschicht mit der Temperatur $T_\mathrm{g,x}^+$ und dann von der Grenzschicht bis zum Punkt T_x^+. Damit folgt für die Wärmestromdichte aus (3.12):

$$\vec{p}_\mathrm{th} = p_\mathrm{x}^+ \vec{e}_\mathrm{x} \qquad \text{mit} \qquad p_\mathrm{x}^+ = \begin{cases} \sigma_\mathrm{th} \dfrac{T - T_\mathrm{g,x}^+}{\Delta x/2} & \text{links der Grenzschicht} \\ \sigma_\mathrm{th,x}^+ \dfrac{T_\mathrm{g,x}^+ - T_\mathrm{x}^+}{\Delta x/2} & \text{rechts der Grenzschicht} \end{cases} \tag{3.46}$$

Aufgrund der Grenzbedingung (3.11) ist ein stetiger Verlauf p_x^+ vorgeschrieben. Daraus folgt mit (3.46) eine Bestimmungsgleichung für die Temperatur an der Grenzschicht $T_\mathrm{g,x}^+$:

$$\sigma_\mathrm{th}(T - T_\mathrm{g,x}^+) = \sigma_\mathrm{th,x}^+(T_\mathrm{g,x}^+ - T_\mathrm{x}^+) \qquad \Rightarrow \qquad T_\mathrm{g,x}^+ = \frac{\sigma_\mathrm{th} T + \sigma_\mathrm{th,x}^+ T_\mathrm{x}^+}{\sigma_\mathrm{th} + \sigma_\mathrm{th,x}^+} \tag{3.47}$$

Dies wiederum eingesetzt in (3.46) ergibt die gesuchte Wärmestromdichte

$$p_\mathrm{x}^+ = 2 \frac{\sigma_\mathrm{th} \sigma_\mathrm{th,x}^+}{\sigma_\mathrm{th} + \sigma_\mathrm{th,x}^+} \, \frac{T - T_\mathrm{x}^+}{\Delta x} \quad . \tag{3.48}$$

Erwartungsgemäß ist die Flußdichte p_x^+ positiv, wenn die Temperatur der betrachteten (linken) Zelle T größer ist als die der benachbarten Zelle T_x^+, d. h. es fließt Wärme heraus, was zu einer Abnahme der inneren Energie führt. Der Wärmefluß durch die Grenzfläche ergibt sich durch Integration näherungsweise zu

$$\int\limits_{\text{Grenzfläche}} p_{\mathrm{x}}^{+} \vec{e}_{\mathrm{x}} \cdot \mathrm{d}\vec{\sigma} \approx \Delta y \Delta z \; p_{\mathrm{x}}^{+} \quad , \tag{3.49}$$

was den zu der Grenzfläche gehörenden Anteil des Integrals über die gesamte Oberfläche in (3.8) darstellt.

Insgesamt besitzt jede Gitterzelle, wenn man zunächst von einem unbeschränkten gleichförmigen Gitter ausgeht, sechs Grenzflächen. Dies sind genau die sechs Seitenflächen eines Quaders. Die Betrachtungen, die zu (3.48) und (3.49) geführt haben, sind für jede dieser sechs Seiten separat auszuführen. Die gesamte zeitliche Ableitung des Wärmeeintrages nach (3.8) ergibt sich durch Summation der Anteile für die sechs Grenzflächen zu

$$\frac{\partial Q_{\mathrm{cond}}}{\partial t} = -\left[\, \Delta y \Delta z \, (p_{\mathrm{x}}^{+} + p_{\mathrm{x}}^{-}) + \Delta x \Delta z \, (p_{\mathrm{y}}^{+} + p_{\mathrm{y}}^{-}) + \Delta x \Delta y \, (p_{\mathrm{z}}^{+} + p_{\mathrm{z}}^{-}) \,\right] \quad , \tag{3.50}$$

wobei die jeweilige Grenzfläche mittels der hoch und tief gestellten Indizes in leicht verständlicher Schreibweise bezeichnet wird. So bedeutet p_{y}^{+} die Wärmestromdichte durch die Grenzfläche der Gitterzelle in positiver y-Richtung, entsprechend gehört p_{y}^{-} zur gegenüberliegenden Grenzfläche mit Wärmestrom in negativer y-Richtung usw. In (3.50) sind die Wärmestromdichten nach (3.48) bzw. die äquivalenten Beziehungen für die übrigen Grenzflächen einzusetzen.

Um zu der räumlichen Dichte des Wärmeeintrages zu gelangen, welche für (3.45) benötigt wird, ist (3.50) noch durch das Volumen der Gitterzelle $V = \Delta x \Delta y \Delta z$ zu dividieren. Drückt man die Temperaturen und Wärmeleitfähigkeiten in den benachbarten Zellen gemäß Abschnitt 3.2.2 durch deren Positionsindizes aus, ergibt sich die explizite zeitliche Entwicklung der Temperatur im Gitter zu

$$\begin{aligned}
\left.\frac{\partial q_{\mathrm{cond}}}{\partial t}\right|_{i,j,k}^{n} = \\
&\frac{2\sigma_{\mathrm{th}}^{i,j,k}\sigma_{\mathrm{th}}^{i+1,j,k}}{\sigma_{\mathrm{th}}^{i,j,k}+\sigma_{\mathrm{th}}^{i+1,j,k}} \frac{T_{i+1,j,k}^{n}-T_{i,j,k}^{n}}{\Delta x^2} + \frac{2\sigma_{\mathrm{th}}^{i,j,k}\sigma_{\mathrm{th}}^{i-1,j,k}}{\sigma_{\mathrm{th}}^{i,j,k}+\sigma_{\mathrm{th}}^{i-1,j,k}} \frac{T_{i-1,j,k}^{n}-T_{i,j,k}^{n}}{\Delta x^2} + \\
&\frac{2\sigma_{\mathrm{th}}^{i,j,k}\sigma_{\mathrm{th}}^{i,j+1,k}}{\sigma_{\mathrm{th}}^{i,j,k}+\sigma_{\mathrm{th}}^{i,j+1,k}} \frac{T_{i,j+1,k}^{n}-T_{i,j,k}^{n}}{\Delta y^2} + \frac{2\sigma_{\mathrm{th}}^{i,j,k}\sigma_{\mathrm{th}}^{i,j-1,k}}{\sigma_{\mathrm{th}}^{i,j,k}+\sigma_{\mathrm{th}}^{i,j-1,k}} \frac{T_{i,j-1,k}^{n}-T_{i,j,k}^{n}}{\Delta y^2} + \\
&\frac{2\sigma_{\mathrm{th}}^{i,j,k}\sigma_{\mathrm{th}}^{i,j,k+1}}{\sigma_{\mathrm{th}}^{i,j,k}+\sigma_{\mathrm{th}}^{i,j,k+1}} \frac{T_{i,j,k+1}^{n}-T_{i,j,k}^{n}}{\Delta z^2} + \frac{2\sigma_{\mathrm{th}}^{i,j,k}\sigma_{\mathrm{th}}^{i,j,k-1}}{\sigma_{\mathrm{th}}^{i,j,k}+\sigma_{\mathrm{th}}^{i,j,k-1}} \frac{T_{i,j,k-1}^{n}-T_{i,j,k}^{n}}{\Delta z^2} \quad .
\end{aligned} \tag{3.51}$$

Diese Gleichung ermöglicht die Berechnung der Temperaturverteilung innerhalb des Gitters analog zu der Vorgehensweise bei dem elektromagnetischen Feld gemäß der Gleichungen (2.46) bis (2.51). Dem gegenüber ergibt sich jedoch die Vereinfachung, daß nur ein skalares Feld betrachtet werden muß. Zusätzlich entfällt die zeitliche und räumliche Verschachtelung, wie sie zur Berechnung der $\vec{E}$- und $\vec{H}$-Felder notwendig ist.

3.2.4. Modellierung der Wärmestrahlung

Auch für die Berechnung der Wärmestrahlung ist eine Diskretisierung des Raumes erforderlich. Dabei wird das selbe räumliche Gitter zu Grunde gelegt, wie für die Wärmeleitung. Im Gegensatz zu dieser findet ein Wärmeaustausch jedoch nicht nur zwischen direkt benachbarten Gitterzellen statt. Analog zur Wärmeleitung geschieht der Wärmeaustausch über die Oberfläche der einzelnen Gitterzellen. Die sechs Grenzflächen einer quaderförmigen Gitterzelle können gewissermaßen jeweils als ein strahlendes bzw. absorbierendes Flächenelement $\mathrm{d}A$ gemäß Abschnitt 3.1.3 betrachtet werden. Prinzipiell ist zwischen allen diesen Flächenelementen ein Strahlungsaustausch möglich.

Die Wärmeausbreitung geschieht mittels elektromagnetischer Wellen, die durch die Maxwellschen Gleichungen beschrieben werden, und somit prinzipiell auch gemäß Kapitel 2 berechnet werden können. Allerdings liegen die Abmessungen der relevanten Wellenlängen der Wärmestrahlung (Infrarotbereich) im Submillimeterbereich, und sind damit um Größenordnungen kleiner als die Ausdehnung des Rechengebietes. Die notwendige Diskretisierung des Raumes mit $\lambda/10$ ist daher nicht praktikabel, da die notwendigen Ressourcen an Speicherkapazität und Rechenzeit nicht zur Verfügung stehen. Die richtige Herangehensweise wäre daher eine Modellierung mittels einer strahlenoptischen Methode [GW98,FMKW06], die neben der direkten Ausbreitung zwischen zwei Flächenelementen auch Transmission und Reflexionen an anderen Flächen berücksichtigt. Beugung kann aufgrund der kurzen Wellenlänge in den meisten Fällen vernachlässigt werden. Jedoch ist auch eine strahlenoptische Methode noch mit einem erheblichen Aufwand verbunden. Betrachtet man einen Ausschnitt von n beliebigen Zellen aus einem Gitter, so gibt es alleine für den direkten Austausch zwischen zwei Flächenelementen $3n(n-1) = \mathcal{O}(n^2)$ Kombinationen, die zu berücksichtigen sind. Da n sehr groß werden kann, steigt der Berechnungsaufwand beträchtlich. Es gilt also von vornherein, die betrachteten Kombinationen auf das Notwendigste zu beschränken.

Um diese Beschränkungen vornehmen zu können, sind einige Voraussetzungen und Annahmen zu treffen, die zwar das Modell einschränken, in der Praxis jedoch meist in guter Näherung erfüllt sind. Zunächst gibt es keinen Wärmeaustausch durch Strahlung zwischen zwei unmittelbar in Kontakt stehenden Grenzflächen, denn diese befinden sich wegen der Stetigkeit des Temperaturfeldes auf der gleichen Temperatur, womit wegen (3.28) die Netto-Strahlungsleistung verschwindet. Zudem überwiegt in Festkörpern und auch in Flüssigkeiten der Mechanismus der Wärmeleitung, so daß in (3.43) der Einfluß des Terms $\partial q_{\mathrm{rad}}/\partial t$ gegenüber $\partial q_{\mathrm{cond}}/\partial t$ vernachlässigbar ist. Unter diesen Annahmen braucht keine Ausbreitung der Wärmestrahlung in Festkörpern oder Flüssigkeiten betrachtet werden.

Lediglich in gasförmigen Medien bzw. Luft und Vakuum ist die Ausbreitung der Wärmestrahlung zu berücksichtigen und liefert dort u. U. einen höheren Beitrag als die Wärmeleitung. In [Haa00] wird darüber hinaus gezeigt, daß indirekte Ausbreitungspfade der Wärmestrahlung über spiegelnde Reflexion, in guter Näherung vernachlässigbar sind, da selbst metallische Flächen überwiegend als diffuse Strahler wirken. Dies vereinfacht die Modellierung deutlich, da sich die strahlenoptische Berechnung damit rein auf die Flächenelemente konzentrieren kann, die miteinander in Sichtkontakt stehen, d. h. nur durch ein gasförmiges Medium oder Vakuum getrennt sind.

Da auch die Berechnung der Sichtbarkeitsbeziehungen zwischen den Flächenelementen einen nicht unerheblichen Aufwand bedeutet, wird für die Modellierung noch die zusätzliche Annahme getroffen, daß sich die gesamte Umgebung, bis auf das zu prozessierende Material, auf einer einheitlichen Temperatur befindet. Dies ist in guter Näherung der Fall, wenn eine reine Mikrowellenheizung betrachtet wird, da der Applikator selbst sich nicht erwärmt. Weist das zu prozessierende Werkstück darüber hinaus eine konvexe Form auf, besitzt also insbesondere keine (teilweise) umschlossenen Hohlräume, so gibt es keine Sichtbarkeitsbeziehung zwischen zwei Flächenelementen auf der Oberfläche des Werkstücks. Von jedem Flächenelement ist damit nur die sich auf einer konstanten Temperatur befindliche Umgebung sichtbar. Diese Annahme stellt in der Praxis kaum eine Einschränkung dar, wie auch das Anwendungsbeispiel in Kapitel 6 zeigt. Dafür ergibt sich jedoch eine enorme Einsparung beim Aufwand für die Implementierung und in der Berechnungszeit.

Unter den getroffenen Voraussetzungen läßt sich die einer Gitterzelle mittels Wärmestrahlung zugeführte Wärme durch Summation der Beiträge gemäß (3.29) über die der Umgebung zugewandten Seitenflächen ΔA_i berechnen:

$$\frac{\partial Q_{\text{rad}}}{\partial t} = \sigma_{\text{B}} \sum_i \varepsilon_{\text{rad},i} \left(T_{\text{amb}}^4 - T_i^4\right) \Delta A_i \qquad (3.52)$$

$$\text{mit} \qquad i \in \{j : A_j \text{ hat Sichtkontakt zur Umgebung}\}$$

Dabei sind nur die Gitterzellen zu berücksichtigen, welche sich an der Oberfläche des zu prozessierenden Werkstückes befinden. Die inneren Gitterzellen besitzen keinen Sichtkontakt zur Umgebung. Für T_i ist die Temperatur auf der Oberfläche ΔA_i einzusetzen. Bei ausreichend feiner Diskretisierung wird diese in guter Näherung durch die Temperatur T im Zentrum angenähert. Dann kann der Term in Klammern vor die Summe gezogen werden. Um zur räumlichen Dichte des Wärmeeintrages zu gelangen, sind beide Seiten der Gleichung (3.52) noch durch das Volumen $V = \Delta x \Delta y \Delta z$ der Gitterzelle zu dividieren. Zusätzlich kann bei allen Seitenflächen von einem konstanten Emissionsgrad $\varepsilon_{\text{rad},i} = \varepsilon_{\text{rad}}$ ausgegangen werden, da definitionsgemäß in einer Gitterzelle die Materialeigenschaften, also auch die der Oberfläche konstant sein sollen. Es ergibt sich, damit

$$\left.\frac{\partial q_{\mathrm{rad}}}{\partial t}\right|_{i,j,k}^{n} = \sigma_{\mathrm{B}}\varepsilon_{\mathrm{rad}}\left(T_{\mathrm{amb}}^{4} - (T_{i,j,k}^{n})^{4}\right)\left[\frac{\Sigma_{\mathrm{x}}}{\Delta x} + \frac{\Sigma_{\mathrm{y}}}{\Delta y} + \frac{\Sigma_{\mathrm{z}}}{\Delta z}\right]$$

$$\text{mit} \quad \Sigma_i = \begin{cases} 0 & \textbf{Keine} \text{ der Flächen } s_i^- \text{ und } s_i^+ \ldots \\ 1 & \textbf{Genau eine} \text{ der Flächen } s_i^- \text{ oder } s_i^+ \ldots \\ 2 & \textbf{Beide} \text{ Flächen } s_i^- \text{ und } s_i^+ \ldots \\ & \ldots \text{ haben Sichtkontakt zur Umgebung} \end{cases}, \qquad i \in \{\mathrm{x},\mathrm{y},\mathrm{z}\} \tag{3.53}$$

wobei die Grenzflächen einer Gitterzelle gemäß Bild 3.2 auf Seite 77 bezeichnet sind. Der gemäß (3.53) berechnete Beitrag der Wärmestrahlung läßt sich direkt in Gleichung (3.45) einsetzen.

3.2.5. Modellierung der Verdampfung

Bei dem zu verdampfenden Stoff wird im Folgenden von einer Flüssigkeit ausgegangen.[6] Diese beginnt zu verdampfen, wenn der entsprechende Siedepunkt erreicht ist. Dadurch ändert sich die räumliche Verteilung der Flüssigkeit mit der Zeit. An den Stellen, wo der Wärmeeintrag lokal hoch ist, wird früher der Siedepunkt erreicht und die Verdampfung erfolgt schneller als an den Orten mit geringerem Wärmeeintrag. Um diese räumliche Verteilung der Flüssigkeit zu modellieren, wird jeder thermischen Gitterzelle gemäß Abschnitt 3.2.2 neben der Temperatur T als weitere Feldgröße der Flüssigkeitsgehalt zugeordnet. Dieser Flüssigkeitsgehalt wird durch die lokale Massendichte Θ gemäß (3.37) angegeben (Masse des Flüssigkeitsanteils pro Volumen). Für die Berechnung der Verdampfung wird also zweckmäßigerweise das gleiche Gitter verwendet, wie für die übrigen thermischen Berechnungen.

Die Berechnung des verdampfenden Flüssigkeitsanteils in jeder Gitterzelle erfolgt gemäß (3.38). Dazu erfolgt wieder eine Diskretisierung der Zeitachse. Da die Verdampfungsvorgänge in etwa der gleichen Geschwindigkeit ablaufen wie die Erwärmungsvorgänge, wird hierfür der gleiche Zeitschritt Δt gemäß Abschnitt 3.2.1 verwendet. Für die numerische Berechnung wird der zeitliche Differentialquotient auf der linken Seite von (3.38) durch den zugehörigen Differenzenquotienten angenähert. Mit der gleichen Vorgehensweise, die zu der zeitlichen Entwicklung der Temperatur gemäß (3.43) bzw. (3.45) geführt hat, ergibt

[6] Die Beschreibung des Verdampfens von Feststoffen (Sublimation) erfolgt prinzipiell gleich, ist in der Praxis jedoch weniger relevant. Schmelzvorgänge werden nicht betrachtet.

sich

$$\Theta_{i,j,k}^{n+1} = \begin{cases} \Theta_{i,j,k}^{n} - \dfrac{\Delta t}{h_\mathrm{v}} \left.\dfrac{\partial q}{\partial t}\right|_{i,j,k}^{n} & \text{für} \quad T_{i,j,k}^{n} \geq T_\mathrm{s} \ \wedge \ \Theta_{i,j,k}^{n} > 0 \ \wedge \ \left.\dfrac{\partial q}{\partial t}\right|_{i,j,k}^{n} > 0 \\ \Theta_{i,j,k}^{n} & \text{sonst} \quad . \end{cases} \tag{3.54}$$

Diese Gleichung enthält bereits die Fallunterscheidung, daß eine Verdampfung nur stattfindet, wenn der Siedepunkt T_s in der lokalen Gitterzelle bereits erreicht ist und außerdem (noch) ein Flüssigkeitsanteil enthalten ist. Die lokale Wärmezufuhr $\partial q/\partial t$ berechnet sich nach (3.7). Eine Verdampfung findet nur statt, wenn diese positiv ist. Ist eine der Bedingungen in (3.54) nicht erfüllt, so bleibt der Flüssigkeitsgehalt unverändert. Die „größer" Bedingung in $T \geq T_\mathrm{s}$ resultiert daraus, daß durch die Diskretisierung die Temperatur T den Siedepunkt in der Regel nicht exakt trifft. Der Verdampfungsvorgang gemäß (3.54) startet dann, wenn T_s erreicht oder (leicht) überschritten wird und hält an, solange noch ein Flüssigkeitsanteil da ist und Wärme zugeführt wird. Da durch die Diskretisierung auch $\Theta = 0$ in der Regel nicht exakt erreicht wird, wird ergänzend zu (3.54) noch festgelegt, daß $\Theta_{i,j,k}^{n+1}$ zu Null gesetzt wird, wenn dieses nach der Berechnung negativ würde.

Da während des Verdampfens die zugeführte Wärme vollständig für die Verdampfung benötigt wird, kommt es zu keiner Erhöhung der inneren Energie, d. h. die Temperatur bleibt, während die Verdampfung stattfindet, konstant auf der Siedetemperatur T_s. Daher muß auch das Berechnungsschema für die Temperatur an die Verdampfungsbedingung geknüpft sein, konkret heißt das

$$T_{i,j,k}^{n+1} = \begin{cases} T_\mathrm{s} & \text{für} \quad T_{i,j,k}^{n} \geq T_\mathrm{s} \ \wedge \ \Theta_{i,j,k}^{n} > 0 \ \wedge \ \left.\dfrac{\partial q}{\partial t}\right|_{i,j,k}^{n} > 0 \\ \text{gemäß (3.45)} & \text{sonst} \quad . \end{cases} \tag{3.55}$$

Bei der Modellierung wird der Dampf selbst nicht betrachtet, wenn er aus der lokalen Gitterzelle entwichen ist. Insbesondere wird also keine Dampfströmung, Flüssigkeitsströmung oder Rekondensation modelliert. Die Modellierung gilt daher nicht für Systeme, bei denen große Volumina mit Flüssigkeit gefüllt sind. Hier würde bei Erwärmung eine Konvektionsströmung auftreten und beim Sieden zudem Blasen aufsteigen. Diese Vorgänge sind im Detail nur sehr schwer oder gar nicht berechenbar. Besteht die Flüssigkeit aber nur aus dünnen Schichten, z. B. Klebstoffschichten, oder ist im Festkörper gebunden, z. B. Holzfeuchte, entstehen diese Strömungen nicht oder sind zu vernachlässigen. In diesem Fall läßt sich das beschriebene Modell anwenden. Dies ist gleichzeitig auch der für die industrielle Mikrowellenprozessierung wichtige Fall, da unkontrollierbare Strömungsprozesse in der Regel nicht erwünscht sind, und daher die Anlagen auch so aufgebaut werden, daß diese nicht auftreten. Zudem weist der Dampf bei Normaldruck eine geringe Dichte auf, die deutlich geringer ist als die von Flüssigkeiten und Festkörpern. Damit ergibt sich bei Strömung von Dampf durch einen Festkörper kaum ein Einfluß auf die lokale Wärmekapazität.

3.2.6. Räumliche Randbedingungen

In den bisher erfolgten Betrachtungen wird davon ausgegangen, daß das Berechnungsgebiet und damit auch das thermische Gitter in allen Richtungen unendlich ausgedehnt ist. Damit ließen sich in der Praxis aber keine Berechnungen durchführen, da der Aufwand für Speicherkapazität und Berechnungszeit ebenfalls gegen unendlich geht. Daher wird, wie bei der elektromagnetischen Berechnung, das Gitter in Richtung aller drei Koordinatenachsen begrenzt, wie in Bild 2.5 auf Seite 33 dargestellt. Auf den entstehenden sechs Begrenzungsflächen sind dann geeignete Randbedingungen zu definieren, die bestimmen, wie das thermische Feld im „Außenraum" fortgesetzt wird.

Die thermischen Randbedingungen sind besonders für die Modellierung der Wärmeleitung wichtig. Das Berechnungsschema nach (3.51) setzt voraus, daß jede Gitterzelle über sechs benachbarte Gitterzellen verfügt. Dies ist an den Rändern des Gitters jedoch nicht erfüllt. Um die Wärmeleitung berechnen zu können, wird aus den Nachbarzellen jeweils die Wärmeleitfähigkeit und die Temperatur benötigt. Für Zellen, die sich am Rand befinden, müssen die notwendigen Informationen aus den Randbedingungen konstruiert werden.

Randbedingung für Wärmeleitung

Die beiden wichtigsten Randbedingungen sind die ideale thermische Isolation und eine konstante Temperatur. Im Fall der idealen Isolation dringt kein Wärmestrom durch die Begrenzungsfläche des Gitters, d. h. die senkrechte Wärmestromdichte ist dort überall Null. Im Gegensatz dazu, bedeutet eine Randbedingung mit konstanter Temperatur, daß der Rand des Gitters direkt mit einer Fläche konstanter Temperatur, und einem theoretisch unendlichen Wärmereservoir dahinter, in Kontakt steht. In diesem Fall verschwindet die Wärmestromdichte im Allgemeinen nicht.

Die Integration dieser Randbedingungen in das Berechnungsschema läßt sich am besten anhand von Gleichung (3.48) erläutern. Dabei wird zunächst die Randbedingung in positiver x-Richtung untersucht. Für die übrigen Raumrichtungen gilt aber die gleiche Vorgehensweise. Nun wird eine Gitterzelle am Rand der x-Achse $x = x_{\text{max}}$ betrachtet. Um die Wärmestromdichte p_{x}^{+} zu berechnen, werden die Wärmeleitfähigkeit $\sigma_{\text{th,x}}^{+}$ und die Temperatur T_{x}^{+} der in positiver x-Richtung angrenzenden Gitterzelle benötigt. Da diese nicht existiert, sind diese Größen aus der gegebenen Randbedingung zu bestimmen.

Ist für den Rand x_{max} ideale thermische Isolation definiert, so gilt $p_{\text{x}}^{+} = 0$. Ein Blick auf (3.48) lehrt, daß sich dies durch die Festsetzungen

$$\sigma_{\text{th,x}}^{+} = 0 \qquad \text{und} \qquad T_{\text{x}}^{+} = \text{beliebig} \tag{3.56}$$

erfüllen läßt.

Für die Erzeugung einer Randbedingung konstanter Temperatur ist ein Blick auf (3.47) hilfreich. Läßt man dort $\sigma_{\text{th,x}}^{+} \to \infty$ gehen, so gilt zunächst für die Temperatur der Grenzschicht $T^{+}_{\mathrm{g,x}} = T^{+}_{\mathrm{x}}$. Beträgt die Temperatur auf dem Rand $T_{\mathrm{b}}^{x_{\max}}$, so ergibt sich damit die hinreichende Bedingung

$$\sigma^{+}_{\mathrm{th,x}} \to \infty \qquad \text{und} \qquad T^{+}_{\mathrm{x}} = T_{\mathrm{b}}^{x_{\max}} \quad . \tag{3.57}$$

Zur Erfüllung der Bedingung $\sigma^{+}_{\mathrm{th,x}} \to \infty$ ist der Faktor in (3.48) etwas umzuschreiben:

$$2\frac{\sigma_{\mathrm{th}}\sigma^{+}_{\mathrm{th,x}}}{\sigma_{\mathrm{th}} + \sigma^{+}_{\mathrm{th,x}}} \xrightarrow[\infty]{\sigma^{+}_{\mathrm{th,x}}} 2\sigma_{\mathrm{th}} \tag{3.58}$$

Entsprechend ändern sich die zugehörigen Faktoren in (3.51) für die Randbedingungen an den anderen Seiten.

Randbedingung für Wärmestrahlung und Verdampfung

Am Rande des Gitters kann zusätzlich eine abstrahlende Randbedingung definiert werden. Dafür gelten die gleichen Gesetzmäßigkeiten und die Modellierung, die in den Abschnitten 3.1.3 und 3.2.4 behandelt werden. Da die Wärmeabstrahlung in den freien Raum definiert ist, wird vorausgesetzt, daß kein angrenzendes Medium existiert. Dies läßt sich erreichen, wenn die abstrahlende Randbedingung mit der isolierenden Bedingung für die Wärmeleitung kombiniert wird.

Die Verdampfung kommt ohne Modellierung von räumlichen Randbedingungen aus, da der Flüssigkeitsgehalt in jeder Gitterzelle für sich getrennt betrachtet wird. Da keine Dampfdiffusion berücksichtigt wird, und Umgebungsdruck für jede Gitterzelle vorausgesetzt wird, gibt es keinen Unterschied zwischen den Zellen im Inneren des Gitters und denen an der Oberfläche. Informationen aus benachbarten Gitterzellen werden nicht benötigt.

3.3. Numerische Stabilität

Genauso wie bei der numerischen Berechnung der elektromagnetischen Felder besteht auch bei der Berechnung der Wärmeausbreitung, durch die zeitliche und räumliche Diskretisierung, die Gefahr von Instabilität. Analog zu Abschnitt 2.4 gibt es auch für die Wärmeausbreitung eine hinreichende Bedingung, die Stabilität unter gewissen Voraussetzungen sicherstellt. Diese bestimmt eine obere Grenze für den thermischen Zeitschritt Δt aus (3.41) gemäß

$$\Delta t \;\leq\; \frac{\rho c_{\mathrm{th}}}{2\sigma_{\mathrm{th}}} \frac{1}{\dfrac{1}{\Delta x^2} + \dfrac{1}{\Delta y^2} + \dfrac{1}{\Delta z^2}} \quad , \tag{3.59}$$

wie in Anhang B.2 gezeigt wird. Diese Bedingung ist hinreichend für eine stabile Lösung, d. h. die Werte für die Temperatur T bleiben beschränkt. Allerdings gilt (3.59) nur unter den vereinfachenden Voraussetzungen eines homogenen, zeitlich konstanten Mediums. Zudem wird nur der Einfluß der Wärmeleitung betrachtet.

Wie auch schon bei der Diskussion der Stabilitätsbedingung für das elektromagnetische Feld gibt es weitere Einflüsse, welche die Stabilität stören können, jedoch nicht so einfach analytisch erfassbar sind. Zunächst dürfen sich die Materialparameter über der Zeit ändern, allerdings geschieht diese Änderung relativ langsam, verglichen mit dem thermischen Zeitschritt Δt. Darüber hinaus sind die Materialparameter auch räumlich nicht immer konstant.

Die nicht konstanten Materialparameter werden insoweit berücksichtigt, daß die Bedingung (3.59) für jede Gitterzelle eingehalten werden muß, sich also nach den Materialparametern richtet, welche die kleinstmögliche Obergrenze innerhalb des Gitters für Δt ergeben. Werden Gitter mit verschiedener Auflösung kombiniert (Abschnitt 3.4), gilt auch hier der kleinste sich ergebende Zeitschritt für alle Gitter als Obergrenze für Δt. Wie auch schon bei der elektromagnetischen Berechnung, besteht daher auch hier die Möglichkeit, in verschiedenen Teilgittern unterschiedliche Zeitschritte zu wählen, siehe Abschnitt 3.4.1.

Der Einfluß der Wärmestrahlung ist in (3.59) nicht berücksichtigt. Diese ist jedoch relativ unkritisch und wirkt sich eher günstig auf die Stabilität aus. Da die Gitterzelle für Temperaturen oberhalb der konstanten Umgebungstemperatur T_{amb} gemäß (3.53) stets Wärme abgibt, was zu einer Abnahme der Temperatur nach (3.45) führt, wirkt die Wärmestrahlung einem unkontrollierten Anstieg der Temperatur entgegen. Ähnliches gilt auch für Verdampfungsvorgänge. Nach (3.55) bleibt die Temperatur während der Verdampfung konstant und wird andernfalls berechnet, als wäre keine Verdampfung vorhanden. Ebenso kann der Flüssigkeitsgehalt nach (3.54) und der nachfolgenden Bemerkung nur abnehmen und ist obendrein nach unten durch Null beschränkt, so daß hier keine zusätzliche Instabilität auftreten kann.

Unberücksichtigt bleibt in der Stabilitätsbetrachtung jedoch der Einfluß des Wärmeeintrages durch das elektromagnetische Feld. Dieses liefert, sofern Verluste vorhanden sind, stets einen positiven Wärmeeintrag und erlaubt somit (theoretisch) ein unbegrenztes Ansteigen der Temperatur. Da dies auch in der Realität auftreten kann (sog. Hot-Spots), ist eine Abgrenzung zu einer rein numerisch bedingten Instabilität nur schwer möglich. Sowohl in der Realität, wie auch in der Simulation wirkt sich hier eine Abnahme der Verluste mit steigender Temperatur günstig aus.

Der Faktor $\frac{\rho c_{\mathrm{th}}}{2\sigma_{\mathrm{th}}}$ in (3.59) ist bei gasförmigen Medien, aufgrund der geringen Dichte, besonders klein, was einen sehr kleinen Zeitschritt Δt und damit einhergehend auch eine lange Berechnungsdauer zur Folge hat. Häufig kann die Wärmeleitung in Gasen gegenüber Festkörpern jedoch vernachlässigt werden. Wird die Wärmeleitung in Gasen bei der Simulation nicht berücksichtigt, formell bedeutet dies $\sigma_{\mathrm{th}} \to 0$ in (3.59), so kann der Zeitschritt Δt wesentlich vergrößert werden und damit Rechenzeit eingespart werden.

3.4. Flexible räumliche Diskretisierung

In den bisherigen Betrachtungen wird für die räumliche Diskretisierung ein gleichförmiges Gitter vorausgesetzt. Dieses besitzt überall die gleiche Auflösung Δx, Δy und Δz und wird an den sechs Seitenflächen durch die beschriebenen Randbedingungen begrenzt. Ein solches Gitter ist für die praktische Verwendung nur von begrenztem Nutzen. Flexibler ist es, wenn die Diskretisierung im Raum variabel gestaltet werden kann, um diese dem Modell besser anzupassen. Bereiche mit feinen geometrische Details oder solche die erwarten lassen, daß sich das thermische Feld innerhalb kurzer Abstände rasch ändert, können mit einer feineren Diskretisierung versehen werden. Umgekehrt können Raumbereiche, die dies nicht erfordern, gröber diskretisiert werden, was sich günstig auf den Speicherplatzbedarf und die Rechenzeit auswirkt.

Realisiert wird das genau wie bei der elektromagnetischen Feldberechnung über gekoppelte Gitter, siehe Abschnitt 2.9.1. Dazu wird das als quaderförmig angenommene Berechnungsgebiet in einzelne aneinander grenzende Teilquader zerlegt, genau wie in Bild 2.10 auf Seite 51 dargestellt. Jedem dieser Teilquader läßt sich eine eigene Diskretisierung der drei Koordinatenachsen zuweisen.

Bei der numerischen Berechnung des thermischen Feldes nach der zeitlichen Entwicklung (3.43) kann jedes Teilgitter separat betrachtet werden. Problematisch ist in diesem Zusammenhang jedoch die Berechnung der Wärmeleitung. Das Berechnungsschema (3.51) setzt für jede Gitterzelle voraus, daß sechs Nachbarzellen mit bekannter Temperatur existieren. Dieses Problem ist dem bei der Berechnung des elektromagnetischen Feldes nach dem FDTD Schema ähnlich. In beiden Fällen werden die Feldgrößen aus den benachbarten Zellen benötigt, um Differenzenquotienten bilden zu können. Befindet sich die betrachtete Zelle am Rand eines Teilgitters und besitzt das benachbarte Teilgitter eine verschiedene Diskretisierung, so existiert im Allgemeinen keine direkt verwendbare Temperatur am richtigen Ort zur Berechnung des Differenzenquotienten.

Aufgrund der nahezu identischen Problemstellung erfolgt die Lösung genau wie bei den gekoppelten Gittern der elektromagnetischen Feldberechnung. Die genaue Vorgehensweise ist in Abschnitt 2.9.1 ausführlich dargelegt und braucht an dieser Stelle daher nicht wiederholt zu werden. Lediglich die räumliche Lage der Stützstellen des Feldes, in diesem Fall der Temperatur T, unterscheidet sich geringfügig. Zunächst wird aus dem benachbarten Teilgitter eine interpolierte Temperatur T' gebildet. Dabei sind wieder genau die zwei Fälle zu unterscheiden, die anhand der Bilder 2.11 und 2.12 ab Seite 52 bereits in Abschnitt 2.9.1 diskutiert werden. Die so gebildete Temperatur T' ist eine halbe Gitterzellenbreite des Nachbargitters von der Grenzfläche des betrachteten Teilgitters lokalisiert. Dieser Punkt liegt, gemeinsam mit der Position der Temperatur in der aktuell betrachteten Gitterzelle, auf einer Geraden, die senkrecht durch die Grenzfläche der beiden Teilgitter verläuft.

Die nachfolgenden Betrachtungen beziehen sich auf eine Anordnung, bei der sich die betrachtete Gitterzelle am Rand $x_{\max}$ des Teilgitters befindet, das benachbarte Gitter also in positiver x-Richtung anschließt. Diese gegenüber Bild 2.11 entgegengesetzte Anordnung erleichtert den Vergleich mit der Wärmeleitung innerhalb des Teilgitters gemäß Bild 3.3. Wie dort ist der für die Grenzfläche maßgebliche Differenzenquotient in x-Richtung zu bilden. Um das Berechnungsschema für die Wärmeleitung (3.51) einheitlich, auch für die Zellen am Rand zu einem benachbarten Teilgitter, verwenden zu können, wird wieder eine virtuelle Gitterzelle eingeführt. Diese besitzt die gleichen Abmessungen wie die Gitterzellen im aktuell betrachteten Teilgitter und ist an der Position der „fehlenden“ Nachbargitterzelle positioniert.

Zur Berechnung der Temperatur dieser virtuellen Gitterzelle, ist zunächst die Stetigkeitsbedingung (3.47), auf den Fall nicht konstanter Diskretisierung in x-Richtung, zu erweitern. Werden die Schrittweiten im aktuellen und in positiver x-Richtung benachbarten Gitter beziehentlich mit Δx und $\Delta x_{\mathrm{x}}^{+}$ bezeichnet, so folgt mittels trivialer Erweiterung von (3.46), statt der Beziehung (3.47), für die Temperatur der Grenzschicht $T_{\mathrm{g,x}}^{+}$ nun

$$\sigma_{\mathrm{th}} \frac{T - T_{\mathrm{g,x}}^{+}}{\Delta x} = \sigma_{\mathrm{th,x}}^{+} \frac{T_{\mathrm{g,x}}^{+} - T'}{\Delta x_{\mathrm{x}}^{+}} \qquad \Rightarrow \qquad T_{\mathrm{g,x}}^{+} = \frac{\Delta x_{\mathrm{x}}^{+} \sigma_{\mathrm{th}} T + \Delta x \sigma_{\mathrm{th,x}}^{+} T'}{\Delta x_{\mathrm{x}}^{+} \sigma_{\mathrm{th}} + \Delta x \sigma_{\mathrm{th,x}}^{+}} \ . \tag{3.60}$$

Daraus ergibt sich wie bei (3.48) die resultierende Wärmestromdichte

$$p_{\mathrm{x}}^{+} = 2 \frac{\sigma_{\mathrm{th}} \sigma_{\mathrm{th,x}}^{+}}{\Delta x_{\mathrm{x}}^{+} \sigma_{\mathrm{th}} + \Delta x \sigma_{\mathrm{th,x}}^{+}} \left(T - T' \right) \ , \tag{3.61}$$

welche für $\Delta x = \Delta x_{\mathrm{x}}^{+}$ und $T' = T_{\mathrm{x}}^{+}$ mit (3.48) übereinstimmt. Die Temperatur T^{virt} der virtuellen Zelle ergibt sich mit Hilfe von (3.48) aus der Forderung

$$2 \frac{\sigma_{\mathrm{th}} \sigma_{\mathrm{th,x}}^{+}}{\Delta x_{\mathrm{x}}^{+} \sigma_{\mathrm{th}} + \Delta x \sigma_{\mathrm{th,x}}^{+}} \left(T - T' \right) = 2 \frac{\sigma_{\mathrm{th}} \sigma_{\mathrm{th,x}}^{+}}{\sigma_{\mathrm{th}} + \sigma_{\mathrm{th,x}}^{+}} \frac{T - T^{\mathrm{virt}}}{\Delta x} \tag{3.62}$$

zu

$$T^{\mathrm{virt}} = T + \frac{\Delta x (\sigma_{\mathrm{th}} + \sigma_{\mathrm{th,x}}^{+})}{\Delta x_{\mathrm{x}}^{+} \sigma_{\mathrm{th}} + \Delta x \sigma_{\mathrm{th,x}}^{+}} \left(T' - T \right) \ . \tag{3.63}$$

Für $\Delta x = \Delta x_{\mathrm{x}}^{+}$ folgt daraus erwartungsgemäß $T^{\mathrm{virt}} = T'$.

3.4.1. Lokaler Zeitschritt

Das Stabilitätskriterium (3.59) besagt, daß eine feine räumliche Diskretisierung zu einem entsprechend kleinen Zeitschritt Δt führt. Werden Teilgitter mit verschiedener Auflösung kombiniert, so bestimmt das Teilgitter mit der feinsten Diskretisierung die maximal erlaubte zeitliche Schrittweite. Dies kann zu einer hohen Rechenzeit führen. Um das Problem zu entschärfen, wird auch für die thermischen Berechnungen ein lokaler Zeitschritt definiert. Dies erfolgt in analoger Weise wie bei der elektromagnetischen Feldberechnung, siehe Abschnitt 2.9.2. Da jedoch die zeitliche Verschachtelung, wie sie beim $\vec{E}$- und $\vec{H}$-Feld gegeben ist, bei der thermischen Berechnung wegfällt, vereinfacht sich die Vorgehensweise etwas.

Damit die zeitliche Entwicklung des thermischen Feldes in den einzelnen Teilgittern richtig synchronisiert werden kann, gibt es die für alle Teilgitter gültige Hauptschrittweite Δt. In jedem Teilgitter läßt sich dann ein ganzzahliger Faktor definieren, welcher die zeitliche Überabtastung definiert, d. h. die lokale zeitliche Schrittweite in einem Teilgitter ergibt sich zu

$$\Delta t_k = \frac{\Delta t}{k} \qquad \text{mit} \qquad k = 1,2,3,\ldots \quad . \tag{3.64}$$

Im Vergleich zu (2.94) entfällt die Beschränkung auf ungerade Faktoren k. Mit dieser Definition sind nach jedem ganzen Zeitschritt Δt alle Teilgitter auf dem gleichen zeitlichen Entwicklungsstand.

Da die einzelnen Teilgitter räumlich miteinander gekoppelt sind, ist es erforderlich, daß alle Teilschritte in den verschiedenen Teilgittern auch zueinander in der richtigen Reihenfolge ausgeführt werden. Daher wird, wie im Fall der elektromagnetischen Feldberechnung, vorab eine geordnete Liste erstellt, die bestimmt, in welcher Reihenfolge die Zeitschritte in den Teilgittern ausgeführt werden. Diese Reihenfolge wiederholt sich mit jedem Hauptzeitschritt Δt. Da das Vorgehen dem in Abschnitt 2.9.2 prinzipiell sehr ähnlich ist, wird an dieser Stelle keine detaillierte Beschreibung des Ablaufplanes gegeben. Im nachfolgenden Kapitel 4, welches auf die Berechnung miteinander wechselwirkender elektromagnetischer und thermischer Felder eingeht, ist jedoch ein gesamter Ablaufplan gegeben (siehe Bild 4.2 auf Seite 98), in welchem auch die thermischen lokalen Zeitschritte mit berücksichtigt sind. Eine Beschreibung der thermischen Berechnung anhand dieses Ablaufplanes wird dort gegeben, siehe hierzu insbesondere Abschnitt 4.2.1. Die thermische Berechnung, ohne Einfluß des elektromagnetischen Feldes, ergibt sich daraus als Sonderfall.

3.5. Materialvorschub

Beim Materialvorschub handelt es sich nicht direkt um einen Wärmeausbreitungsmechanismus im herkömmlichen Sinn.[7] Die Berechnung ist jedoch eng mit der Berechnung des thermischen Feldes verknüpft, so daß die Beschreibung an dieser Stelle erfolgt. Bei der Mikrowellenprozessierung im Durchlaufbetrieb wird das zu prozessierende Material kontinuierlich durch den Applikator geschoben. Dadurch bewegt sich das Material relativ zum elektromagnetischen Feld. Daraus ergeben sich zwei Vorteile: Zum einen läßt sich ein Durchlaufapplikator leichter in eine bestehende Produktionsstraße integrieren, wenn die übrigen Fertigungsschritte ebenfalls einen kontinuierlichen Materialtransport voraussetzen. Zum anderen ergibt sich aber auch ein Vorteil für die Mikrowellenprozessierung

[7] Der Materialvorschub kann jedoch als Sonderfall einer erzwungenen Konvektion betrachtet werden.

selbst. Dadurch, daß das Material durch das Feld bewegt wird, ergibt sich in Vorschubrichtung automatisch eine homogene Prozessierung. Beim Design des Applikators kann man sich daher auf die Homogenisierung des Wärmeeintrages quer zur Vorschubrichtung konzentrieren.

Zur Simulation solcher Vorgänge ist es daher notwendig, sich bewegende Materialien zu berücksichtigen. Die Realisierung geschieht dadurch, daß bei der Modellbildung jedem Objekt ein Geschwindigkeitsvektor zugewiesen wird. Standardmäßig ist dies der Nullvektor, d. h. das Objekt befindet sich gegenüber dem Bezugssystem in Ruhe. Als Bezugssystem wird das „Laborsystem“ verwendet, in welchem der Applikator selbst ruht. Das zu prozessierende Werkstück erhält dann einen Geschwindigkeitsvektor, welcher dem Vorschub entspricht. In den weiteren Ausführungen wird von einer gleichförmigen translatorischen Bewegung ausgegangen. Dies bedeutet, daß alle Geschwindigkeitsvektoren zeitlich konstant sind. Für die Praxis bringt dies kaum Einschränkungen mit sich, da der Vorschub zumeist gleichförmig eingestellt ist. Eine Verallgemeinerung, bei welcher sich zumindest die Beträge der Geschwindigkeiten ändern können, ist jedoch in naheliegender Weise möglich.

3.5.1. Bewegte Objekte

Dadurch, daß sich Objekte während der Prozessierung bewegen können, ändert sich die zu berechnende Geometrie über der Zeit. Konkret heißt das, daß sich die Materialeigenschaften, zusammen mit den dazugehörigen Objekten, durch den Raum bewegen. Daher muß zu jedem Zeitpunkt bekannt sein, welche Raumbereiche[8] durch welche Objekte abgedeckt werden, damit die für die Berechnung notwendigen Materialeigenschaften den Raumbereichen im ortsfesten Gitter zugeordnet werden können. Verdeutlicht ist dies in Bild 3.4. Um die Materialeigenschaften, welchen den einzelnen ortsfesten Zellen im Berechnungsgitter zugeordnet werden müssen, zu bestimmen, wird als erstes geprüft, welches Objekt sich an der Position der Feldgröße im betrachteten Gitter befindet. Diese Zuordnung muß eindeutig sein, daß heißt die Bahnen der Objekte dürfen sich nicht kreuzen. Die von der Zeit t abhängige Position eines Objektes berechnet sich aus der Lage, des im geometrischen Modell definierten Objektes, und einem zeitabhängigen Verschiebungsvektor (Offset), der sich für das i-te Objekt wie folgt ergibt:

$$\Delta\vec{r}_i(t) = \vec{v}_i\, t \tag{3.65}$$

Die Geschwindigkeit des Objektes i wird dabei mit $\vec{v}_i$ bezeichnet. Der Zeitpunkt $t = 0$ markiert den Startpunkt der Simulation. Zu diesem Zeitpunkt besitzen alle im Modell definierten Objekte die Ausgangslage.

[8] Wenn hier von *Raumbereichen* die Rede ist, bezieht sich das auf einen festen, d. h. im Laborsystem ruhenden Ausschnitt des räumlichen Berechnungsgebietes.

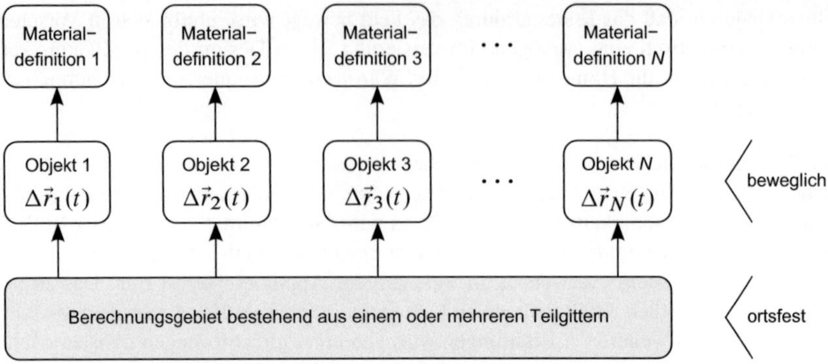

Bild 3.4.: Zuordnung von Materialeigenschaften an ortsfeste Positionen im Gitter. Die Momentanposition der Objekte ergibt sich aus einem zeitabhängigen Offset. Die Objekte selbst bestimmen die dem Gitter zugeordneten Materialeigenschaften.

Um nun zu prüfen, ob ein beliebiger fester Punkt mit dem Ortsvektor $\vec{x}$ innerhalb eines Gitter zu einem Objekt i gehört, genügt es zu testen, ob der Punkt mit dem Ortsvektor

$$\vec{x}_i' := \vec{x} - \Delta\vec{r}_i(t) \tag{3.66}$$

zum i-ten Objekt gehört. Dieser Test wird mit den im Modell definierten Objekten in der Ausgangslage durchgeführt, d. h. die Objekte selbst bewegen sich in Wirklichkeit nicht, sondern bleiben konstant in der Position und Lage, wie sie im Modell definiert sind. Ist das Objekt, welches zu einem bestimmten Punkt im Gitter gehört, gefunden, so können darüber die Materialeigenschaften an diesem Punkt zugeordnet werden.

Damit können die Materialeigenschaften zu jedem gewünschten Zeitpunkt an jedem Ort im Berechnungsgitter eindeutig zugeordnet werden. Für die zeitdiskrete Berechnung des thermischen Feldes nach (3.43) und (3.54) kann die Zuordnung der Materialeigenschaften an das Berechnungsgitter damit zu jedem Zeitschritt erfolgen. Da dieser Vorgang sehr rechenintensiv ist, kann es, je nach Geschwindigkeit der Objekte, ausreichend sein, die Neuberechnung der Materialzuordnung in größeren Zeitschritten $n_{\text{th}}\Delta t$, also nur jeden n_{th}-ten thermischen Zeitschritt, durchzuführen. Als Richtwert für das Zeitintervall $n_{\text{th}}\Delta t$ kann die Strecke herangezogen werden, die ein Objekt während dieser Zeit zurücklegt. Diese braucht nicht wesentlich kleiner zu sein als das Diskretisierungsintervall in der Bewegungsrichtung, so daß als Anhaltspunkt für eine untere Grenze gilt

$$n_{\text{th}}\Delta t \approx \min_i \frac{\vec{v}_i \cdot (\Delta x, \Delta y, \Delta z)^{\text{T}}}{|\vec{v}_i|^2} \quad , \tag{3.67}$$

wobei der Index i über alle Objekte iteriert. Entscheidend ist letztendlich der kleinste Quotient in (3.67), d. h. das Objekt mit der höchsten Geschwindigkeit. Diese Abschätzung ist für jedes Teilgitter durchzuführen. Da das Neuberechnen der Materialzuordnung für alle Teilgitter gleichzeitig erfolgt, ist für den Zeitschritt $n_{\mathrm{th}}\Delta t$ die feinste Gitterauflösung maßgeblich.

3.5.2. Bewegung des thermischen Feldes

Mit der regelmäßigen Neuberechnung der Materialzuordnung im Gitter alleine ist der Materialtransport noch nicht vollständig modelliert. Bei der Temperatur handelt es sich um ein Maß für die innere Energie gemäß (3.5). Diese Energie ist in der kinetischen Energie der Moleküle gespeichert und damit im Festkörper lokal an diese gebunden.[9] Die Feldgröße Temperatur T ist also an das bewegte Objekt gebunden und bewegt sich synchron zusammen mit diesem. Das gleiche gilt für den (gebundenen) Flüssigkeitsgehalt Θ.

Die örtliche Verteilung dieser Feldgrößen ist im thermischen Gitter bzw. in den einzelnen Teilgittern an diskreten Orten gespeichert, und zwar im Mittelpunkt jeder Gitterzelle (vgl. Bild 3.2). Die Verschiebung des Feldes muß also separat, aber synchron mir dem zugehörigen Objekt, erfolgen. In der Berechnungsreihenfolge ist jedoch diese Verschiebung *vor* der Neuzuweisung der Materialeigenschaften an das Berechnungsgitter durchzuführen, da die Materialeigenschaften Funktionen von T und Θ sein dürfen und diese zur Berechnung am richtigen Ort sein müssen. Daraus folgt, daß nicht nur die von einem konkreten Objekt „belegten" Gitterzellen an der Verschiebung teilnehmen, sondern auch solche, die nach Ausführung der Verschiebung des Objektes belegt sein werden.

Zu Beginn wird daher die Trajektorie jedes bewegten Objektes berechnet. Aufgrund der gleichförmigen translatorischen Bewegung handelt es sich bei der Trajektorie um eine gerade Strecke. Jeder Punkt des bewegten Objektes legt im Verlauf der gesamten Simulation eine solche Trajektorie zurück, die Schar all dieser Strecken ist zueinander parallel. Entsprechend sind die den Gitterzellen zugeordneten Feldgrößen T und Θ zu verschieben. Die Anfangspunkte ergeben sich durch die Lage des Objektes zu Beginn der Simulation ($t = 0$) und die Länge der Strecke durch die individuelle Geschwindigkeit des Objektes zu $|\vec{v}_i| t_{\mathrm{end}}$, wobei $t = t_{\mathrm{end}}$ das Ende der Simulation markiert. Bild 3.5 verdeutlicht diesen Zusammenhang anhand eines zweidimensionalen Schnittes durch das Gitter.

Ausgehend von dem Objekt in der Ausgangslage wird die gesamte Verschiebungsstrecke für jede Gitterzelle berechnet. Daraus ergibt sich die Lage des Objektes am Ende der Simulation. Jede Gitterzelle dazwischen, die von den Strecken berührt wird, nimmt an der Verschiebung des Feldes teil. Diese Gitterzellen werden mittels eines Bresenham-Algorithmus berechnet, der aus der Computergraphik bekannt ist. In Bild 3.5 sind diese Gitterzellen grau hinterlegt. Es kann davon ausgegangen werden, daß entlang der Verschiebungsstrecke kein weiteres Objekt angeordnet ist (ausgenommen Objekte mit gleicher Geschwindigkeit), d. h. im freien Raum entlang der Verschiebungsstrecke befindet sich dann Vakuum oder ein gasförmiges Medium, welches nicht mitbewegt werden soll. In der Regel läßt sich die Wärmeleitung im Gas jedoch vernachlässigen, so daß es möglich ist, die freien

[9] Das gilt auch für Flüssigkeiten, wenn dort keine Konvektionsströmung auftritt.

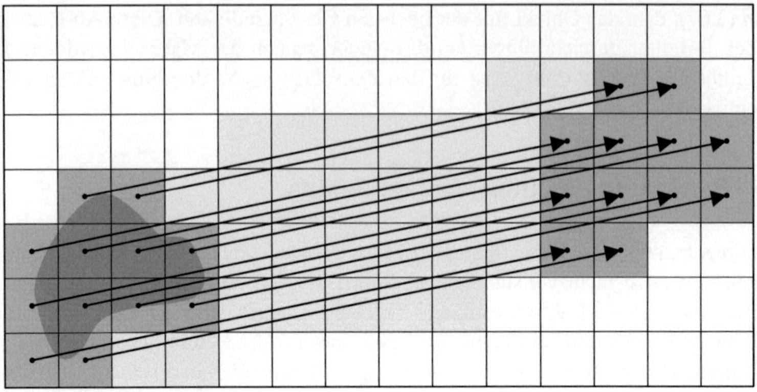

Bild 3.5.: Zweidimensionaler Schnitt durch ein Teilgitter. Das Objekt links unten in der Ausgangslage wird verschoben. Die Pfeile geben die Strecken der Verschiebung für jede Gitterzelle an. Jede Gitterzelle, die von den Strecken geschnitten wird, nimmt an der Verschiebung teil (grau hinterlegt). Die Punkte symbolisieren die zu verschiebende Feldgröße T oder Θ.

Gitterzellen nicht an der Wärmeausbreitung teilnehmen zu lassen, sondern diese konstant auf der Umgebungstemperatur zu halten. Dadurch ist es ausreichend, die an der Verschiebung beteiligten Gitterzellen nur am Beginn der Simulation zu bestimmen, und während der Simulation immer die gleichen Gitterzellen an der Verschiebung teilnehmen zu lassen.

Die Verschiebung selbst erfolgt, indem die Temperatur im Zentrum jeder Gitterzelle durch die Temperatur an der Position, die sich um den Verschiebungsvektor

$$-\vec{v}_i \, n_{\mathrm{th}} \Delta t \tag{3.68}$$

von der aktuellen Position entfernt befindet, ersetzt wird. In der Regel befindet sich an dieser Stelle nicht direkt der Mittelpunkt einer anderen Gitterzelle. Daher wird der Wert der einzusetzenden Temperatur durch Interpolation bestimmt. Die Interpolation erfolgt durch die acht nächstgelegenen umgebenden Stützstellen, wobei an der Grenzfläche zwischen zwei Gittern wieder zahlreiche Sonderfälle zu unterscheiden sind. Durch diese Interpolation kommt es durch wiederholte Anwendung der Verschiebung zu numerischer Dispersion, d. h. steile Temperaturgradienten neigen dazu zu „verschleifen“. Dieser Effekt kann durch eine feinere räumliche Diskretisierung, insbesondere in Vorschubrichtung, minimiert werden. Ist die Verschiebungsstrecke $|\vec{v}_i| \, n_{\mathrm{th}} \Delta t$ ein ganzzahliges Vielfaches der im Teilgitter verwendeten Diskretisierung einer Koordinatenachse, und erfolgt die Verschiebung parallel zu dieser Achse, so verschwindet die numerische Dispersion in diesem Teilgitter.

4. Elektromagnetisch und thermisch gekoppelte Feldberechnung

In den bisherigen Ausführungen wurden die elektromagnetische und thermische Feldberechnung jeweils für sich getrennt und voneinander unabhängig betrachtet. In einem Mikrowellenapplikator stehen das elektromagnetische Feld und das thermische Feld miteinander in gegenseitiger Wechselwirkung. Das elektromagnetische Feld erzeugt innerhalb des Applikators, in dem zu prozessierenden Material, einen ortsabhängigen Wärmeeintrag. Dieser führt zu einer Änderung der Temperatur und eventuell zur Verdampfung von einem Teil enthaltener Flüssigkeit (z. B. Feuchtigkeit, Wasser) innerhalb des Materials. Alle Materialparameter, sowohl die elektrischen als auch die thermischen, sind von der Temperatur und ggf. dem Flüssigkeitsanteil abhängig. Dadurch ändert sich auch das elektromagnetische Feld, welches wiederum den Wärmeeintrag und damit die Temperaturverteilung bzw. den Flüssigkeitsgehalt bestimmt.

4.1. Darstellung der verkoppelten Feldgrößen

Für die nun folgenden Betrachtungen werden das *elektromagnetische* Feld und das *thermische* Feld unterschieden. Das elektromagnetische Feld besteht aus den Feldgrößen $\vec{E}$ (elektrisches Feld) und $\vec{H}$ (magnetisches Feld). Das thermische Feld besteht aus den beiden Feldgrößen T (Temperatur) und Θ (Flüssigkeitsgehalt bzw. Wassergehalt). In den folgenden Ausführungen wird, der einfacheren Ausdrucksweise wegen, nur vom elektromagnetischen bzw. thermischen Feld gesprochen. Damit sind jedoch stets alle zum jeweiligen Feld gehörenden oben aufgeführten Feldgrößen gemeint.

Die Art und Weise, wie sich das elektromagnetische Feld und das thermische Feld gegenseitig beeinflussen sowie die jeweiligen Abhängigkeiten sind in Bild 4.1 visualisiert. Zu den elektromagnetischen Materialparametern gehören die dielektrische Permittivität ε_r und die elektrische Leitfähigkeit κ, sowie die magnetischen Entsprechungen Permeabilität μ_r und magnetische Leitfähigkeit ϱ. Diese sind sowohl von der Temperatur und ggf. auch vom Flüssigkeitsgehalt abhängig, also von den Feldgrößen T und Θ. Es besteht jedoch keine direkte Abhängigkeit der Materialparameter vom elektrischen oder magnetischen Feld, was für die folgenden Betrachtungen von Bedeutung ist.

Um dieses gekoppelte Feldproblem numerisch zu lösen, macht man sich zu Nutze, daß die elektromagnetische Wellenausbreitung in einem schnelleren Zeitmaßstab erfolgt als die thermischen Änderungen. Konkret bedeutet dies, daß die Einschwingzeit, innerhalb derer das elektromagnetische Feld seinen quasistationären Zustand erreicht, so kurz ist, daß sich innerhalb dieser Zeitspanne das thermische Feld und somit auch die (elektromagnetischen) Materialparameter nicht merklich ändern. Daher kann das elektromagnetische Feld

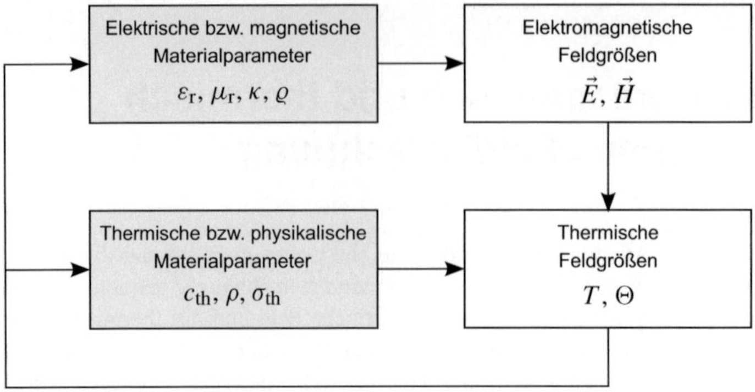

Bild 4.1.: Abhängigkeit der elektromagnetischen und thermischen Felder von den Materialparametern. Alle Materialparameter sind selbst Funktionen des thermischen Feldes, d. h. von T und Θ.

in sehr guter Näherung durch eine diskrete Abfolge quasistationärer Zustände approximiert werden. Für jeden dieser Zustände kann das thermische Feld als konstant angenommen werden. Dies ermöglicht den geschlossenen „Kreis" der Abhängigkeiten in Bild 4.1 aufzubrechen: Bei bekannten thermischen Feldgrößen kann das zugehörige elektromagnetische Feld berechnet werden.

4.2. Simulationsablauf

Zu Beginn der Simulation sind die Anfangsbedingungen gegeben, d. h. die anfängliche Temperaturverteilung T und die Flüssigkeitsverteilung Θ sind im gesamten Gebiet bekannt. Im einfachsten Fall ist die Temperatur überall gleich der Umgebungstemperatur. Damit sind auch alle Materialparameter bekannt. Nun wird das elektromagnetische Feld berechnet unter Annahme konstanter Materialparameter und Geometrie. Dies erfolgt wie in Kapitel 2 beschrieben. Die Anregung erfolgt mit einer einschwingenden harmonischen Zeitfunktion, siehe Abschnitt 2.8.1 auf Seite 39. Hat das Feld im Applikator den eingeschwungenen quasistationären Zustand erreicht, so folgt die Zeitfunktion aller elektromagnetischen Feldkomponenten einer harmonischen Schwingung. Die elektromagnetische Feldberechnung kann dann abgebrochen werden, da die zur Berechnung des Wärmeeintrages notwendigen Informationen nun zur Verfügung stehen.

Das berechnete elektromagnetische Feld ist solange gültig, solange die elektromagnetischen Materialparameter sich nicht so stark ändern und die durch den Vorschub veränderte Geometrie zu vernachlässigen ist. Dies hängt maßgeblich mit der zeitlichen Anstiegsrate der Temperatur bzw. der Verdampfungsrate des Flüssigkeitsanteils sowie der Vorschubgeschwindigkeit zusammen. Solange das elektromagnetische Feld gültig ist, kann das thermische Feld gemäß der Gleichungen (3.43) und (3.54) in seinem zeitlichen Verlauf berechnet werden. Die thermischen Materialparameter werden dabei für eine gewisse Zeitdauer als konstant angenommen.

Haben sich die thermischen Materialparameter oder die elektromagnetischen Materialparameter so weit geändert, daß die Annahme konstanter Parameter nicht mehr gerechtfertigt ist, so erfolgt eine Neuberechnung der thermischen bzw. elektromagnetischen Materialparameter auf Grundlage des aktuellen thermischen Feldes. Der Zustand des thermischen Feldes wird dabei beibehalten. Haben sich die elektromagnetischen Materialparameter geändert, so erfolgt zusätzlich auch eine komplette Neuberechnung des elektromagnetischen Feldes. Dies geschieht ebenfalls wenn der Vorschub eine gewisse Strecke zurückgelegt und sich die Geometrie relevant verändert hat. Zusätzlich wird das thermische Feld beim Vorschub mitbewegt. Der beschriebene Vorgang wiederholt sich, bis die Prozessierung im Applikator als abgeschlossen gilt. Ein Struktogramm des gesamten Simulationsablaufs für die elektromagnetisch und thermisch gekoppelte Feldberechnung ist in Bild 4.2 dargestellt. In den folgenden Abschnitten wird auf die wesentlichen Schritte des Simulationsablaufs detailliert eingegangen.

4.2.1. Berechnung des thermischen Feldes

Die Berechnung des thermischen Feldes umfaßt die Berechnung der räumlichen Verteilung der Temperatur T und optional des Flüssigkeitsgehaltes Θ. Die Berechnung erfolgt im Zeitbereich nach dem Entwicklungsschema (3.45) für die Temperatur und zusätzlich (3.54) und (3.55) wenn Verdampfung im Spiel ist. Die Berechnung der Verdampfung erfolgt immer dann, wenn lokal der Flüssigkeitsgehalt Θ größer Null ist. Die Details zur Simulation der verschiedenen Wärmeausbreitungsmechanismen finden sich in Abschnitt 3.2.

Betrachtet man den Ablaufplan der elektromagnetisch thermisch gekoppelten Berechnung in Bild 4.2 und läßt zunächst die Berechnung des elektromagnetische Feldes außer acht, so ergibt sich der Ablaufplan für die Berechnung rein thermischer Vorgänge. Die Berechnung der Feldgrößen an den diskreten Zeitpunkten $n\Delta t$ folgt einem expliziten Euler-Verfahren. Da der entstehende Approximationsfehler proportional zur Schrittweite Δt ist, sollte diese möglichst klein gewählt werden. Zusätzlich dürfen sich die Materialeigenschaften dabei aber mit jedem Zeitschritt Δt ändern. Dies erlaubt es, alle Materialparameter, sowohl die elektromagnetischen als auch die thermischen, als Funktion der thermischen Feldgrößen T und Θ zu formulieren. Zu Beginn jedes Zeitschrittes ist das aktuelle thermische Feld aus dem vorangegangenen Zeitschritt bekannt, und damit auch die aktuellen Materialparameter.

Der Zeitschritt Δt sollte so gewählt werden, daß sich die thermischen Größen mit jedem Zeitschritt relativ gering ändern. Je nachdem wie stark sich die Materialparameter mit der Temperatur T oder dem Flüssigkeitsgehalt Θ ändern, ist es nicht notwendig, die Materialparameter für jeden Zeitschritt Δt neu zu berechnen. Das hier implementierte Verfahren

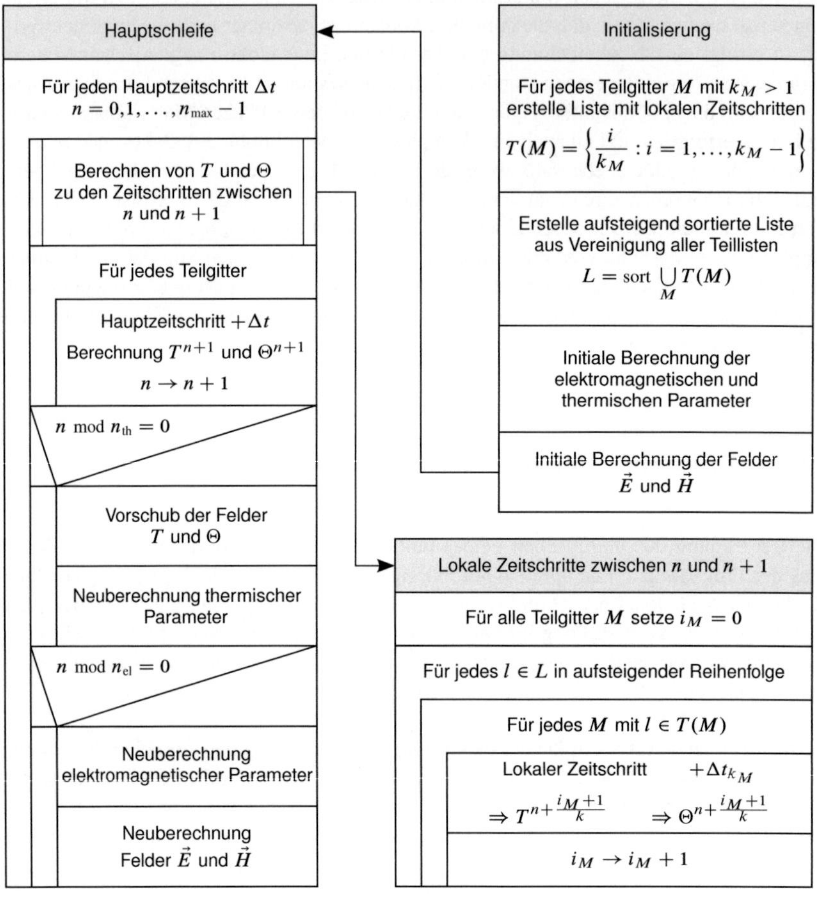

Bild 4.2.: Strukturierter Ablaufplan für die gekoppelte elektromagnetisch, thermische Berechnung. Nach der Initialisierung und erstmaligen Berechnung des elektromagnetischen Feldes, wird in der Hauptschleife das thermische Feld zeitlich entwickelt. Das aktualisieren der thermischen und elektrischen Parameter, sowie des elektromagnetischen Feldes, erfolgt in regelmäßigen Zeitabständen. Rechts unten befindet sich die Entwicklung des thermischen Feldes zwischen den Hauptzeitschritten für Gitter mit Überabtastung. Die Berechnung des elektromagnetischen Feldes geschieht jeweils nach dem Struktogramm in Bild 2.14 auf Seite 57.

nach Bild 4.2 erlaubt es daher, die Neuberechnung der Materialparameter nur jeden n_{th}-ten Zeitschritt durchzuführen, was durch die Bedingung

$$n \bmod n_{\mathrm{th}} = 0 \tag{4.1}$$

signalisiert wird. Darin ist n die Nummer des zuletzt berechneten Zeitschrittes und mod bezeichnet die Modulo-Operation (Divisionsrest).

Die zeitliche Entwicklung des thermischen Feldes zu den diskreten Zeitschritten $n\Delta t$ erfolgt für jedes thermische Teilgitter separat, wobei natürlich die räumliche Kopplung nach Abschnitt 3.4 berücksichtigt werden muß. Wie dort beschrieben, kann es in feiner aufgelösten Gittern zur Einhaltung der Stabilitätsbedingung notwendig sein, lokal mit kleineren Zeitschritten als Δt zu rechnen. Dies geschieht unmittelbar vor der Berechnung des Hauptzeitschrittes $n \to n+1$ und berechnet das thermische Feld zu den dazwischen liegenden Zeitpunkten

$$n\Delta t + i\,\Delta t_k = \left(n + \frac{i}{k}\right)\Delta t \qquad \text{für} \qquad i = 1,2,\ldots,k-1 \quad , \tag{4.2}$$

wobei k gemäß (3.64) den Faktor der zeitlichen Überabtastung im Teilgitter angibt. Das Struktogramm dieses Ablaufs ist in Bild 4.2 rechts unten dargestellt. Das Verfahren ähnelt sehr stark der Berechnung der lokalen Zeitschritte beim elektromagnetischen Feld gemäß Abschnitt 2.9.2, ist jedoch etwas einfacher aufgebaut, da keine zwei verschiedenen, zeitlich verschachtelten Felder, berücksichtigt werden müssen.

4.2.2. Berechnung des elektromagnetischen Feldes

Die Berechnung des elektromagnetischen Feldes erfolgt sowohl ganz am Anfang der Simulation, als auch immer dann, wenn sich die elektromagnetischen Materialparameter oder die geometrische Anordnung maßgeblich verändert haben. Die Berechnung erfolgt in allen Fällen mittels der FDTD Methode, wie sie in Kapitel 2 beschrieben ist. Siehe hierzu insbesondere auch das Struktogramm in Bild 2.14 auf Seite 57. Die Berechnung geschieht unter der Annahme konstanter elektromagnetischer Materialparameter. Die zeitliche Entwicklung des elektromagnetischen Feldes muß dabei immer bis zum Erreichen des eingeschwungenen Zustandes erfolgen. Dies setzt die Anregung mittels eines in der Zeit periodischen Signals voraus, z. B. ein harmonisches Signal, wie es in guter Näherung von Mikrowellenquellen geliefert wird.

Die zu simulierende Zeitdauer $t_{\mathrm{el}}^{\max}$ bis zum eingeschwungenen Zustand des elektromagnetischen Feldes, kann durch Betrachten des zeitlichen Verlaufes der Feldstärkekomponenten von $\vec{E}$ und $\vec{H}$ an repräsentativen Punkten im Raum ermittelt werden. Näherungsweise kann eine Abschätzung der Zeitdauer anhand der Strecke, die sich eine Welle ausbreiten muß, erfolgen. Breitet sich das Mikrowellenfeld näherungsweise mit der Vakuum-Lichtgeschwindigkeit c_0 aus, so gilt

$$t_{\mathrm{el}}^{\max} \approx 2\frac{D}{c_0} \quad , \tag{4.3}$$

wobei D die größte Abmessung des Applikators darstellt, in dem sich das elektromagnetische Feld ausbreitet. Der Faktor 2 berücksichtigt dabei die Überlagerung mindestens einer reflektierten Welle (Hin- und Rückweg). Dieser Faktor kann bei Bedarf erhöht werden, um Mehrfachreflexionen zu berücksichtigen. Breitet sich das Feld hauptsächlich in hochpermittiven Materialien aus, so verlangsamt sich die Ausbreitungsgeschwindigkeit, so daß statt c_0 eine geringere Geschwindigkeit $c_0/\sqrt{\varepsilon_\mathrm{r}}$ in (4.3) einzusetzen ist, wobei ε_r die Permittivität des Materials darstellt, in welchem sich die Welle maßgeblich ausbreitet. Hohe elektromagnetische Verluste im Applikator dämpfen das elektromagnetische Feld und verringern somit den Raumbereich, in dem sich das Feld ausbreitet. Zudem wird dadurch die Anzahl der relevanten zu betrachtenden Reflexionen verringert und die Güte des Applikators gesenkt. Dies erlaubt es, die simulierte Zeitdauer $t_{\mathrm{el}}^{\max}$ zu reduzieren. Es ist natürlich darauf zu achten, daß unter allen Umständen zusätzlich auch die Bedingung

$$t_{\mathrm{el}}^{\max} \gg \frac{1}{f} \tag{4.4}$$

erfüllt ist, d. h. die Simulationsdauer mindestens einige Perioden des Anregungssignals, dessen Frequenz f ist, umfaßt, da dieses selbst eine gewisse Einschwingdauer aufweist, siehe dazu (2.67) und die nachfolgenden Bemerkungen.

Im Zweifelsfall ist die notwendige Zeitdauer $t_{\mathrm{el}}^{\max}$ durch iterative Optimierung zu bestimmen. Dazu wird ausgehend von einer nach (4.3) geschätzten Zeitdauer, diese abwechselnd erhöht und verringert und die so berechneten Felder verglichen. Bewirkt eine Erhöhung von $t_{\mathrm{el}}^{\max}$ keine bedeutende Änderung des Feldes im eingeschwungenen Zustand, so ist ein ausreichender Wert für $t_{\mathrm{el}}^{\max}$ gefunden. Wird $t_{\mathrm{el}}^{\max}$ zu groß gewählt, so steigt die für die Berechnung notwendige Zeit. Zudem wirkt sich das nachteilig auf die Stabilität aus, wie in Abschnitt 2.8.1 erläutert.

Für gängige Werte von D, im Bereich max. einiger Meter, liegt die ermittelte Zeitdauer nach (4.3) im Bereich einiger zehn Nanosekunden. Innerhalb dieser Zeitspanne können sämtliche Änderungen des thermischen Feldes, und damit auch der Materialparameter, vernachlässigt werden. Auch die geometrischen Veränderungen durch den Vorschub spielen in der kurzen Zeit keine Rolle. Die Bewegung der Materie kann, bei nicht relativistischer Vorschubgeschwindigkeit, nach Abschnitt 2.10.2 ebenfalls vernachlässigt werden. Damit sind alle Voraussetzungen erfüllt, um das elektromagnetische Feld unter der Annahme konstanter ruhender Materie, nach dem FDTD-Schema gemäß Abschnitt 2.3.1 zu berechnen.

Das elektromagnetische Feld wird über eine bestimmte Zeitdauer hinweg als konstant angenommen. Haben sich jedoch die Temperatur T oder der Flüssigkeitsgehalt Θ so stark geändert, daß sich auch nennenswerte Veränderungen bei den elektromagnetischen Materialparametern ergeben, so wird das elektromagnetische Feld unter Zugrundelegung der geänderten Bedingungen neu berechnet. Das gleiche gilt, wenn sich die Geometrie oder die thermische Feldverteilung aufgrund des Materialvorschubes geändert haben. Da die elektromagnetischen Materialparameter eine andere Abhängigkeit von den thermischen Feldgrößen aufweisen können als die thermischen Materialparameter, unterliegen diese im Allgemeinen auch einer anderen zeitlichen Änderungsrate. Daher kann für die Neuberechnung der elektromagnetischen Materialparameter eine separate Zeitspanne $n_{\mathrm{el}}\Delta t$ festgelegt werden. Im Ablaufplan ist dies durch die Bedingung

$$n \bmod n_{\mathrm{el}} = 0 \tag{4.5}$$

gekennzeichnet. Die Neuberechnung der elektromagnetischen Materialparameter geht stets einher mit einer Neuberechnung des elektromagnetischen Feldes und ist daher entsprechend zeitaufwändig. Günstig ist es daher, wenn das elektromagnetische Feld weniger häufig neu berechnet werden muß als die thermischen Materialparameter. Ein Richtwert von n_{el} aufgrund des Vorschubes erhält man durch Anwendung von Gleichung (3.67), wenn man dort n_{el} statt n_{th} einsetzt.

4.2.3. Ankopplung an das elektromagnetische Feld

Das elektromagnetisches Feld erzeugt im betrachteten System Wärme, die gemäß der Gleichungen (3.2) bzw. (3.33) zur Erhöhung der inneren Energie U oder Verdampfung führt. Ursache hierfür sind die, vom elektrischen Feld hervorgerufenen, ohmschen und dielektrischen Verluste innerhalb von Materialien, seltener auch magnetische Verluste. In mikrowellenbasierten Systemen ist dies die primäre bzw. einzige Art der aktiven Wärmezufuhr. Der Grund für die dielektrischen Verluste liegt in der Relaxation der Dipolmomente innerhalb der Materie, wenn diese dem Verlauf des zeitlich veränderlichen angelegten elektrischen Wechselfeldes nicht ungehindert folgen können. Diese Zusammenhänge sind in Anhang A.8 ausführlich dargestellt. Dabei wird von einer beliebigen Zeitabhängigkeit des elektrischen Feldes ausgegangen. In der praktischen Anwendung von Mikrowellen kommen jedoch fast ausschließlich zeitharmonische Felder vor, wie sie z. B. von Mikrowellenröhren erzeugt werden. Dies vereinfacht die Berechnung deutlich, so daß in den folgenden Betrachtungen von einem zeitharmonischen Verlauf des elektrischen und magnetischen Feldes ausgegangen wird. Unter dieser Bedingung genügt es, die zugehörigen Amplituden $\hat{E}$, $\hat{H}$ sowie die Frequenz $\omega = 2\pi f$ der Felder zu kennen. Phaseninformationen sind nicht erforderlich.

Bedient man sich der Gleichungen (A.157) und (A.178), so folgt für für die mittlere, während einer Periodendauer $T = 2\pi/\omega$ der elektrischen Schwingung umgesetzte elektrische Leistungsdichte

$$\bar{p}_{\mathrm{E}} = \overline{p_{\mathrm{ohm}}(t)} + p_{\mathrm{diel}} = \frac{1}{2}\kappa\hat{E}^2 + \frac{1}{2}\omega\varepsilon_0\varepsilon_{\mathrm{r}}''\hat{E}^2 = \frac{1}{2}\left(\kappa + \omega\varepsilon_0\varepsilon_{\mathrm{r}}''\right)\hat{E}^2 \quad . \tag{4.6}$$

Der letzte Term läßt sich darin, wie in Anhang A.8.3 ausgeführt, mit der Definition

$$\kappa_{\text{eff}} := \kappa + \omega\varepsilon_0\varepsilon_r'' \tag{4.7}$$

kürzer schreiben, indem die ohmschen und dielektrischen Verluste in einer Größe κ_{eff} zur effektiven Leitfähigkeit zusammengefasst werden. Damit gilt

$$\bar{p}_E = \frac{1}{2}\kappa_{\text{eff}}\hat{E}^2 \quad . \tag{4.8}$$

Dabei wird angenommen, daß sich die Materialparameter über der Dauer einer Periode der Hochfrequenzschwingung nicht ändern. Da diese für gängige Mikrowellenfrequenzen in der Größenordnung von 10^{-9} s liegt, die thermischen Vorgänge jedoch wesentlich langsamer ablaufen, ist dies in guter Näherung erfüllt.

Die Amplitude des elektrischen Feldes $\hat{E}$ berechnet sich aus der Euklidischen Norm des Feldamplitudenvektors. Dies ist in Anhang A.8.1 gezeigt. Gemäß (A.158) gilt

$$\hat{E}^2 := |\hat{\vec{E}}|^2 = \hat{E}_x^2 + \hat{E}_y^2 + \hat{E}_z^2 \quad . \tag{4.9}$$

Es werden also zur Bestimmung der Feldamplitude die Amplituden der kartesischen Feldkomponenten E_x, E_y und E_z benötigt.

Diese Vereinfachung ist insofern von Bedeutung, als daß es damit ausreichend ist, ohmsche Verluste bei der elektromagnetischen Feldberechnung zu berücksichtigen. Es brauchen damit keine Modifikationen am Berechnungsschema gemäß (2.46) bis (2.51) vorgenommen zu werden, in denen dielektrische Verluste nicht direkt vorkommen. Dies wirkt sich auch positiv auf die Effizienz des Verfahrens aus, da nicht harmonische Anregung eine diskrete Faltung involvieren würde [Taf95], was mit zusätzlichem Rechen- und Speicheraufwand verbunden ist.

Ganz entsprechend erhält man für die vom magnetischen Feld hervorgerufenen Verluste

$$\bar{p}_H = \frac{1}{2}\varrho_{\text{eff}}\hat{H}^2 \tag{4.10}$$

mit

$$\varrho_{\text{eff}} := \varrho + \omega\mu_0\mu_r'' \quad . \tag{4.11}$$

Die Amplitude des magnetischen Feldes $\hat{H}$ ist analog (4.9) definiert.

Die gesamte elektromagnetische Leistung, die einem Volumen dV in Form von Wärme zugeführt wird, ist damit

$$\frac{\partial Q_{\mathrm{el}}}{\partial t} = (\bar{p}_{\mathrm{E}} + \bar{p}_{\mathrm{H}})\,\mathrm{d}V \quad . \tag{4.12}$$

Entsprechend folgt für die räumliche Dichte des Wärmeeintrages nach „Division" durch $\mathrm{d}V$

$$\frac{\partial q_{\mathrm{el}}}{\partial t} = \bar{p}_{\mathrm{E}} + \bar{p}_{\mathrm{H}} \quad . \tag{4.13}$$

Dieses Ergebnis kann direkt in (3.43) bzw. (3.45) eingesetzt werden.

Bestimmung der Feldamplituden

Zur Bestimmung der elektrischen und magnetischen Verluste, und damit des resultierenden Wärmeeintrages durch die Mikrowelle, werden gemäß (4.8) und (4.10) die Amplituden der elektromagnetischen Felder, bzw. der Feldkomponenten nach (4.9) benötigt. Diese stehen während der Berechnung mittels des FDTD Schemas (Abschnitt 2.2) nicht direkt zur Verfügung. Es stehen lediglich die Momentanwerte aller Feldkomponenten genau zu einem diskreten Zeitpunkt zur Verfügung.[1]

Bei harmonischer zeitlicher Entwicklung der Feldkomponenten $E_{\mathrm{x,y,z}}$ und $H_{\mathrm{x,y,z}}$, kann ein einfacher Zusammenhang zwischen zwei beliebigen Momentanwerten und der Amplitude gefunden werden. Sei $a(t)$ die Zeitfunktion einer beliebigen Feldkomponente. Diese besitze eine harmonische Zeitabhängigkeit mit der Amplitude A und der Phase $\varphi(t)$, also

$$a(t) = A\cos(\varphi(t)) \quad . \tag{4.14}$$

Für zwei Punkte mit der festen Phasendifferenz $\Delta\varphi$ gilt

$$\begin{aligned} a_1 &:= a(t_1) = A\cos(\varphi(t_1)) \\ a_2 &:= a(t_2) = A\cos(\varphi(t_2)) = A\cos(\varphi(t_1) + \Delta\varphi) \quad . \end{aligned} \tag{4.15}$$

Auflösen nach der Amplitude A liefert nach einfacher Rechnung den Zusammenhang

$$A^2 = \frac{a_1^2 + a_2^2 - 2a_1a_2\cos\Delta\varphi}{1 - \cos^2\Delta\varphi} \qquad \text{mit} \quad \Delta\varphi \neq k\pi \ \ (k \in \mathbb{Z}) \quad . \tag{4.16}$$

[1] Dieser ist im FDTD Schema für $\vec{E}$- und $\vec{H}$-Feld um einen halben Zeitschritt versetzt.

Für eine konstante Kreisfrequenz $\omega = 2\pi f$ gilt $\varphi(t) = \omega t + \varphi_0$ und damit

$$\varphi(t_2) = \omega t_1 + \varphi_0 + \Delta\varphi = \omega\left(t_1 + \frac{\Delta\varphi}{\omega}\right) + \varphi_0 = \varphi(t_1 + \tau) \quad . \tag{4.17}$$

Die Phasendifferenz $\Delta\varphi$ entspricht damit einer Zeitdifferenz

$$\tau = \frac{\Delta\varphi}{\omega} \quad . \tag{4.18}$$

Für einen kleinstmöglichen Fehler bei der Amplitudenbestimmung, sollte die Phasendifferenz $\Delta\varphi \approx \pi/2$ betragen, entsprechend $\tau \approx T/4$.

Die beiden Zeitpunkte zur Bestimmung der Feldstärken, müssen im Bereich des eingeschwungenen Zustandes liegen. Zweckmäßigerweise wird t_2 so gelegt, daß dieses mit dem letzten berechneten Zeitschritt des elektromagnetischen Feldes zusammenfällt. Der Zeitpunkt t_1 befindet sich einige Zeitschritte davor, so daß deren zeitlicher Abstand, gemäß der vorstehenden Bemerkung ungefähr $T/4$ beträgt.

Der wesentliche Vorteil dieser Methode zur Bestimmung der Feldamplituden ist, daß die Notwendigkeit entfällt, für jede Feldkomponente eine Serie von zeitlich aufeinander folgenden Werten für die Auswertung vorzuhalten, wie es z. B. für eine diskrete Fouriertransformation notwendig wäre. Auf diese Weise kann erheblich Speicherplatz gespart werden.

5. Implementierung der Simulationssoftware

Im Rahmen dieser Arbeit wird eine Simulationssoftware entwickelt, die in der Lage sein muß, Feldprobleme aus dem Bereich der Materialprozessierung mit Mikrowellen zu lösen, insbesondere unter Berücksichtigung des Materialvorschubes. Dies erfordert die Berechnung sowohl des elektromagnetischen Feldes, als auch des thermischen Feldes und deren Kopplung gemäß den vorangehenden Kapiteln. In diesem Kapitel werden zunächst die aus der Aufgabenstellung resultierenden Anforderungen an den Simulator beschrieben, bevor auf die Implementierung eingegangen wird.

5.1. Anforderungen an die Simulationssoftware

Die erstellte Simulationssoftware soll den ganzen Simulationsvorgang, von der geometrischen Modellierung bis zur Auswertung der gewonnenen Daten, unterstützen. Die dazu an den Simulator gestellten Anforderungen ergeben sich dabei aus dem generellen Simulationsablauf, der im Folgenden betrachtet wird.

5.1.1. Genereller Simulationsablauf

Die Lösung eines konkreten Problems besteht grundsätzlich aus drei Teilen, wie in Bild 5.1 dargestellt. Zunächst ist ein geometrisches Modell zu definieren, welches die räumliche Struktur der betrachteten Anordnung wiedergibt. Dazu gehören sowohl der Mikrowellenapplikator selbst als auch das zu prozessierende Werkstück. Neben der geometrischen Beschreibung gehören zum Modell auch die elektromagnetischen und thermischen Eigenschaften der zugrunde liegenden Materialien, welche im Allgemeinen nicht statisch sind, sondern sich in Abhängigkeit des thermischen Zustandes ändern. Die Modellierung umfaßt ferner die Art und Weise der Einspeisung der Mikrowelle, sowie die elektromagnetischen und thermischen Randbedingungen. Da Mikrowellenanlagen häufig im Durchlaufbetrieb arbeiten, ist die geometrische Struktur des Modells nicht statisch, sondern verändert sich mit der Zeit durch die Bewegung bestimmter Objekte, in der Regel der zu prozessierenden Werkstücke. Dies erfolgt durch Zuordnung eines Geschwindigkeitsvektors an die einzelnen Objekte.

Die eigentliche Berechnung der Felder findet auf Grundlage des vorher definierten Modells statt. Dies geschieht durch die in den Kapiteln 2 bis 4 beschriebenen numerischen Methoden. Prinzipbedingt kann die numerische Lösung nur eine Näherung an die korrekte Lösung liefern. Damit diese möglichst gut ausfällt, ist es erforderlich, den Lösungsprozess weitgehend an die gestellte Aufgabe anpassen zu können. Dies geschieht durch die Einstellung bestimmter Parameter, wie z. B. die zeitliche und räumlichen Diskretisierung, welche

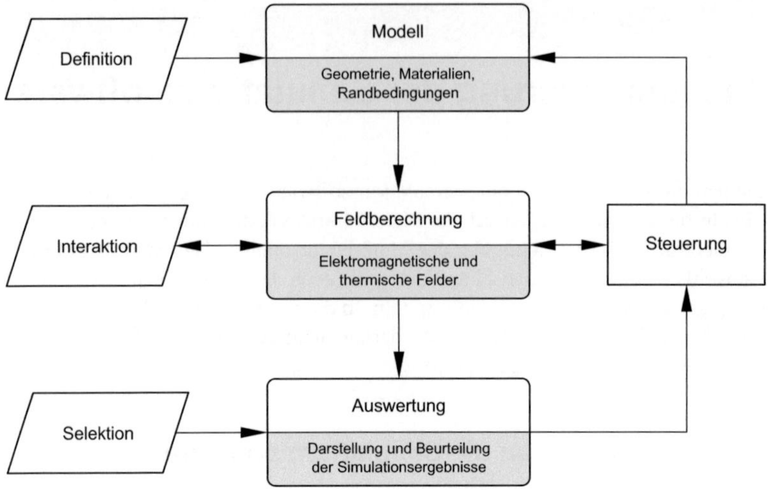

Bild 5.1.: Die drei grundsätzlichen aufeinanderfolgenden Schritte des Simulationsablaufs. Die umgebenden Blöcke repräsentieren die Schnittstellen zum Benutzer (siehe Text).

den lokalen Eigenschaften der zu simulierenden Struktur entsprechend zu wählen sind. Aber auch die genaue Art und Weise wie die Feldverkopplung erfolgt, d. h. insbesondere zu welchen Zeiten die Felder aktualisiert werden, muß definiert werden. Darüber hinaus ist es wünschenswert, „von außen“ in den Lösungsablauf eingreifen zu können (Interaktion), um auf bestimmte Bedingungen zu reagieren oder auch interne Zustände des Simulators abfragen zu können. Dies ist insbesondere für die Fehlersuche im Simulator oder dem zu berechnenden Modell wichtig.

Nach Beendigung der Simulation müssen die während der Simulation angefallenen Daten selektiert und ausgewertet werden. Da während der Designphase eines Mikrowellenapplikators u. U. eine Menge Parameter variiert werden und demzufolge eine Menge Simulationsergebnisse anfallen, ist eine automatische Auswertung der Ergebnisse wünschenswert. Die an ein gutes Ergebnis gestellten Anforderungen können dabei je nach Anwendung völlig verschieden sein. So kann in einem Fall eine möglichst homogene Erwärmung gewünscht sein, während bei einer anderen Anwendung eine möglichst schnelle punktuelle Erwärmung erforderlich ist. Soll eine automatische Auswertung der Ergebnisse erfolgen, ist es daher notwendig, bei der Auswahl der notwendigen Kriterien eine größtmögliche Flexibilität zur Verfügung zu haben. Die Ergebnisse der automatischen Auswertung können dann beispielsweise dazu dienen, das Modell automatisch nach bestimmten Regeln zu verändern. Damit lassen sich der Problemstellung angepaßte, selbständige Optimierungsalgorithmen verwirklichen.

Genau diese größtmögliche Flexibilität hinsichtlich Modellierung, Steuerung der Berechnung und Auswertung der Ergebnisse, steht bei der Implementierung des Simulators mit im

Vordergrund. Das bedeutet, die Software soll in der Lage sein, eine Vielzahl von Problemstellungen aus dem Bereich der Materialprozessierung mit Mikrowellen zu lösen und nicht auf einen Anwendungsfall spezialisiert sein. Die genaue Formulierung der Problemstellung verlangt eine sehr komplexe Beschreibung, sowohl des Simulationsablaufs als auch der Simulationsparameter und des Modells.

5.1.2. Benutzerschnittstelle mittels Skriptsprache

Um die Kommunikation mit dem Benutzer gemäß Bild 5.1 auf einfache und komfortable Weise zu gestalten, eignet sich eine objektorientierte Skript-Programmiersprache[1] bestens. Diese erlaubt es, die an der Simulation beteiligten Elemente, dies können z. B. geometrische Objekte oder Materialeigenschaften sein, auf Instanzen jeweils zugehöriger Klassen abzubilden. Diesen können dann bestimmte Attribute zugeordnet werden, welche das konkrete Modell beschreiben. Solche Attribute sind zum Beispiel geometrische Position, Abmessungen oder Materialeigenschaften aber auch Metadaten, die nicht für die Berechnung, sondern beispielsweise für die Darstellung benötigt werden. Diese Attribute können wiederum durch einfache konstante Werte oder aber auch durch komplexere funktionale und zustandsabhängige Zusammenhänge gegeben sein. All diese Möglichkeiten bringt die Integration mit einer solchen Skriptsprache von Hause aus mit. Zum Beispiel lassen sich die Materialeigenschaften von Kleber, die sowohl von der Temperatur als auch dem aktuellen Gehalt an Lösungsmittel abhängen, auf diese Weise beschreiben.

Als geeignete Skriptsprache wird in dieser Arbeit die moderne Sprache Python [Pyt, Haj08], genauer deren C-Implementierung in der Version 2.6 verwendet. Diese ist sehr weit verbreitet, leicht zu erlernen und erfüllt die oben genannten Forderungen. Python wird sehr häufig für wissenschaftliche Anwendungen eingesetzt [Scp]. Darüber hinaus bietet Python eine Reihe weiterer sehr wichtiger Eigenschaften, die für den vorgesehenen Einsatz von Bedeutung sind:

- *Quelloffen (Open Source).* Erleichtert das zuverlässige Einbinden des Simulator-Kerns in die Skriptsprache, da die internen Strukturen offen liegen. Darüber hinaus werden Probleme durch mangelnde Binärkompatibilität vermieden.
- *Plattformunabhängigkeit.* Python steht auf vielen Rechnerarchitekturen und Betriebssystemen zur Verfügung, darunter Linux®, Mac OS X® und MS Windows®.
- *Freie Softwarelizenz.* Es existieren keine Einschränkungen bezüglich der Verwendung der Programmiersprache und es ist eine kostenfreie Nutzung möglich.
- *Modularer Aufbau.* Die Möglichkeiten von Python lassen sich durch Zusatzmodule erweitern. Dazu zählt neben dem Einbinden des Simulators selbst, auch die Verfügbarkeit von Zusatzmodulen zur Numerik, die eine vielseitige Nachprozessierung und Visualisierung der Simulationsergebnisse ermöglichen.

[1] Damit ist eine zur Laufzeit interpretierte Programmiersprache gemeint, die ohne spezielle Übersetzung (Compiler) auskommt und eine schnelle, unkomplizierte Programmierung ermöglicht. Insbesondere ist es möglich, Änderungen direkt und einfach umzusetzen.

Python bietet darüber hinaus einen komfortablen interaktiven Modus, der es dem Benutzer erlaubt, durch direkte Eingabe von Kommandos, unmittelbar mit dem Simulator zu kommunizieren.

5.2. Komponenten des Simulatorkerns

Der Simulatorkern untergliedert sich in verschiedene Funktionsgruppen, die nachfolgend kurz beschrieben werden.

5.2.1. Geometrische Modellierung

Die Geometrische Modellierung beschreibt zwei Aspekte: Zum einen die Beschreibung von Form, Position und Lage der einzelnen Objekte und zum anderen die Definition des Berechnungsgebietes und dessen Diskretisierung. Die Beschreibung der Geometrie des Modells erfolgt nach dem Prinzip der Konstruktiven Festkörpergeometrie[2]. Dabei wird die Form durch Kombination einfacher geometrischer Primitive (Quader, Tetraeder, Zylinder, Kugel etc.) mittels boolescher Operatoren (Vereinigung, Schnittmenge, Differenz) gewonnen. Darüber hinaus können die Formen durch affine Abbildungen modifiziert werden, d. h. Verschiebung, Skalierung, Drehung und Spiegelung an einer Ebene. Wesentlich für die Beschreibung ist, daß das Volumen einzelner Objekte beschrieben wird, und nicht (oder nur indirekt) deren Oberfläche. Somit kann zu jedem gegebenen Punkt im Raum eindeutig ein Objekt zugeordnet werden. Aus diesem Objekt gehen dann die Materialeigenschaften hervor, welche an diesem Punkt gelten.

Das Berechnungsgebiet wird über einen endlich ausgedehnten, achsparallelen Quader definiert. Die räumliche Unterteilung in verschiedene Teilgitter erfolgt gemäß Abschnitt 2.9, sowohl für das elektromagnetische, als auch das thermische Feld. Für jede einzelne Gitterzelle dieser Teilgitter wird die Lage der Feldkomponenten ermittelt. Mit Hilfe der oben beschriebenen geometrischen Modellierung werden so die Materialeigenschaften an der Position jeder Komponente ermittelt, wobei optional auch über mehrere Punkte in der Umgebung gemittelt werden kann (siehe Abschnitt 2.6.1). Letzteres wird für die sogenannte Unterzellenmodellierung benötigt (Subcell Model [Taf95]).

5.2.2. Explizite Zeitbereichslöser

Die Berechnung aller Felder erfolgt im Zeitbereich, gemäß der Verfahren und Gleichungen, die in den Kapiteln 2, 3 und 4 beschrieben sind. Dies umfaßt auch die Modellierung der verschiedenen Quellen, um das elektromagnetische Feld anzuregen. Im Falle zeitharmonischer Anregung, ist der elektromagnetische Löser in der Lage, die Amplituden des Feldes im eingeschwungenen Zustand zu bestimmen. Die Löser bieten zudem die Möglichkeit,

[2] Auch bekannt als CSG (Constructive Solid Geometry).

zu definierten Zeitpunkten während der Berechnung benutzerdefinierte Rückruffunktionen (engl. Callback Functions) im Python-Skript aufzurufen. Diese erhalten als Übergabeparameter einen Kontext, der den Zugriff auf jede Feldkomponente in jeder Gitterzelle jedes Teilgitters zu diesem Zeitpunkt bietet. Auf diese Weise kann eine dynamische Interaktion des Lösers mit dem Benutzerskript erfolgen, so daß es möglich ist, relativ komplex definierte Bedingungen zu erkennen, und darauf zu reagieren. Dies ermöglicht beispielsweise eine einfache Stabilitätsanalyse und erleichtert das Auffinden von Fehlern im Modell. Aber auch eine Beeinflussung des Lösungsvorganges, wie etwa das automatische Umdefinieren von Materialeigenschaften bei Änderung des Aggregatzustandes, wäre denkbar. Im Löser für das thermische Feld ist auch der Materialvorschub gemäß Abschnitt 3.5 implementiert.

Parallelisierte Berechnung

Da die numerischen Berechnungen sehr zeitaufwändig sind, ist es wünschenswert, diese zu beschleunigen. Moderne Rechnerarchitekturen besitzen mehrere CPUs bzw. Mehrkernprozessoren. Dies erlaubt, statt der rein sequentiellen Ausführung von Berechnungen, auch die gleichzeitige (parallele) Ausführung von Programmteilen. Softwareseitig wird dies über Threads realisiert. In dieser Arbeit kommen sog. POSIX Threads zum Einsatz, die gegenüber compilerunterstützten Verfahren, wie z. B. OpenMP, eine feinere Kontrolle über die Threaderstellung erlauben.

Für die parallele Ausführung von zwei oder mehr Berechnungen dürfen diese nicht voneinander abhängen. Damit ist gemeint, daß das Ergebnis einer Berechnung nicht das Ergebnis einer anderen Berechnung benötigt. Dieses würde eine gleichzeitige parallele Ausführung verhindern, da die erste Berechnung warten muß, bis die zweite fertig ist. Betrachtet man den Ablaufplan des Zeitbereichslösers für das elektromagnetische Feld nach Bild 2.14 auf Seite 57, so wird klar, daß das Ergebnis für jeden Zeitschritt von dem vorangehenden Zeitschritt abhängt. Das gleiche gilt auch für den thermischen Zeitbereichslöser. Somit ist es nicht möglich, die Berechnungen verschiedener Zeitschritte parallel auszuführen. Es ist jedoch möglich, auf der räumlichen Ebene eine Parallelisierung durchzuführen, d. h. die Berechnungen in verschiedenen Raumbereichen zu einem Zeitschritt können parallel ablaufen.

In der vorliegenden Implementierung werden daher die einzelnen Teilgitter, entsprechend der Anzahl gewünschter nebenläufiger Threads, nochmals in Gruppen einzelner Gitterzellen unterteilt. Dabei wird darauf geachtet, diese Gruppen in etwa „gleich stark“ auszulegen. Damit ist nicht notwendigerweise eine gleiche Anzahl von Gitterzellen in jeder Gruppe gemeint. Zusätzlich wird berücksichtigt, daß der Berechnungsaufwand einer Gitterzelle in einer PML-Randzone höher ist, als der einer Zelle innerhalb eines PEC-Gebietes. Somit wird gewährleistet, daß die Dauer der Berechnung der einzelnen Gruppen untereinander in etwa gleich ausfällt. Mit dieser Voraussetzung wird zu Beginn jedes Zeitschrittes, jedem Thread eine Gruppe zugewiesen und die Berechnungen aller Gruppen parallel ausgeführt. Bevor der nächste Zeitschritt begonnen werden kann, muß gewartet werden bis alle Threads ihre Arbeit beendet haben. Daher ist es für die Effizienz wichtig, daß die einzelnen Threads in etwa alle die gleiche Zeit benötigen. Um nicht für jeden Zeitschritt die Threads neu anzulegen und an dessen Ende wieder löschen zu müssen, was einen unnötigen Overhead produzieren würde, wird vor Beginn der Berechnungen ein Thread-Pool angelegt, an den die einzelnen Gruppen zur Berechnung dynamisch zugewiesen werden.

5.2.3. Ergebnisgewinnung und Interpolation

Die Ergebniserstellung arbeitet eng mit den Lösern zusammen. Der Benutzer definiert die gewünschten Ergebnisse für die Felder in Form von regelmäßigen Punktrastern in Raumbereichen (einzelne Punkte, gerade Strecken oder Rechtecke in einer Ebene) und gibt die Zeitpunkte an, zu welchen diese ermittelt werden sollen. Die Rasterung kann dabei frei gewählt werden. Zu den gewünschten Zeitpunkten ermittelt der Löser das Feld und speichert es zur späteren Verwendung in einer Variable ab, die zur Auswertung im Python Skript verfügbar wird. Stimmt ein Zeitpunkt nicht mit den diskreten Hauptzeitschritten überein, so erfolgt automatisch eine lineare Interpolation der Feldstärken zwischen den beiden aufeinanderfolgenden Zeitschritten, welche das Intervall, in dem der gewünschte Zeitpunkt liegt, begrenzen.

Im Allgemeinen stimmen die Orte, an welchen die Feldstärken für das Ergebnis ermittelt werden sollen, nicht mit den Orten der Feldkomponenten im Berechnungsgitter überein. In diesem Fall wird der Wert aus den umliegenden nächstgelegenen Punkten interpoliert. In der Nähe der Grenzflächen verschiedener Teilgitter mit unterschiedlicher Diskretisierung, ist diese Interpolation nicht ganz einfach (und manchmal auch nicht eindeutig) durchzuführen und erfordert komplexe Fallunterscheidungen. Die Interpolation spielt auch eine entscheidende Rolle für die Kopplung aneinander grenzender Teilgitter während der Berechnung (siehe Abschnitte 2.9.1 und 3.4) und ist demzufolge ein wesentlicher Bestandteil des Simulatorkerns.

5.3. Softwareseitige Einbettung des Simulators in das Gesamtsystem

Die Kernfunktionalität des Simulators besteht in der Berechnung des elektromagnetischen Feldes und weiteren physikalischen Größen wie Temperatur und Flüssigkeitsgehalt. Die theoretischen Grundlagen der zugehörigen Verfahren sind in den Kapiteln 2 bis 4 erläutert. Die Implementierung dieser Verfahren bildet den Kern des Simulators und erfolgt in der Programmiersprache C++, da diese Sprache einerseits eine übersichtliche objektorientierte Programmierung ermöglicht, zum anderen aber auch die Maschinennähe, und damit die Effizienz, von C bietet [Str98]. Der Simulatorkern besteht aus ca. 35 000 Codezeilen[3], wovon ca. 13 000 auf die Anbindung an den Python Interpreter entfallen.

Der Kern ist als Bibliothek gestaltet, die verschiedene Objekte und Routinen zur Modellierung, Feldberechnung und Simulationssteuerung zur Verfügung stellt. Die Bibliothek

[3] Gemäß SLOCCount [Slc].

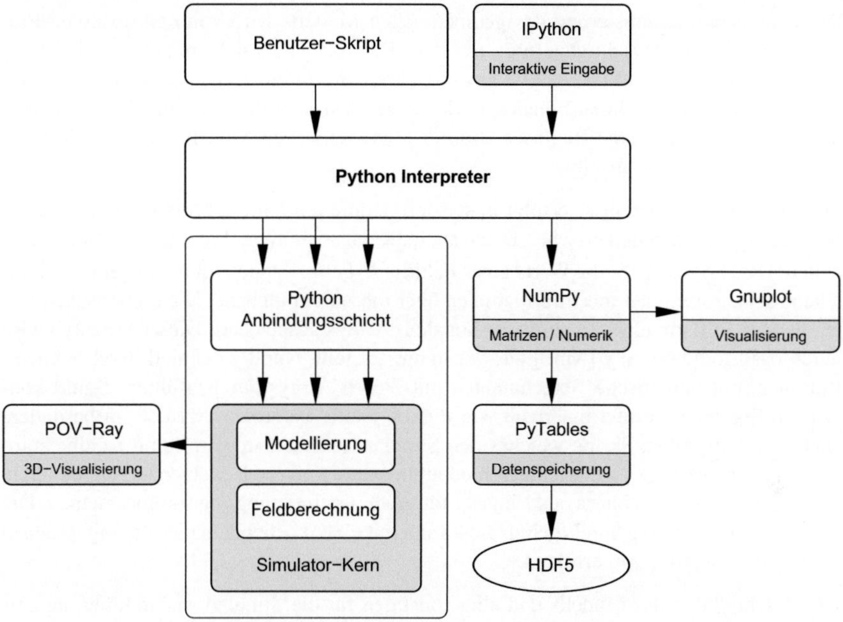

Bild 5.2.: Gesamtsystem des Simulators. Der Simulator-Kern ist in den Python-Interpreter eingebettet. Zusatzmodule dienen der Datenauswertung und Visualisierung (siehe Text).

läßt sich direkt in andere C++-Programme einbetten, wodurch ein direkter Zugriff auf die Komponenten des Kerns möglich ist. Dieses Vorgehen würde aber bei einer Änderung am Simulationsmodell ein Neukompilieren des Programms erforderlich machen, was nicht anwenderfreundlich ist. Alternativ wäre es möglich, eine graphische Benutzeroberfläche zu schaffen. Dies wäre jedoch sehr aufwändig und bietet nur eine eingeschränkte Flexibilität. Deutlich leistungsfähiger ist der Ansatz, die Funktionalität des Kerns über eine speziell angepaßte Programmiersprache zur Verfügung zu stellen. Viele kommerzielle Programme zur elektromagnetischen Feldsimulation nutzen diese Möglichkeit und bieten Zugriff auf erweiterte Funktionalität über eine eingebettete Programmiersprache die meist auf einem BASIC-Dialekt beruht. In der vorliegenden Arbeit wird der umgekehrte Weg beschritten, d. h. um den Kern wird eine zusätzliche Schicht gelegt, die eine Anbindung an die Programmiersprache Python ermöglicht. Der Vorteil liegt darin, daß damit ohne zusätzlichen Aufwand sämtliche Möglichkeiten dieser Programmiersprache zur Verfügung stehen. Damit steht ein sehr leistungsfähiger Ansatz zur Verfügung, der eine äußerst flexible Möglichkeit zur Modellierung, Simulationssteuerung und Auswertung bietet. Da Python eine interpretierte Sprache ist, kann der Benutzer nicht nur über fertige Skripte mit dem Simulator kommunizieren, sondern auch interaktive Eingaben tätigen. Hierfür gibt es komfortable Benutzerumgebungen wie z. B. IPython.

Die graphische Visualisierung des geometrischen Modells wird von dem externen Programm POV-Ray [Pov] durchgeführt. Bei POV-Ray handelt es sich um ein optisches Ray-Tracing Programm, daß aus einer Szenenbeschreibung in einer eigenen Szenenbeschreibungssprache ein dreidimensionales Bild erzeugt. Dazu besitzt der Simulatorkern eine Schnittstelle, welche eine Repräsentation des geometrischen Modells in dieser Szenenbeschreibungssprache ausgibt.

Die Ausgabe der Ergebnisse erfolgt in speziell definierten Python-Strukturen, welche neben den eigentlichen numerischen Daten auch die dazugehörigen Meta-Informationen enthalten. Dies können z. B. die Werte eines Feldes ($\vec{E}$-Feld, Temperatur etc.) in einer Schnittebene sein, zusammen mit Informationen über diese Schnittebene. Die numerischen Daten werden in Form eines (mehrdimensionalen) Arrays gespeichert. Dieser Datentyp wird durch das Modul NumPy [NmP] zur Verfügung gestellt. NumPy definiert darüber hinaus Routinen, um numerische Berechnungen mit diesen Arrays durchzuführen. Damit können die Ergebnisse direkt innerhalb von Python weiter verarbeitet werden, insbesondere auch von dem selben Skript, welches den Simulationsablauf steuert. Somit ist eine automatische Auswertung von Ergebnissen oder eine automatische Berichterstellung möglich. Auch können die Ergebnisse als Eingabe für einen Optimierungsalgorithmus dienen. Die graphische Darstellung von Ergebnisplots kann mit einem beliebigen hierfür vorgesehenen Tool, z. B. Gnuplot [Gpt] erfolgen.

Die Beschreibung des Modells und aller sonstigen für die Simulationsdurchführung notwendigen Eingabedaten, erfolgt direkt in der Programmiersprache Python in Form von Skriptdateien. Es besteht daher keine Notwendigkeit, ein separates Dateiformat zur Speicherung der Eingabedaten einzuführen. Die berechneten Ergebnisse sind in Python-Strukturen gespeichert. Um diese in eine Datei zu sichern, bietet sich das hierarchische Datenformat HDF5 (**H**ierarchical **D**ata **F**ormat) an, welches vom NCSA[4] speziell für die Speicherung wissenschaftlicher großer Datenmengen entwickelt wurde [Hdf]. Für die notwendige Schnittstelle sorgt das Modul PyTables [Ptb]. Eine alternative Speicherung in Form einfacher ASCII-Datensätze ist ebenfalls möglich.

[4]National Center for Supercomputing Applications.

6. Anwendungsbeispiel: Durchlaufprozessierung von Parkett

Die in den vorangegangenen Kapiteln gezeigte Modellierung wird nun anhand eines Anwendungsbeispiels zur mikrowellenunterstützten Verleimung von Parkett demonstriert. Dafür wird die Prozessierung in einer real aufgebauten Anlage mit dem entwickelten Tool simuliert. Bei Parkett werden zwei bis drei Schichten Holz miteinander verleimt. Im vorliegenden Beispiel wird zweischichtiges Parkett, bestehend aus zwei Lagen Holz mit einer dazwischen befindlichen Leimfuge, betrachtet.

Die Materialkombination Holz und Leim eignet sich besonders gut für die Mikrowellenprozessierung. Da das Holz im Vergleich zum Leim deutlich geringere Verluste aufweist, können die Mikrowellen das Holz nahezu ungedämpft durchdringen. In der Leimfuge werden sie dagegen weitgehend absorbiert. Auf diese Weise wird die Leimfuge direkt erwärmt. Dies ermöglicht eine wesentliche Beschleunigung des Aushärtevorganges. Bei einer konventionellen Erwärmung müßte die von außen zugeführte Wärme erst das Holz durchdringen. Aufgrund der geringen Wärmeleitfähigkeit von Holz ist dies sehr zeitaufwändig. Als Leim kommt ein wasserbasierter PVAc Weißleim zum Einsatz. Bei diesem beruht der Aushärtevorgang weitgehend auf dem Verdampfen des darin enthaltenen Wassers.

Die Prozessierung findet im Durchlaufbetrieb statt, d. h. es erfolgt ein kontinuierlicher Materialvorschub während der Mikrowellenanwendung. Das Parkett wird dabei mit gleichförmiger Geschwindigkeit durch das Mikrowellenfeld bewegt. Somit ändert sich die Einwirkung des Mikrowellenfeldes auf das Parkett über der Zeit. Dies kann im Applikatordesign explizit ausgenutzt werden, indem z. B. am Anfang des Prozessierungsbereiches eine möglichst hohe Leistungsdichte der Mikrowelle vorgesehen wird, um eine schnelle Hochheizung zu bewirken.

6.1. Aufgebaute Anlage

Im Rahmen eines von der AiF geförderten Projektes [OVP08] wurde eine Mikrowellen-Verleimungsanlage für Parkett bei einer Betriebsfrequenz von 2,45 GHz und einer installierten Mikrowellenleistung von 12 kW für den Durchlaufbetrieb aufgebaut. Das Kernstück der Anlage, in welchem die Mikrowellenprozessierung stattfindet, ist in Bild 6.1 gezeigt, wobei die vordere Gehäusewand geöffnet ist. Die Grundkonstruktion besteht aus einer Rollenpresse mit Oberdruck- und Unterdruckrollen sowie jeweils einer Ein- und Auslaufrollenbahn. Der Anpressdruck erfolgt mittels Federkraft lokal an jeder einzelnen Oberdruckrolle. Der Pressdruck kann durch mechanische Zustellung der gesamten Oberdruck-Rollenbahn variiert werden [KPDW09].

Bild 6.1.: Kernstück der mikrowellenunterstützten Parkettpresse. Zu sehen sind die Rollenpresse mit Ober- und Unterdruckrollen, die Mikrowellenantennen zwischen den Unterdruckrollen sowie die Mikrowellengeneratoren und das Verteilnetzwerk im unteren Bereich. Das Parkett durchläuft die Presse von links nach rechts. Auf der rechten Seite ist ein Teil des Auslauffilters mit dargestellt.

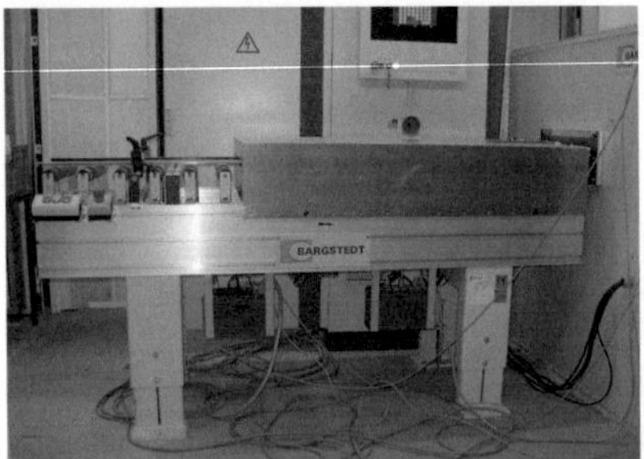

(a) Filter mit Einlaufrollenbahn auf der linken Seite. Hierüber wird das Parkett zugeführt.

(b) Einlauffilter betrachtet in Vorschubrichtung mit aufgelegtem Parkettelement.

Bild 6.2.: Einlaufrollenbahn mit Filter. Das Filter verhindert ein Austreten der Mikrowelle, ermöglicht aber das Durchlaufen von Parkett.

Der Vorschub erfolgt durch Antrieb der Unterdruckrollen und der Einlaufbahn durch einen drehzahlgesteuerten Motor. Die Vorschubgeschwindigkeit läßt sich damit im Bereich 0,5 m/min bis 5 m/min einstellen.

Das Innere des Maschinengehäuses ist teilweise mir Porenbeton ausgekleidet. Dieser nimmt sehr gut die Feuchtigkeit, die beim Verdampfen von Wasser entsteht, auf und absorbiert durch eingelagertes Wasser auch sehr gut im Gehäuse vagabundierende Mikrowellenstrahlung. An der Ein- und Auslaufrollenbahn befinden sich Filter, die ein Austreten der Mikrowellenstrahlung verhindern, aber gleichzeitig den Transport des Parketts ermöglichen (Bild 6.2). In dem Filter befinden sich mehrere Blenden zwischen den Rollen, die eine Ausbreitung der Mikrowelle unterdrücken. Nähere Ausführungen hierzu finden sich in [KPL+09].

Die Einspeisung der Mikrowellen erfolgt zwischen den Unterdruckrollen mit geeigneten Antennen, auf die im folgenden Abschnitt eingegangen wird. Zur Erzeugung der Mikrowellen kommen vier industrielle Mikrowellengeneratoren mit einer einstellbaren Leistung von je max. 2 kW zum Einsatz. Diese werden ergänzt durch weitere fünf Haushaltsmagnetrons mit einer Leistung von je 800 W, welche direkt an die Antennen angeflanscht sind. Pressung und Heizung können so simultan erfolgen. Nach Außen wird die Mikrowellenstrahlung durch ein metallisches Gehäuse abgeschirmt. Zur Sichtkontrolle befindet sich in der Vorderwand (nicht dargestellt) ein Sichtfenster, daß mit einem feinmaschigen Drahtnetz abgeschirmt ist.

6.1.1. Antennen zur Einspeisung der Mikrowelle

Die Mikrowelle wird über geschlitzte Rechteckhohlleiter eingespeist. In den beiden gegenüberliegenden breiten Seiten des Hohlleiters befindet sich jeweils ein Schlitz, durch den das Parkett hindurch geschoben werden kann, siehe Bild 6.3a. Die schmale Seite des Hohlleiters wird relativ klein gehalten. Dadurch ist es möglich, die Antennen platzsparend zwischen zwei Rollen der Unterdruckbahn zu plazieren und den Abstand der Rollen somit klein zu halten, was für eine gleichmäßige Pressung erforderlich ist, vgl. Bild 6.3b.

Eine einzelne Antenne gemäß Bild 6.3a besteht aus zwei Teilen. In dem horizontal verlaufenden Hohlleiter mit dem Schlitz wird eine H_{10}-Welle (Grundmode des Rechteckhohlleiters) angeregt. Durch den Schlitz wird später das Parkett geschoben, wodurch die Mikrowellen in die Leimschicht einkoppeln. Der vertikalen Hohlleiter auf der linken Seite dient zur Konvertierung der, über einen am unteren Ende befindlichen koaxialen $7/16$-Anschluß eingespeisten, Mikrowelle in den H_{10}-Mode. Im Inneren befindet sich dazu ein induktiver Koppler mit einer aus einem Kegelabschnitt bestehenden Taperung. Auf diese wird in der vorliegenden Arbeit jedoch nicht eingegangen, da die Details der Mikrowellenverteilung und Konvertierung für die Modellierung keine direkte Rolle spielen. Nähere Ausführungen hierzu finden sich in [OVP08] und [KPAW07].

Durch die schmale Abmessung entsteht noch ein weiterer Vorteil. Je schmaler der Hohlleiter ist, desto weniger Mikrowellenleistung wird pro Längeneinheit im Parkett absorbiert, d. h. die Mikrowelle kann weiter eindringen und die Heizung über die Parkettbreite wird

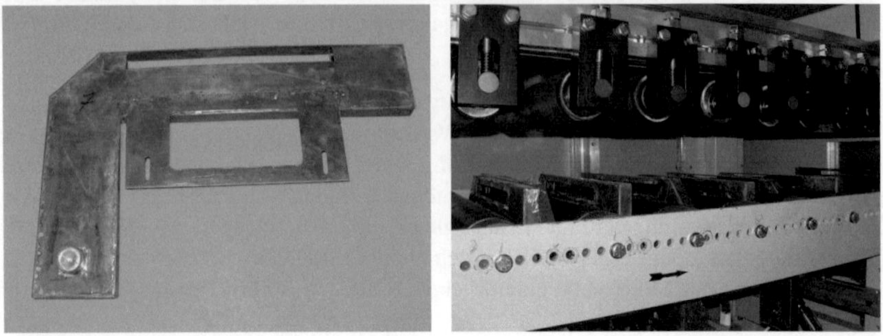

(a) Einzelne Antenne zur Montage in der Rollenpresse. Am oberen Rand befindet sich der Schlitz, durch den das Parkett durchläuft.

(b) Rollenpresse mit zwischen den Rollen montierten Antennen. Die obere Rollenbahn wird zur Pressung herab gelassen.

Bild 6.3.: Einspeisung der Mikrowellen in die Rollenpresse. Das Parkett läuft im Betrieb durch die Schlitze in den Antennen.

gleichmäßiger. Wird die Abmessung jedoch zu schmal gewählt, wird nicht mehr genug Leistung absorbiert, sondern zurück in den Generator reflektiert. Zudem werden dann die für die Leistung erforderlichen Feldstärken zu groß, so daß diese nicht mehr übertragen werden können. Durch Dampfbildung ist die Luftfeuchtigkeit im Hohlleiter sehr hoch, so daß die Durchschlagfeldstärken im Vergleich zur trockenen Luft stark herabgesetzt sind.

Für die Antennen werden Hohlleiter mit einer inneren Abmessung von 86 mm in der Breite und 17 mm in der Schmalseite zu Grunde gelegt. Das Breitenmaß entspricht nahezu dem Standardmaß eines S-Band Hohlleiters.

Das Feld innerhalb der Antenne entspricht etwa dem H_{10}-Mode des Rechteckhohlleiters, d. h. das elektrische Feld steht senkrecht auf der breiten Seite des Hohlleiters. Damit ist dieses tangential zur Leimschicht und zur Grenzfläche von Holz und Luft. Wegen der Stetigkeit der Tangentialkomponente des elektrischen Feldes gelingt es somit, eine ausreichende Feldstärke in den Leim einzukoppeln. Bei Orientierung des Feldes senkrecht zur Grenzfläche zwischen Holz und Leim würde das elektrische Feld im Leim um den Faktor $\varepsilon_{r,\mathrm{Holz}}/\varepsilon_{r,\mathrm{Leim}}$, im Vergleich zum Feld im Holz, abgeschwächt und somit in einer deutlich geringeren Wärmewirkung in der Leimschicht resultieren.

6.2. Durchgeführte Verleimversuche

Mit der aufgebauten Parkettpresse werden Verleimversuche durchgeführt. Diese sind im Detail in [OVP08] beschrieben. Dabei werden die Parameter eingespeiste Mikrowellenleistung, Anordnung der Antennen, Vorschubgeschwindigkeit des Parketts, Leimsorte und Leimauftragsmenge variiert. Für jede Versuchsdurchführung werden die Parkettelemente, welche 2,23 m lang und 0,185 m breit sind, mit Leim beschichtet, prozessiert und anschließend die Qualität der Verleimung untersucht. In Bild 6.2b ist ein solches Parkettelement dargestellt, welches gerade in die Presse eingezogen wird. Der Auftrag des Leimes geschieht mit einer Malerrolle, wie in Bild 6.4a gezeigt. Die aufgetragene Leimmenge wird

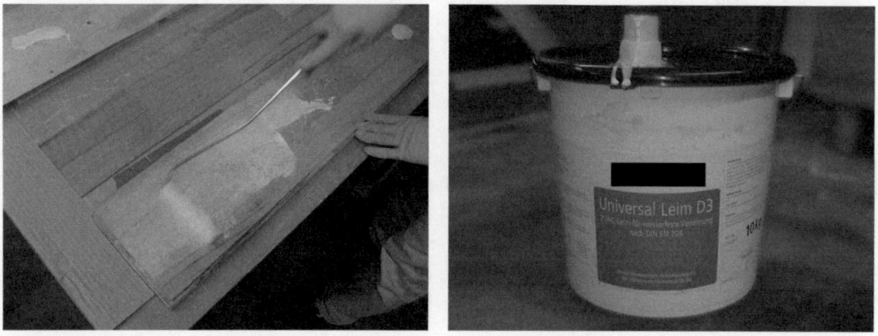

(a) Auftragen und Verteilen des Leimes auf dem Parkett mit einer Malerrolle.

(b) Verwendeter D3 Weißleim.

Bild 6.4.: Leimauftrag auf die Parkettelemente.

mittels Wägung kontrolliert.

Aus der durchgeführten Versuchsreihe werden die Parameter bestimmt, für welche die günstigsten Resultate erzielt werden. Zur Bewertung wird jeweils die Verleimqualität herangezogen, d. h. die Leimverbindung muß mindestens so fest sein, um die weiteren Verarbeitungsschritte im Parkettherstellungsprozeß durchführen zu können. Die Stabilität der Leimfuge wird mittels des sogenannten Aufstechtests ermittelt. Dazu wird versucht, die Leimfuge nach der Prozessierung mittels eines Stechbeitels aufzutrennen. Dies geschieht nachdem der Leim etwas abgekühlt ist (ca. 20 min), da der heiße Leim relativ weich ist und kaum Festigkeit aufweist. Optimal ist das Ergebnis, wenn dabei die Bruchstelle im Holz statt im Leim liegt, d. h. die Leimverbindung selbst fester ist als das Holz. Die Verleimqualität ist ausreichend, wenn mindestens 50 % der Bruchfläche im Holz liegen.

In Bild 6.5 sind einige Proben des aufgestochenen Parketts aus der Versuchsreihe dargestellt. In Teilbild (a) ist die Verleimung beim Auftrennen komplett im Leim gebrochen, das Holz ist größtenteils unversehrt. Es liegt damit ein reiner Leimbruch mit einem Holzbruchanteil von 0 % vor. Im Teilbild (b) verläuft die Bruchstelle etwa zur Hälfte im Leim und im Holz, was folglich einem Holzbruchanteil von 50 % und damit einer ausreichend guten Verleimung entspricht. Verläuft der Bruch nahezu komplett innerhalb des Holzes, wie in Teilbild (c) dargestellt, so ist die Leimverbindung fester als das Holz selbst, was ein optimales Ergebnis darstellt. Es ist jedoch anzumerken, daß der Aufstechtest kein präzises Verfahren zur Feststellung der Festigkeit der Verklebung bietet. Die Reproduzierbarkeit hängt stark davon ab, wie der Stechbeitel jeweils angesetzt wird. Aufgrund der nicht homogenen Faserstruktur des Holzes spielen kleine Unterschiede eine nicht unerhebliche Rolle.

(a) Reiner Leimbruch (0 %). (b) ≈ 50 % Holzbruch. (c) ≈ 100 % Holzbruch.

Bild 6.5.: Ergebnisse des Aufstechtests an den verleimten Parkettelementen.

Es läßt sich jedoch damit eine grundlegende Bewertung vornehmen. Aufgrund der einfachen Durchführbarkeit dieses Verfahrens wird es daher in der Praxis häufig angewandt.

6.2.1. Versuchsergebnis

Der mikrowellenunterstützte Verleimprozeß konnte im Experiment soweit optimiert werden, daß die Forderung von mindestens 50 % Holzbruchanteil zuverlässig erfüllt wird. Der Leim ist noch nicht an allen Stellen komplett durchgehärtet. Die Verklebung ist jedoch ausreichend, um damit weitere Verarbeitungsschritte durchzuführen oder das Parkett bis zur endgültigen Aushärtung zu lagern. Problematisch sind die Bereiche am seitlichen Rand. Wird hier keine ausreichende Verklebung erreicht, löst sich die Leimfuge, da sich ein Teil des Holzes durch die Feuchtigkeit verzieht. Durch die zusätzliche Mikrowellenleistung der Haushaltsmagnetrons wird jedoch auch hier eine ausreichende Verleimung erreicht, auch wenn diese schwächer ausfällt als in der Mitte des Parketts.

Aufgrund der beschränkten zur Verfügung stehenden Mikrowellenleistung ist die Vorschubgeschwindigkeit mit 1 m/min beim Versuchsaufbau jedoch relativ gering. Diese reicht nicht aus, um die Presse direkt in die Holzbearbeitung mit den Sägestraßen mit etwa 30 m/min Vorschubgeschwindigkeit zu integrieren. Eine skalierte Anlage mit höherer Mikrowellenleistung und größerer Baulänge könnte die Anforderung jedoch erfüllen.

In der folgenden Tabelle 6.1 sind die ermittelten Parameter aufgeführt. Diese werden im anschließend diskutierten simulierten Modell verwendet, um den Prozeß nachzubilden und mit dem Versuch zu vergleichen.

Die Mikrowelle wird insgesamt über 13 Antennen eingespeist, wovon die ersten 8 über insgesamt vier Industrie-Magnetrons mit einstellbarer Leistung von je maximal 2 kW gespeist werden, wobei die Leistung eines Magnetrons gleichmäßig über einen Leistungsteiler auf jeweils zwei Antennen aufgeteilt wird. Der Verlust im Speisenetzwerk und Zirkulator beträgt pro Magnetron etwa 100 W, wie sich durch eine kalorimetrische Messung der

Tabelle 6.1.: Aus den Verleimversuchen ermittelte Parameter für bestmögliche Verleimung.

Vorschubgeschwindigkeit	1 m/min
Leimauftragsmenge	$150\,\mathrm{g/m^2}$
Mikrowellenleistung	$8 \times 950\,\mathrm{W} + 5 \times 800\mathrm{W} = 11{,}6\,\mathrm{kW}$

tatsächlichen Ausgangsleistung ergibt. Die übrigen 5 Antennen werden jeweils über ein Haushaltsmagnetron mit einer Leistung von je ca. 800 W direkt gespeist.

Bei der aufgetragenen Leimmenge handelt es sich um die vom Hersteller des Leimes empfohlene Mindestmenge. Dies spart nicht nur Leim. Für die Mikrowellenverleimung ist eine möglichst geringe Leimmenge sogar günstig, da so weniger Energie zur Erwärmung und Verdampfung des Wassers aufgebracht werden muß.

Während der Versuche wird darauf verzichtet, die Leimtemperatur direkt zu messen. Dazu wäre es notwendig, entsprechende Sensoren in den Leim mit einzubringen. Dies gestaltet sich aufgrund der dünnen Schichtdicke des Leimes und der fortlaufenden Bewegung des Parketts als schwierig. Zudem wären die Sensoren mit einverleimt und somit unbrauchbar geworden. Um dennoch einen Überblick über die Temperaturverteilung zu bekommen, werden ersatzweise Thermographien der Holzoberseite mit einer Wärmebildkamera, unmittelbar nachdem das Parkett die Presse wieder verlassen hat, angefertigt. Eine solche Aufnahme eines Parkettelements ist in Bild 6.6 gezeigt.

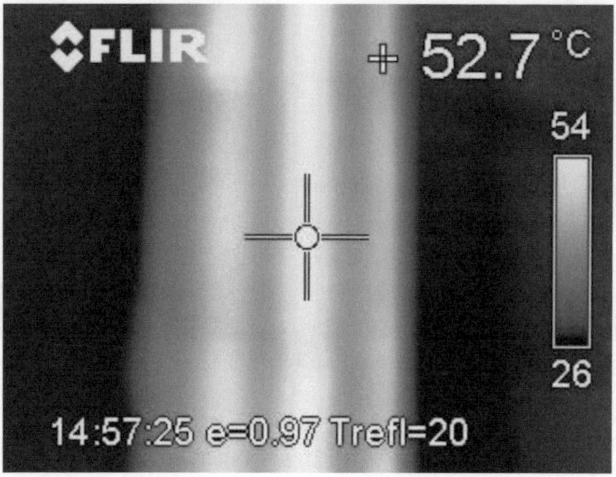

Bild 6.6.: Wärmebildaufnahme der Holzoberseite eines Parkettelements unmittelbar nach der Prozessierung. Deutlich ist die streifenförmige Struktur entlang der Vorschubrichtung zu erkennen.

Das Parkettelement liegt auf dem Bild mit der Längs- bzw. Vorschubsrichtung vertikal. Bedingt durch den gleichmäßigen Vorschub ergibt sich entlang der Vorschubsrichtung automatisch eine gleichmäßige Temperaturverteilung, zu erkennen an der streifenförmigen Struktur. Die Temperatur auf der Holzoberfläche liegt etwa im Bereich 40 °C bis 54 °C, wobei zu beachten ist, daß zwischen dem Ende der Prozessierung bzw. Entnahme des Parketts und der thermographischen Aufnahme einige Sekunden vergangen sind, in denen die Oberfläche ein wenig ausgekühlt ist.

6.3. Simulationsmodell

Der im vorangegangenen Abschnitt beschriebene Verleimversuch wird nun in einem Simulationsmodell nachgestellt. Um die für die Berechnung notwendigen Ressourcen Speicherplatz und Rechenzeit nicht unnötig in die Höhe zu treiben, konzentriert sich die Modellierung auf den für die Prozessierung relevanten Bereich. Dies ist die Rollenpresse mit den Einspeiseantennen des in Bild 6.1 gezeigten Kernstückes der Anlage. Die Filter an den Materialein- und ausgängen werden nicht modelliert. Auch sind die elektromagnetischen Felder nur im Bereich der Ober- und Unterdruckrollen, insbesondere des Parketts, von Bedeutung, wo auch die Einspeisung stattfindet. In größerer Entfernung davon sind die Feldstärken bereits soweit abgeklungen, daß die dort befindlichen Teile der Presse und das Pressengehäuse selbst keinen nennenswerten Einfluß auf das Feld im Parkett bzw. in der Leimschicht haben. Das Modell besteht daher aus dem Gestell der oberen und unteren Druckrollen und den dazwischen befindlichen Antennen zur Mikrowelleneinspeisung. Die Antennen werden direkt an einem Ende durch den Hohlleiterport gespeist. Dieses Modell ist in Bild 6.7 dargestellt.

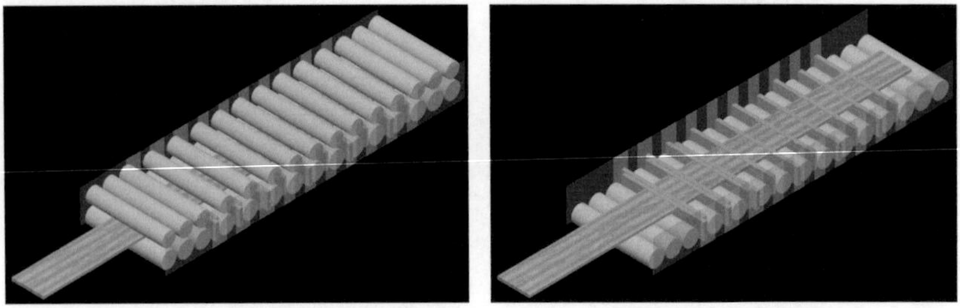

(a) Das Model der Parkettpresse mit Ober- und Unterdruckrollen.

(b) Geöffnete Darstellung ohne Oberdruckrollen.

Bild 6.7.: Das geometrische Modell der simulierten Parkettpresse. Deutlich sind in der geöffneten Darstellung die Antennen zwischen den Rollen und das durchlaufende Parkettelement zu sehen. Die als Randbedingung formulierten Seitenwände sind nicht dargestellt.

Insgesamt besteht das Modell aus 15 hintereinander angeordneten Rollenpaaren, wodurch sich eine Gesamtlänge von 1,75 m ergibt. Nach drei Rollen, welche den Einlaufbereich bilden, kommt das erste Antennenpaar, d. h. es befinden sich zwei gegensätzlich angeordnete Antennen mit der Einspeisung auf der rechten bzw. linken Seite. Diese Anordnung wurde gewählt, damit sich möglichst wenig Unsymmetrien bzgl. der linken und rechten Seite einstellen, da das Feld auf der Seite der Einspeisung jeweils größer ausfällt und damit dort eine stärkere Wärmewirkung zur Folge hat. Es folgen noch zwei weitere Antennenpaare mit jeweils einem Rollenpaar dazwischen. Danach befinden sich insgesamt 7 einzelne Antennen, wobei die Seite der Einspeisung alternierend zwischen der linken und rechten Seite wechselt. Diese Anordnung ist schematisch in Bild 6.8 skizziert.

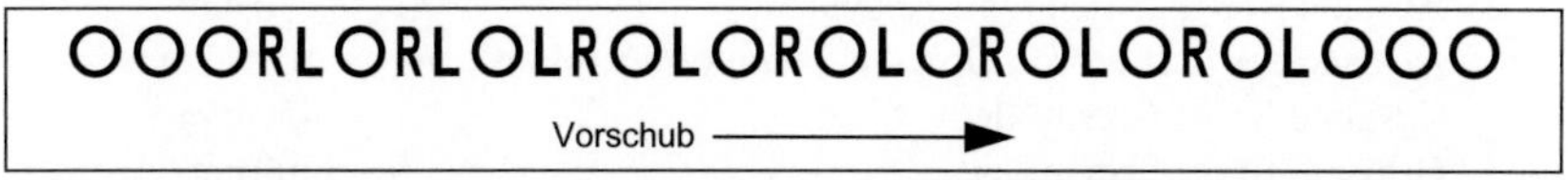

Bild 6.8.: Schematische Anordnung der 13 Antennen zwischen den insgesamt 15 Rollen. Die Bezeichnungen L bzw. R beziehen sich auf Einspeisung von der linken bzw. rechten Seite, jeweils in Richtung des Vorschubes betrachtet. Vergleiche auch Bild 6.7b.

Auf diese Weise ergibt sich im hinteren Bereich der Presse eine geringere Leistungsdichte der Mikrowellen. Der grundsätzliche Gedanke dahinter ist, daß zu Beginn ein möglichst hohe Leistungsdichte zur Verfügung steht, um eine schnelle Hochheizung auf den Siedepunkt zu bekommen, damit die Verdampfung frühzeitig beginnen kann. Dadurch, daß sich im hinteren Bereich der Presse jeweils nur eine Antenne zwischen den Rollen befindet, ist der Abstand der Rollen geringer, was eine bessere Pressung bedeutet in der kritischen Phase, wenn der Leim auszuhärten beginnt.

Das dargestellte Modell ist allseitig durch ideal elektrisch leitende Randbedingungen abgeschlossen. In Bild 6.9 ist die Konstruktion in Seitenansicht zusammen mit den relevanten Abmessungen dargestellt, die gleichzeitig auch geometrische Parameter des Modells sind. Die zugehörigen numerischen Werte sind in Tabelle 6.2 angegeben.

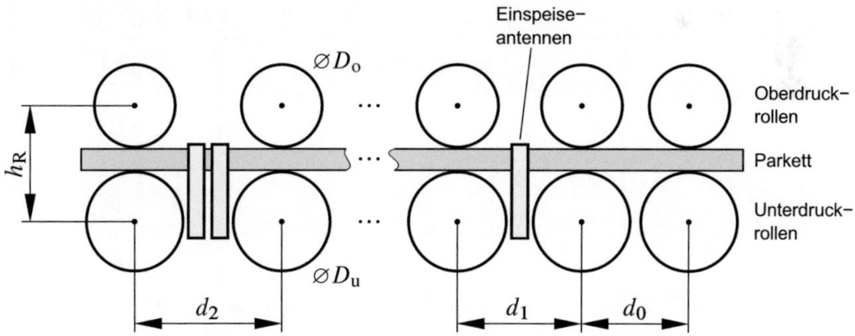

Bild 6.9.: Skizze der Rollenkonstruktion der Presse in Seitenansicht (nicht maßstäblich). Eingetragen sind die für das Modell relevanten Maße, siehe Tabelle 6.2.

Der unterschiedliche Abstand der Rollen resultiert daraus, ob und wie viele Antennen sich zwischen zwei Rollenpaaren befinden. Aufgrund der Konstruktion der Presse können die Rollen nur im Rasterabstand von 20 mm versetzt werden.

Tabelle 6.2.: Abmessungen des Modells der Rollenpresse, siehe Bild 6.9.

Rollendurchmesser oben	D_o	80 mm
Rollendurchmesser unten	D_u	90 mm
Abstand Rollenachsen ohne Antenne	d_0	100 mm
Abstand Rollenachsen für 1 Antenne	d_1	120 mm
Abstand Rollenachsen für 2 Antennen	d_2	140 mm
Abstand der Achsen von Ober- und Unterdruckrollen	h_R	100,11 mm
Gesamte Breite über Rollen		450 mm
Gesamte Breite über Alles		500 mm
Gesamte Länge über Alles		1750 mm

Die einzelnen Antennen zur Einspeisung der Mikrowelle sind alle gleich gefertigt. Diese bestehen aus einem Rechteckhohlleiter, der an einem Ende kurzgeschlossen ist und am gegenüberliegenden Ende gespeist wird. In den beiden breiten Hohlleiterwänden befindet sich direkt gegenüberliegend jeweils ein breiter Schlitz, durch den das Parkett während der Prozessierung durchläuft. Bild 6.10 zeigt die Skizze einer solchen Antenne. Die zugehörigen Abmessungen sind in Tabelle 6.3 angegeben. Da für das elektromagnetische Design primär die inneren Abmessungen des Hohlleiters von Bedeutung sind, werden die Maßangaben auf die Innenseite des Hohlleiters bezogen.

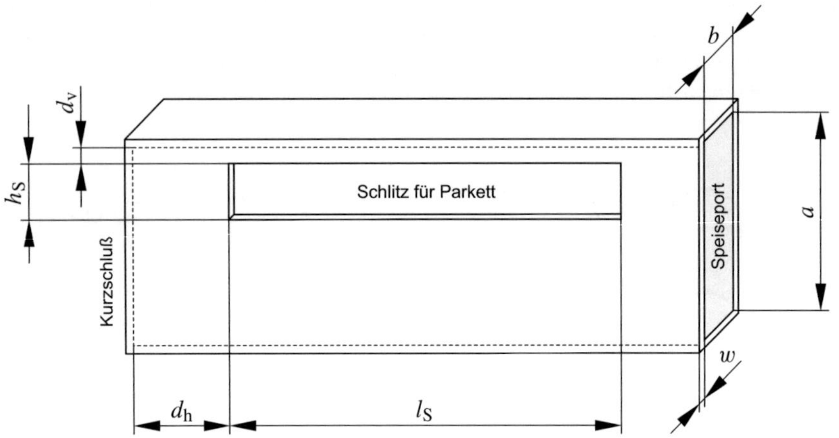

Bild 6.10.: Skizze einer einzelnen Einspeiseantenne in perspektivischer Ansicht (nicht maßstäblich). In der Vorder- und Rückwand befinden sich gegenüber liegend je ein Schlitz zur Durchführung des Parketts. Auf der rechten Seite befindet sich der Hohlleiterport zur Speisung der Antenne, die linke Seite ist kurzgeschlossen. Eingetragen sind die für das Modell relevanten Maße, siehe Tabelle 6.3.

Das Parkett besteht aus einer dünnen unteren Holzschicht und einer dickeren Deckschicht

Tabelle 6.3.: Abmessungen einer Einspeiseantenne, siehe Bild 6.10.

Hohlleiter Breite (innen)	a	86 mm
Hohlleiter Schmalseite (innen)	b	17 mm
Wandstärke	w	2 mm
Abstand Schlitz Kurzschlußende (innen)	d_h	91 mm
Abstand Schlitz obere Hohlleiterwand (innen)	d_v	0 mm
Schlitzlänge	l_S	260 mm
Schlitzhöhe	h_S	22,2 mm
Gesamte Länge (innen)		471 mm

aus Buchenholz, die mit einer Leimschicht dazwischen verleimt werden. Dies entspricht nicht ganz dem realen Aufbau von Parkett, welches auf der unteren Seite nur aus einem dünnen Gegenzug aus Schälfurnier und einer mittleren Trägerschicht besteht. Der beschriebene Aufbau hat sich während der Versuche aber als günstiger erwiesen, da er mechanisch stabiler ist und somit weniger dazu neigt, in der Presse zu verhaken. Die Abmessungen des Parketts sind in Tabelle 6.4 wiedergegeben.

Tabelle 6.4.: Abmessungen eines Parkettelements.

Gesamte Länge	2230 mm
Gesamte Breite	185 mm
Dicke untere Holzschicht	4 mm
Dicke Deckschicht	11 mm
Dicke Leimschicht	0,11 mm

Die Dicke der Leimschicht ergibt sich aus der Leimauftragsmenge $\sigma_{\text{Leim}} = 150\,\text{g/m}^2$ und der Dichte des Leimes $\rho_{\text{Leim}} = 1380\,\text{kg/m}^3$ zu

$$d_{\text{Leim}} = \frac{\sigma_{\text{Leim}}}{\rho_{\text{Leim}}} = 0{,}109\,\text{mm} \quad . \tag{6.1}$$

6.4. Beschreibung des Prozesses

Während der Prozessierung wird das Parkett mit einer konstanten Vorschubgeschwindigkeit von den angetriebenen Rollen transportiert und gleichzeitig gepresst. Dabei läuft das Parkett, das aus zwei Schichten Holz mit einer Klebefuge dazwischen besteht, durch die geschlitzten Hohlleiterantennen. Innerhalb der Hohlleiterantennen bildet sich näherungsweise ein H_{10}-Mode aus, so daß der elektrische Feldstärkevektor tangential zu der Grenzfläche zwischen Holz und Leim ausgerichtet ist. Aufgrund der Stetigkeitsbedingung koppelt das elektrische Feld somit ohne nennenswerte Abschwächung in die Leimschicht ein.

Als Leim wird im beschriebenen Aufbau ein wasserbasierter PVAc Holzleim verwendet. Dieser enthält als Lösemittel Wasser, in dem sich die festen kunststoffähnlichen festen Bestandteile (vor allem Polyvinylacetat) in Suspension befinden. Das Abbinden dieses Leimes beruht in erster Linie auf dem Verdampfen des darin enthaltenen Wassers, woraufhin sich die gelösten festen Bestandteile im Leim vernetzen und eine feste Klebefuge bilden. Bei Raumtemperatur dauert der Vorgang bis zur vollständigen Aushärtung etwa 2 bis 3 Tage, wobei eine gewisse Anfangsfestigkeit bereits nach 20 Minuten erreicht wird. Durch gezielte Erwärmung der Leimfuge läßt sich dieser Vorgang erheblich beschleunigen.

Durch die dielektrischen Verluste des Leimes, die hauptsächlich auf den Wasseranteil zurückzuführen sind, erwärmt sich dieser. Ist der Siedepunkt des Wassers erreicht, so dient die zugeführte Mikrowellenenergie primär zur Verdampfung des Wassers, wobei die Temperatur weitgehend auf dem Siedepunkt bleibt (vgl. Abschnitt 3.1.5). Ist das Wasser vollständig verdampft, ist der Leim abgebunden. Während des Heizvorganges ändern sich Temperatur und Wassergehalt ständig. Damit geht gleichzeitig eine Änderung der thermischen und elektrischen Materialparameter einher, so daß sich auch die Bedingungen für das elektromagnetische Feld ständig ändern.

Auf diese Weise resultiert eine gegenseitige Verkopplung des thermischen und elektrischen Feldes: Das elektrische Feld bewirkt eine Erwärmung, wodurch sich die Temperaturverteilung und durch Verdampfung auch der Wassergehalt im Material ändern. Damit ändern sich ebenfalls die dielektrischen Materialparameter, was wiederum eine Beeinflussung des elektrischen Feldes und damit eine Änderung des Wärmeeintrages zur Folge hat. Zusätzlich ändert sich durch den Materialvorschub die Geometrie des Aufbaus, wodurch sich ebenfalls eine Beeinflussung der thermischen und elektromagnetischen Felder ergibt. Da die örtliche Temperatur- und Wasserverteilung im Parkett an das Material gebunden ist, erfolgt ebenfalls eine Bewegung der thermischen Feldverteilung, und der damit einhergehenden örtlichen Verteilung der Materialparameter, synchron mit dem Materialvorschub.

Häufig wirkt sich diese gegenseitige Verkopplung günstig auf die Mikrowellenerwärmung aus. Wenn eine fortschreitende Erwärmung bzw. Aushärtung mit einer Verringerung der dielektrischen Verluste verbunden ist, erfolgt dort automatisch lokal ein geringerer Wärmeeintrag. Auf diese Weise werden bereits erwärmte bzw. fertig prozessierte Bereiche weniger geheizt, wodurch die Temperaturverteilung eine größere Homogenität als die elektrische Feldverteilung aufweist. Ein solches Verhalten ist für den untersuchten Holzleim zu erwarten, da dort die dielektrischen Verluste in der Hauptsache vom Wasseranteil abhängen. Mit zunehmender Erwärmung sinken die dielektrischen Verluste von Wasser bzw. sinkt der Wasseranteil selbst und somit auch die dielektrischen Verluste des Leimes.

Aufgrund des erläuterten Verhaltens des Leimes werden ausgehärtete Bereiche von der Mikrowelle automatisch weniger erwärmt. Zusätzlich wird der Materialvorschub ausgenutzt: Da der Prozessierungsfortschritt in Vorschubrichtung zunimmt, wird entlang des Vorschubes gegen Ende hin die Anzahl der einspeisenden Antennen und damit die wirksame Leistung reduziert. Dies unterstützt zusätzlich die Erfüllung der Anforderung, weiter fortgeschritten bzw. fertig prozessierte Bereiche weniger zu heizen.

6.5. Bestimmung der dielektrischen Eigenschaften von Leim und Holz

Im vorliegenden Versuchsaufbau wird als Holz Buche verwendet und als Leim ein wasserbasierter Weißleim vom Typ D3 aus Bild 6.4b.[1] Die dielektrischen Eigenschaften des Leimes werden in Abhängigkeit der Temperatur und des Aushärtezustandes, der mit dem Wassergehalt einhergeht, bestimmt. Für das Holz wird die Permittivität über der Temperatur ermittelt, wobei die natürliche Holzfeuchte etwa 10 % für gut abgelagertes Holz beträgt. Der gemessene Frequenzbereich reicht von 2 GHz bis 3 GHz, wobei die Frequenz 2,45 GHz von besonderem Interesse ist, da der untersuchte Mikrowellenapplikator bei dieser Frequenz arbeitet.

Die Messung erfolgt mittels einer koaxialen Sonde der Firma Agilent vom Typ 85070C [DPK]. Diese eignet sich sehr gut für die Bestimmung der komplexen Permittivität von festen und flüssigen Materialien. Die Sonde wird dazu auf die Oberfläche des Materials aufgesetzt bzw. bei flüssigen Materialien leicht eingetaucht. Dabei ist darauf zu achten, daß die Oberfläche hinreichend eben und glatt ist und sich bei flüssigen Medien keine Blasen bilden. Zudem muß die Materialprobe eine ausreichende Dicke von mindestens

$$d_{\min} = 20\,\mathrm{mm}/\sqrt{\varepsilon_\mathrm{r}'} \tag{6.2}$$

aufweisen. Mittels eines vektoriellen Netzwerkanalysators wird der komplexe Reflexionsfaktor an der Stoßstelle zwischen Sonde und Material gemessen. Mittels einer zur Sonde gehörenden Software, wird daraus die komplexe Permittivität $\varepsilon_\mathrm{r} = \varepsilon_\mathrm{r}' - j\varepsilon_\mathrm{r}''$ bestimmt. Das Verfahren setzt voraus, daß die gemessenen Materialien keine magnetischen Eigenschaften aufweisen, d. h. $\mu_\mathrm{r} = 1$. Dies ist bei den vorliegenden Materialien Holz und Leim erfüllt. Die spezifizierte typische Genauigkeit der Sonde beträgt $\pm 5\,\%$ für den Realteil ε_r'. Der Verlustanteil ε_r'' kann nur für hinreichend große Verluste mit

$$\tan\delta = \frac{\varepsilon_\mathrm{r}''}{\varepsilon_\mathrm{r}'} \overset{!}{>} 0{,}05 \tag{6.3}$$

zuverlässig bestimmt werden.

6.5.1. Messung des Leimes

Die Messung der komplexen Permittivität des Leimes erfolgt in Abhängigkeit der Temperatur im Bereich von 20 °C bis 100 °C. Dabei werden zwei Proben untersucht: Eine frische Leimprobe mit anfänglichem maximalen Wassergehalt und eine Leimprobe, die mehrere Wochen durchgetrocknet ist. Die durchgetrocknete Probe mußte dazu schrittweise aus

[1] Die Bezeichnung D3 bezieht sich auf die Wasserfestigkeit des Leimes.

dünnen Schichten aufgebaut werden, damit das darin enthaltene Wasser weitestgehend verdampfen kann. Die Messung weiterer Zustände zwischen dem flüssigen und dem vollkommen festen Zustand ist nicht vorgesehen. Diese würden sich nur schwer messen lassen, da die Leimprobe nicht homogen aushärtet.

Eine ungefähre Vorabmessung ergibt für den trockenen Leim eine Permittivität von $\varepsilon_r' \approx 4$, so daß eine Dicke gemäß (6.2) von $d_{\mathrm{min}} \approx 10\,\mathrm{mm}$ ausreichend ist. Da die Permittivität des flüssigen Leimes aufgrund des Wassergehaltes definitiv höher ist, genügt die Mindestdicke für beide Leimproben. In Bild 6.11 sind die beiden Leimproben in Petrischalen gezeigt. Die frische Leimprobe ist dabei während einer Messung mit leicht eingetauchter Koaxialsonde dargestellt. Die Oberfläche der festen Leimprobe steht etwas aus der Petrischale heraus und ist im mittleren Bereich plan geschliffen, um ein spaltfreies Aufsetzen der Sonde zu ermöglichen.

Die Messung über der Temperatur erfolgt, indem die Probe im Klimaschrank erwärmt wird. Dabei wird die Temperatur der Leimoberfläche mit einer Wärmebildkamera gemessen. Diese Methode eignet sich gleichermaßen für die flüssige und feste Probe, da damit eine schnelle Messung möglich ist. Zur Messung wird die Probe aus dem Klimaschrank genommen. Durch das Aufpressen der Sonde kühlt die Probe während der Messung (diese dauert ca. 1–2 s) lokal etwas ab. Dieser Effekt läßt sich mit der Wärmebildkamera erfassen. Die zu der Messung gehörende Temperatur wird daher durch den Mittelwert aus der gemessenen Temperatur vor und nach der Messung mit der Sonde gebildet.

Bei der Messung der frischen Leimprobe ist Eile geboten, da der Leim, beschleunigt durch die Erwärmung bereits abzubinden beginnt. Dadurch bildet sich auf der Oberfläche eine gummiartige Hautschicht, welche die Messung verfälscht, aber für den darunter liegenden Leim das Verdunsten des Wassers verhindert. Durch Umrühren kann diese Haut durchbrochen und mit dem flüssigen Leim gemischt werden, so daß zuverlässige Messungen

(a) Frische Leimprobe während der Messung.

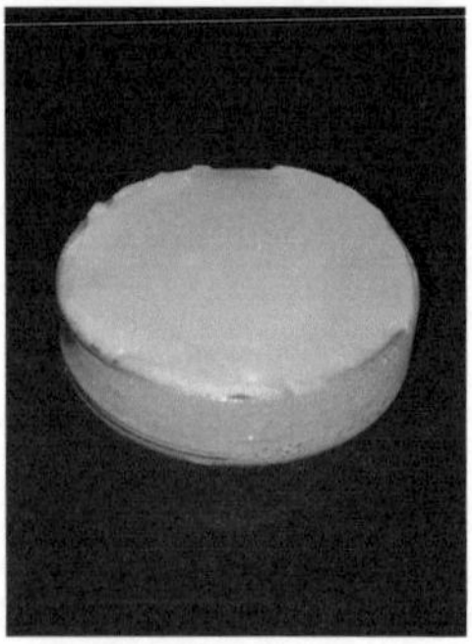

(b) Feste Leimprobe in Petrischale.

Bild 6.11.: Flüssige und feste Leimproben. Das linke Bild zeigt die Messung der komplexen Permittivität der flüssigen Leimprobe mit der Koaxialsonde 85070C.

möglich sind. Auf diese Weise ist eine Messung bis 65 °C möglich. Für höhere Temperaturen wird die Haut zu dick und fest um eine ausreichende Durchmischung zu erreichen. Die Werte der komplexen Permittivität für höhere Temperaturen, werden daher durch Extrapolation aus den gemessenen Werten gebildet.

Die Messung der festen Leimprobe ist im Gegensatz dazu unproblematisch, da das enthaltene Wasser bereits weitestgehend verdunstet und der Leim abgebunden ist. Dadurch sind die Eigenschaften innerhalb des betrachteten Temperaturbereichs reversibel, da außer der Temperaturänderung keine weitere Zustandsänderung der Probe während der Messung auftritt. Allerdings ist auch hier die maximale Temperatur, für die eine zuverlässige Messung möglich ist, beschränkt. Für Temperaturen oberhalb von 80 °C wird der vormals feste Leim weich und beginnt sich aufzublähen. Ursache ist das Verdampfen von eingeschlossenem Restwasser und das Ausdehnen winziger Luftbläschen. Daher beträgt hier die maximale gemessene Temperatur 75 °C.

Die aus der Messung gewonnenen Real- und Imaginärteile der komplexen Permittivität ε_r' bzw. ε_r'' sind für beide Leimproben in den Bildern 6.12 und 6.13 in Abhängigkeit der Temperatur und für eine Frequenz von 2,45 GHz aufgetragen. Zusätzlich sind die gefitteten Kurven eingezeichnet, welche den Verlauf über der Temperatur interpolieren und zusätzlich die Extrapolation über einen Temperaturbereich bis hoch zu 100 °C bzw. 110 °C zur Verfügung stellen. Es handelt sich bei den Fitting-Funktionen um Polynome zweiten Grades, deren Koeffizienten mittels der Methode der kleinsten Quadrate an die Meßwerte angepasst sind. Darauf wird in Abschnitt 6.6.1 genauer eingegangen.

Es ist zu erkennen, daß sich bei der flüssigen Leimprobe ein nahezu linearer Verlauf von ε_r' und ε_r'' über der Temperatur ergibt. Dies stärkt das Vertrauen in die extrapolierten Werte für Temperaturen über 65 °C, die meßtechnisch nur schwer zu ermitteln sind. Insgesamt ergibt sich eine Variation der Parameter über den Temperaturbereich von ca. 25 % bzw. 40 %. Es kann aufgrund der Messung nicht ausgeschlossen werden, daß diese Veränderung nicht allein aufgrund der Temperatur zustande kommt, sondern ebenfalls durch Voranschreiten

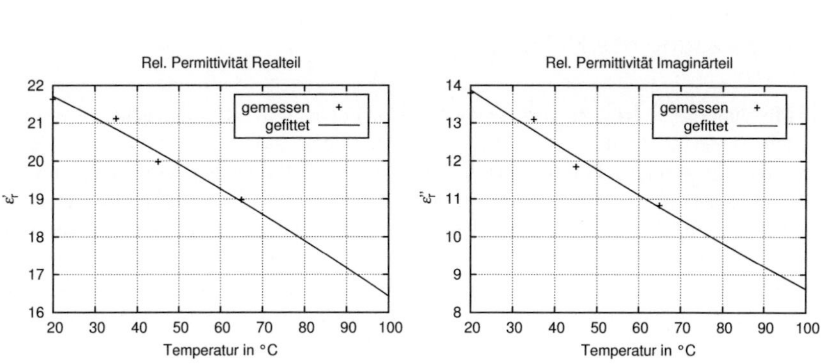

Bild 6.12.: Komplexe Permittivität des frischen flüssigen Leimes bei einer Frequenz von 2,45 GHz.

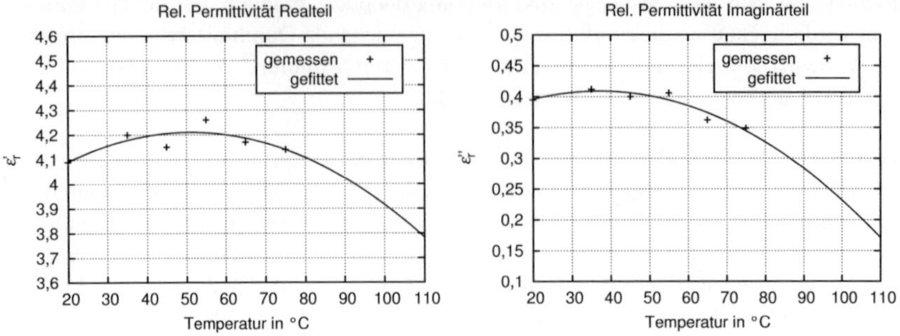

Bild 6.13.: Komplexe Permittivität des trockenen festen Leimes bei einer Frequenz von 2,45 GHz.

des Abbindevorganges. Zwar wurde versucht dies während der Messung so gut es geht zu verhindern, jedoch läßt sich der Vorgang nicht komplett unterdrücken.

Bei der festen Leimprobe ergibt sich ein deutlich nichtlinearer zudem nicht monotoner Verlauf über der Temperatur, der im extrapolierten Bereich über 75 °C stark abfällt. Die Variation des Realteiles liegt mit etwa 7 % in der Größenordnung der Genauigkeit der Messung mit der Sonde selber, so daß in erster Näherung auch von einem konstanten Wert ausgegangen werden kann. Der Imaginärteil variiert deutlich stärker um etwa 60 %. Die stärkere Variation des Imaginärteils ist auch bei der Messung des flüssigen Leimes zu beobachten.

Die Messungen zeigen, daß der Leim günstige Eigenschaften für die Mikrowellenprozessierung besitzt. Mit zunehmender Temperatur nehmen die dielektrischen Verluste ε_r'' ab. Vor allem aber besitzt der trockene Leim, aufgrund des geringeren Wassergehaltes, deutlich geringere dielektrische Verluste als der flüssige frische Leim (etwa Faktor 20). Damit werden automatisch schon stark erhitzte bzw. fertig prozessierte Bereiche weniger erwärmt.

6.5.2. Messung des Holzes

Die Messung des Holzes, im vorliegenden Beispiel handelt es sich um Buche, ist weniger kritisch, da hierfür bereits Werte in der Literatur zu finden sind, siehe z. B. [vH95]. Der Realteil der zu erwartenden Permittivität liegt etwa bei 2. Die Probendicke sollte daher mindestens eine Dicke $d_{\text{min}} \approx 15\,\text{mm}$ aufweisen. Dies wird erreicht, indem vier Deckschichten des Parketts mit einer Dicke von je 4 mm aufeinander gestapelt werden. Gemessen werden kann mit der Sonde beim Holz nur der Realteil ε_r' der Permittivität. Der Verlustanteil des Holzes ist so gering, daß die Bedingung (6.3) nicht erfüllt ist. Aus der Literatur ergibt sich ein Wert von ca. $\tan\delta \approx 0{,}02$, der kaum von der Temperatur abhängt. Anhand dieses Wertes wird der Imaginärteil gemäß $\varepsilon_r'' = \varepsilon_r' \tan\delta$ aus dem gemessenen Realteil ε_r' rekonstruiert. Die so ermittelten Werte sind in Bild 6.14 über der Temperatur für eine Frequenz von 2,45 GHz dargestellt.

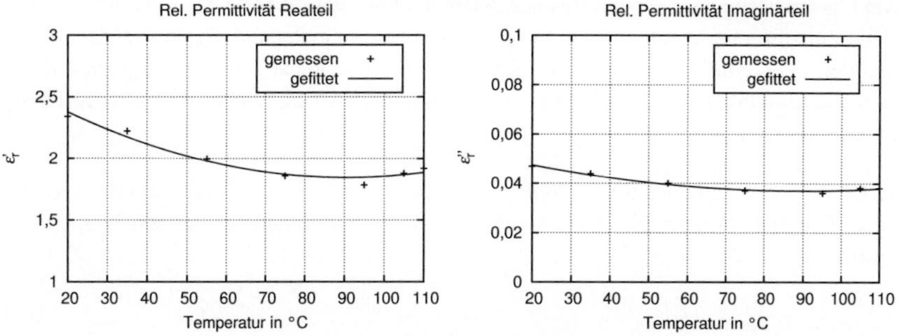

Bild 6.14.: Komplexe Permittivität des Holzes (Buche) bei einer Frequenz von 2,45 GHz (siehe Text).

Der Wert für den Realteil ε_r' variiert im betrachteten Temperaturbereich von 20 °C bis 110 °C um ca. 25 %. Aufgrund des als konstant angenommenen Wertes für $\tan\delta$ gilt das gleiche auch für den Imaginärteil. Mit zunehmender Temperatur sinken die Werte für ε_r' und ε_r'' leicht bis zu einer Temperatur von ca. 95 °C um für höhere Temperaturen wieder leicht anzusteigen. Generell betragen die dielektrischen Verluste beim Holz nur etwa ein Zehntel des Wertes für den trockenen Leim. Dadurch ist wie gewünscht mit einer geringeren Erwärmung des Holzes zu rechnen. Aufgrund des deutlich höheren Volumenanteils bzw. größeren Masse des Holzes gegenüber dem Leim darf dennoch der Leistungsanteil, der zur Erwärmung des Holzes benötigt wird, in der Energiebilanz nicht vernachlässigt werden.

6.6. Modellierung der Materialeigenschaften

Die Grundkonstruktion der Presse, bestehend aus Gestell und Rollen sowie den Antennen, ist aus Metall gefertigt. Dies wird als perfekter elektrischer Leiter (PEC) modelliert. Da dies im Inneren feldfrei ist, wird dort auch kein Feld berechnet, somit sinken Rechenzeit und Speicherbedarf. Für die Mikrowellenprozessierung sind die Materialien Holz und Leim von Bedeutung, wobei hier vorrangig auf die Modellierung des Leimes eingegangen wird, da diese komplexer ist. Siehe dazu auch Anhang C.

6.6.1. Modellierung des Leimes

Am bedeutendsten für das Modell sind die Materialparameter des Leimes. Neben der gemessenen Permittivität spielen auch die physikalischen Parameter Dichte, Wärmeleitfähigkeit und Wärmekapazität eine wichtige Rolle. Diese sind neben der Temperatur auch vom Wassergehalt abhängig. Für die Modellierung wird davon ausgegangen, daß der Leim aus zwei Phasen besteht, den festen Bestandteilen und flüssigem Wasser. Diese beiden Phasen[2] seien homogen miteinander gemischt. Die festen Bestandteile sind diejenigen Anteile, die nach dem Verdampfen des Wassers übrig bleiben. Die genau Zusammensetzung dieser festen Bestandteile ist nicht bekannt, ein wesentlicher Bestandteil ist der Kunststoff Polyvinylacetat (PVAc).

Zur Charakterisierung der Eigenschaften wird der volumetrische Wassergehalt η herangezogen. Dieser Parameter gibt an, welcher Anteil eines Volumens V auf den Wasseranteil entfällt:

$$\eta := \frac{V_W}{V} \tag{6.4}$$

Darin steht V_W für das Volumen des Wasseranteils in V. Definitionsgemäß ist $0 \leq \eta \leq 1$. Meßtechnisch einfacher zu erfassen ist der relative massenbezogene Anteil H des Wassers, also das Verhältnis

$$H = \frac{m_W}{m} \tag{6.5}$$

der Masse m_W Wasseranteils im Volumen V zur Gesamtmasse $m = m_F + m_W$, wobei m_F die Masse der festen Bestandteile ist. Zwischen dem relativen Massenanteil und dem volumetrischen Wasseranteil besteht gemäß (C.7) der Zusammenhang

$$\eta = \frac{H\rho_F}{H\rho_F + (1 - H)\rho_W} \quad , \tag{6.6}$$

wie in Anhang C gezeigt wird. Diese können somit ineinander umgerechnet werden, wenn man die Dichten der beiden Einzelphasen, ρ_F für die festen Bestandteile und ρ_W für das Wasser, kennt.

Thermische Materialeigenschaften

Für eine einfache Analyse zur Bestimmung des Wasseranteils wird anhand einer Probe von $50\,\mathrm{cm}^3$ die Dichte im frischen flüssigen Zustand durch Wägung bestimmt. Durch eine zweite Wägung mit einer Leimprobe, die mehrere Tage getrocknet ist, kann durch Vergleich der Massen der Wasseranteil bestimmt werden. Die Details dazu sind in Anhang C ausgeführt. Für die verwendete Leimprobe resultieren im frischen Zustand der in Tabelle 6.5 angegebene Wassergehalt und die zugehörigen Dichten der Einzelphasen.

Für die Berechnung ist noch der absolute Massenanteil Θ des Wassers pro Volumeneinheit von Interesse, dieser ergibt sich direkt aus dem volumetrischen Wassergehalt, vergleiche

[2] Es wird hier der Einfachheit wegen von Phasen gesprochen, obwohl physikalisch keine strikte räumliche Abgrenzung vorliegt.

Tabelle 6.5.: Dichte des frischen flüssigen Leimes, sowie der einzelnen Phasen.

Dichte ρ	$1380\,\mathrm{kg/m^3}$
Massenanteil Wasser H	35,8 %
Volumetrischer Wasseranteil η	0,494
Dichte des Wasserbestandteils ρ_W	$1000\,\mathrm{kg/m^3}$
Dichte der festen Bestandteile ρ_F	$1751\,\mathrm{kg/m^3}$

hierzu auch (3.39):

$$m_W = V_W \rho_W = \eta V \rho_W \qquad \Leftrightarrow \qquad \Theta := \frac{m_W}{V} = \eta \rho_W \tag{6.7}$$

Mit Hilfe des Parameters η, also des volumetrischen Wassergehaltes, lassen sich die Dichte und die thermischen Eigenschaften aus den entsprechenden Eigenschaften der beiden Einzelphasen gewinnen. Dies ist in Anhang C dargestellt und wird hier nur zusammenfassend wiedergegeben. Für die Dichte des Leimes gilt

$$\rho(\eta) = (1-\eta)\rho_F + \eta \rho_W \quad , \tag{6.8}$$

diese ergibt sich also durch das mit dem volumetrischen Wassergehalt η gewichtete arithmetische Mittel aus den Dichten der beiden Einzelphasen, ρ_F für die festen Bestandteile und ρ_W für das Wasser.

Die Wärmekapazität ergibt sich durch Addition der Wärmekapazitäten der beiden Einzelphasen, vorausgesetzt diese befinden sich innerhalb des betrachteten Volumens im thermischen Gleichgewicht. Ausgedrückt als Funktion des volumetrischen Wassergehaltes ergibt sich somit für die spezifische Wärmekapazität

$$c_{th}(\eta) = \frac{(1-\eta)\rho_F c_{th,F} + \eta \rho_W c_{th,W}}{(1-\eta)\rho_F + \eta \rho_W} \quad , \tag{6.9}$$

wobei $c_{th,F}$ und $c_{th,W}$ die spezifischen Wärmekapazitäten der festen Bestandteile bzw. des Wassers sind. Die Wärmeleitfähigkeit wird anhand einer einfachen Näherung, durch das mit dem volumetrischen Wassergehalt gewichtete arithmetische Mittel

$$\sigma_{th}(\eta) = (1-\eta)\sigma_{th,F} + \eta \sigma_{th,W} \quad , \tag{6.10}$$

aus den Wärmeleitfähigkeiten $\sigma_{th,F}$ und $\sigma_{th,W}$ der beiden Einzelphasen berechnet.

Die für die Modellierung des Leimes eingesetzten spezifischen Wärmekapazitäten und Wärmeleitfähigkeiten der Einzelphasen sind der einschlägigen Literatur entnommen [vH95, MM83]. Für die festen Bestandteile des Leimes sind keine Werte verfügbar, daher wird ersatzweise ein mittlerer Wert verwendet, der dem bezüglich der Konsistenz vergleichbarer Kunststoffe (PVC, Polyamid) entspricht. Auf eine Modellierung der Temperaturabhängigkeit wird verzichtet, da diese nur eine untergeordnete Rolle spielt. Die verwendeten thermischen Materialparameter der Einzelphasen sind in Tabelle 6.6 aufgeführt.

Tabelle 6.6.: Thermische Materialparameter für die Einzelphasen des Leimes.

	Wasser	Feste Bestandteile (Kunststoff)
Spezifische Wärmekapazität c_{th} in J/kgK	4180	1670
Wärmeleitfähigkeit σ_{th} in W/Km	0,6	0,2

Aufgrund der Beziehungen (6.9) und (6.10) ergibt sich eine Abhängigkeit der spezifischen Wärmekapazität bzw. der Wärmeleitfähigkeit des Leimes vom volumetrischen Wassergehalt η. Dieser ist in Bild 6.15 dargestellt. Während der Prozessierung verdampft ein Teil des Wassers, so daß η gleichzeitig eine orts- und zeitabhängige Zustandsgröße für den Fortschritt der Prozessierung darstellt.

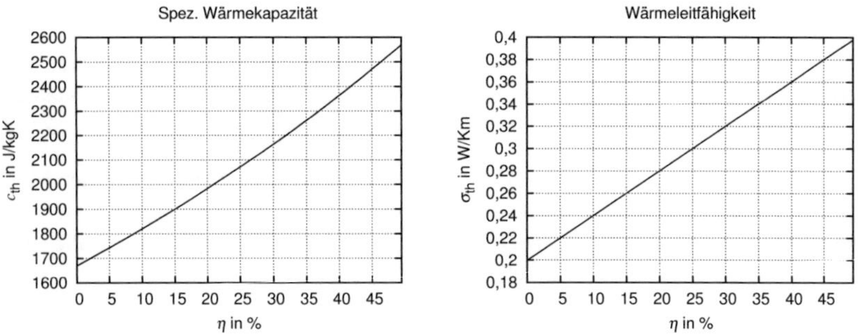

Bild 6.15.: Wärmekapazität und Wärmeleitfähigkeit des Leimes in Abhängigkeit des volumetrischen Wassergehaltes η.

Dielektrische Eigenschaften

Grundlage für die Modellierung der dielektrischen Eigenschaften sind die in Abschnitt 6.5.1 durchgeführten Messungen der komplexen Permittivität einer flüssigen Leimprobe, die dem Zustand des Leimes zu Beginn der Prozessierung entspricht und einer festen durchgetrockneten Leimprobe.

Die Beschreibung der Temperaturabhängigkeit für beide Zustände erfolgt jeweils getrennt für den Realteil ε_r' und den Imaginärteil ε_r'' durch ein Polynom zweiten Grades der Form

$$\xi(\vartheta) = a\vartheta^2 + b\vartheta + c \quad . \tag{6.11}$$

Darin steht ξ für die zu modellierende Größe, also ε_r' bzw. ε_r'' für den flüssigen und festen Leim und ϑ für die Maßzahl der Temperatur in °C. Aus den Meßwerten werden die Koeffizienten a, b und c derart bestimmt, daß die Summe der Quadrate der Abweichungen der Modellierungsfunktion (6.11) an den Stellen der jeweiligen gemessenen Temperaturen ϑ_i von den zugehörigen Meßwerten ξ_i minimal wird, also gilt

$$\sum_i [\xi(\vartheta_i) - \xi_i]^2 \quad \to \quad \min \quad . \tag{6.12}$$

Dies wird die *Methode der kleinsten Quadrate* genannt [Kie98]. Die sich für ε_r' und ε_r'' ergebenden Koeffizienten sind für den flüssigen und festen Leim in Tabelle 6.7 angegeben.

Tabelle 6.7.: Koeffizienten des Polynoms (6.11) zur Bestimmung der komplexen Permittivität des Leimes.

		a	b	c
Flüssiger Leim	ε_r'	$-1{,}21537 \cdot 10^{-4}$	−0,0514575	22,7919
	ε_r''	$8{,}71557 \cdot 10^{-5}$	−0,0762332	15,368
Fester Leim	ε_r'	$-1{,}23029 \cdot 10^{-4}$	0,0125749	3,88891
	ε_r''	$-4{,}46111 \cdot 10^{-5}$	0,00330292	0,347806

Die Werte der komplexen Permittivität für den flüssigen Leim entsprechen einem volumetrischen Wassergehalt von $\eta = \eta_0$, also dem Wassergehalt zu Beginn der Prozessierung. Im vorliegenden Beispiel ist gemäß Tabelle 6.5 $\eta_0 = 0{,}494$. Die komplexe Permittivität des festen Leimes entspricht (näherungsweise) dem volumetrischen Wassergehalt $\eta = 0$. Um die komplexe Permittivität für beliebige dazwischen liegende Werte von η zu erhalten, wird bezüglich η linear interpoliert. Auf diese Weise erhält man Funktionen für ε_r' und ε_r'' des Leimes, die von den beiden Veränderlichen Temperatur ϑ und volumetrischer Wassergehalt η abhängen:

$$\varepsilon'_\mathrm{rLeim}(\vartheta, \eta) = \frac{\eta}{\eta_0}\, \varepsilon'_\mathrm{rLeim,\,flüssig}(\vartheta) + \left(1 - \frac{\eta}{\eta_0}\right) \varepsilon'_\mathrm{rLeim,\,fest}(\vartheta) \tag{6.13}$$

$$\varepsilon''_\mathrm{r\,Leim}(\vartheta, \eta) = \frac{\eta}{\eta_0}\, \varepsilon''_\mathrm{r\,Leim,\,flüssig}(\vartheta) + \left(1 - \frac{\eta}{\eta_0}\right) \varepsilon''_\mathrm{r\,Leim,\,fest}(\vartheta) \tag{6.14}$$

Die Schaubilder dieser Funktionen sind in Bild 6.16 visualisiert.

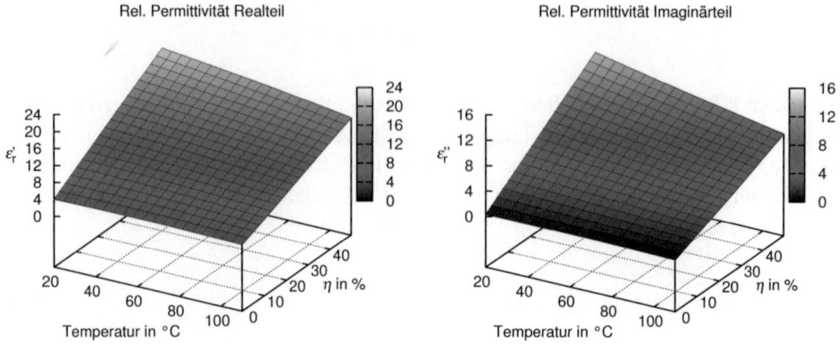

Bild 6.16.: Komplexe Permittivität des Leimes als Funktion von Temperatur und volumetrischem Wassergehalt nach (6.13) und (6.14).

Der Imaginärteil der komplexen Permittivität wird für die Berechnung in die äquivalente effektive Leitfähigkeit umgerechnet. Aus (4.7) folgt

$$\kappa_{\text{eff}} = \omega\varepsilon_0\varepsilon_r'' \quad , \tag{6.15}$$

wobei die explizite Angabe der ohmschen Leitfähigkeit entfällt, d. h. $\kappa = 0$ gesetzt wird, da die zugehören ohmschen Verluste bereits in ε_r'' enthalten sind. Da die Messung der komplexen Permittivität mit der Sonde, für jeden Frequenzpunkt einzeln, mit einem harmonischen CW-Signal erfolgt, kann diese prinzipiell nicht, ohne zusätzliche Annahmen, anhand des komplexen Reflexionsfaktors ermitteln, welcher Anteil der Verluste auf den dielektrischen Verlustmechanismus und welcher auf den ohmschen Verlustmechanismus entfällt.[3] Dies spielt für die Wirkungsweise der Mikrowellenerwärmung aber auch keine Rolle, wie in Anhang A.8.3 gezeigt wird.

6.6.2. Modellierung des Holzes

Für die modellierte Parkettverleimung wird Buchenholz verwendet. Die thermisch-physikalischen Materialparameter werden im betrachteten Temperaturbereich 20...105 °C als konstant angenommen. Die verwendeten Werte ergeben sich als Mittelwerte einschlägiger Literaturangaben, siehe z. B. [Hola, Holb], und sind in der Tabelle 6.8 zusammengefasst.

Die dielektrischen Eigenschaften werden in Abhängigkeit von der Temperatur modelliert. Als Grundlage dienen die Messungen aus Abschnitt 6.5.2. Für die Temperaturabhängigkeit

[3]Es handelt sich bei dem gemessenen ε_r'' damit bereits um $\varepsilon_{r\,\text{eff}}''$.

Tabelle 6.8.: Physikalische Eigenschaften von Buchenholz.

Dichte ρ	$690\,\mathrm{kg/m^3}$
Spezifische Wärmekapazität c_{th}	$2021\,\mathrm{J/kgK}$
Wärmeleitfähigkeit σ_{th}	$0{,}16\,\mathrm{W/Km}$

wird wie beim Leim eine Interpolation der Meßwerte mit einem Polynom zweiten Grades mit der Celsius-Temperatur ϑ analog (6.11) durchgeführt:

$$\begin{aligned} \varepsilon'_{\mathrm{rHolz}}(\vartheta) &= \quad a'\vartheta^2 + b'\vartheta + c' \\ \varepsilon''_{\mathrm{r\,Holz}}(\vartheta) &= \quad a''\vartheta^2 + b''\vartheta + c'' \end{aligned} \tag{6.16}$$

Die Koeffizienten ergeben sich mittels der Methode der kleinsten Quadrate (Abschnitt 6.6.1) und sind in Tabelle 6.9 angegeben. Die resultierenden Schaubilder sind in Bild 6.14 mit eingezeichnet.

Tabelle 6.9.: Koeffizienten für (6.16) zur Bestimmung der komplexen Permittivität des Holzes.

	a	b	c
$\varepsilon'_{\mathrm{r}}$	$1{,}07729 \cdot 10^{-4}$	$-0{,}0194845$	$2{,}7252$
$\varepsilon''_{\mathrm{r}}$	$2{,}18011 \cdot 10^{-6}$	$-3{,}91106 \cdot 10^{-4}$	$0{,}0544438$

6.7. Simulationsdurchführung

Mit dem in den vorangehenden Abschnitten beschriebenen Modell werden Simulationen mittels der entwickelten Software durchgeführt. Die Beschreibung der Geometrie der Parkettpresse, gemäß Abschnitt 6.3 sowie der Materialeigenschaften gemäß den Abschnitten 6.5 und 6.6, erfolgt in Python. Auch die Simulationsdurchführung und die Verarbeitung der Ergebnisse erfolgt in Python. Dazu existiert ein zentrales Steuerskript, welches die einzelnen Teilaufgaben an verschieden Unterroutinen delegiert. Die Simulation stellt den Versuch nach, der in Abschnitt 6.2 beschrieben wird, es gelten also auch die in Abschnitt 6.2.1 angegeben Parameter, insbesondere Leistung und Vorschubgeschwindigkeit.

6.7.1. Parameter für die Simulation

Die wesentlichen Parameter für die Simulation sind in der Tabelle 6.10 zusammengefasst.

Tabelle 6.10.: Simulationsparameter für Parkettpresse.

Gesamte Mikrowellenleistung	11,6 kW
Vorschub des Parketts	1 m/min
Umgebungstemperatur (Starttemperatur)	20 °C
Zeitschritt für EM-Berechnung Δt_{el}	$1{,}3 \cdot 10^{-12}$ s
Anzahl Zeitschritte für EM-Berechnung	4490 ($\hat{=}$ 5,8 ns)
Thermischer Zeitschritt Δt_{th}	$5 \cdot 10^{-3}$ s
Anzahl Zeitschritte für thermische Berechnung	480000 ($\hat{=}$ 240 s)
Aktualisierungsintervall für therm. Materialparameter	0,25 s
Aktualisierungsintervall für elektromagnetisches Feld	0,5 s
Gitterauflösung für elektromagnetische Berechnung	$25 \cdot 10^{-6}$ m ... $15 \cdot 10^{-3}$ m
Gitterauflösung für thermische Berechnung	$25 \cdot 10^{-6}$ m ... $5 \cdot 10^{-3}$ m
Randbedingung für elektromagnetische Berechnung	allseitig PEC
Randbedingung für thermische Feldberechnung	allseitige Abstrahlung

Für die thermischen Berechnungen wird von einer Umgebungstemperatur von 20 °C ausgegangen. Auf dieser Temperatur befindet sich auch das Parkett mit der Leimschicht zu Beginn der Prozessierung. Die simulierte Zeitdauer ist gleich der Zeitdauer der thermischen Berechnung. Diese richtet sich nach dem Durchlauf eines Parkettelements. Die gesamte Länge des Applikators beträgt 1,75 m, die Länge eines Parkettelements 2,23 m. Zum Zeitpunkt $t = 0$ befindet sich die vordere Kante des Parketts exakt am Beginn des Einlaufs. Die gesamte Strecke, welche das Parkett zurücklegen muß, bis es den Applikator wieder verlassen hat, beträgt damit 1,75 m + 2,23 m = 3,98 m. Bei einer Vorschubgeschwindigkeit von 1 m/min ergibt sich eine Durchlaufzeit von 238,8 s. Die Simulation bezieht sich nur auf das Innere des Applikators. Der Abkühlvorgang, nachdem das Parkett den Applikator verlassen hat, ist nicht Bestandteil der Simulation.

Das Berechnungsgebiet für die elektromagnetische Feldberechnung umfaßt den ganzen Innenraum der Parkettpresse mit beiden Rollenbahnen, wie in Bild 6.7 auf Seite 120 dargestellt. Zur effizienten Berechnung wird dieses Gebiet in allen drei Raumrichtungen in zweckmäßige Teilgitter aufgeteilt. Dabei wird der Bereich in und um die Hohlleiterantennen herum feiner diskretisiert als der von den Rollen eingenommene Bereich. Ebenso ist in der vertikalen Richtung, der Bereich, in welchem das Parkett durchläuft, feiner diskretisiert als die Raumbereiche im unteren und oberen Teil des Berechnungsgebietes. Aufgrund der sehr dünnen Leimschicht ist dort die vertikale Gitterauflösung sehr fein, so daß diese mehrere Gitterzellen hoch ist. Wegen dieser geringen Abmessung einer Gitterzelle ist zur Einhaltung der Stabilitätsbedingung (2.51) dort lokal ein sehr kleiner Zeitschritt erforderlich. Dies wird durch einen zeitlichen Überabtastungsfaktor von 23 innerhalb der Leimschicht und 3 innerhalb des Holzes erreicht, siehe hierzu Abschnitt 2.9.2. Der Zeitschritt und die Anzahl der Berechnungszeitschritte für das elektromagnetische Feld sind so gewählt, daß der eingeschwungene Zustand zuverlässig erreicht wird und keine Instabilitäten auftreten.

Für die thermischen Berechnungen sind nur die Vorgänge innerhalb des Parketts, also dem

Holz und dem Leim von Interesse. Daher beschränkt sich das thermische Berechnungsgebiet in vertikaler Richtung auf den Bereich zwischen der oberen und unteren Rollenbahn und in der Breitenrichtung auf die Breite des Parkettelements. Auch hier wird in der Leimschicht in vertikaler Richtung die gleiche feine Auflösung gewählt, wie bei dem entsprechenden elektromagnetischen Teilgitter. Der lokale Überabtastungsfaktor (siehe Abschnitt 3.4.1) beträgt ebenfalls 23. Der gewählte thermische Zeitschritt (Hauptzeitschritt) beträgt etwa ein Zehntel des nach der Stabilitätsbedingung (3.59) zulässigen maximalen Wertes. Dieser kleine Wert wirkt sich, gemäß der Bemerkung nach (3.43), günstig auf die erreichbare Genauigkeit aus, da diese direkt von der Größe des Zeitschrittes abhängt. Zudem bildet die für die thermische Berechnung notwendige Rechenzeit nur einen kleinen Anteil der gesamten Rechenzeit. Für das thermische Gitter wird allseitig eine abstrahlende Randbedingung mit einem Emissionsgrad von $\varepsilon_{\mathrm{rad}} = 0{,}8$ angenommen. Von jedem Punkt der Oberfläche dieses Gitters sind nur die auf Umgebungstemperatur befindlichen Applikatorwände sichtbar, so daß sich die vereinfachte Modellierung der Wärmestrahlung nach Abschnitt 3.2.4 anwenden läßt.

6.7.2. Ressourcenbedarf

Das Berechnungsgitter für die elektromagnetische Feldberechnung besteht in der Breitenrichtung aus drei, in der Vertikalen aus sieben und in der Länge aus 21 Intervallen (vgl. Bild 2.10 auf Seite 51), die von insgesamt 189 Teilgittern belegt werden. Insgesamt bestehen diese Teilgitter aus 743491 Gitterzellen mit einem gesamten Speicherbedarf von 70 MB. Das Gitter für die thermischen Berechnungen besteht nur aus drei in der Höhe geschichteten Teilgittern, wobei das mittlere der Leimschicht entspricht. Für diese thermischen Teilgitter werden insgesamt 266400 Gitterzellen bei einem Speicherbedarf von 53 MB benötigt.

Die Durchführung der Simulation erfolgt auf einem Rechner mit 2 Intel® Xeon® X5660 Prozessoren mit jeweils 6 Cores bei einer Taktfrequenz von 2,80 GHz. Die Berechnung läuft auf dieser Architektur mit 12 parallel ausgeführten Threads zur Berechnung der elektromagnetischen und thermischen Felder, wobei die durchschnittliche Systemauslastung bei etwa 570 % liegt. Die benötigte Rechenzeit zur Berechnung eines eingeschwungenen Zustandes des elektromagnetischen Feldes beträgt etwa 20 min. Insgesamt sind während der Simulation 480 solcher Berechnungen notwendig. Die insgesamt notwendige Rechenzeit für einen Simulationsdurchlauf beträgt etwa 186,5 Stunden (ca. 7¾ Tage). Davon fällt der größte Anteil mit etwa 160 Stunden auf die sich wiederholenden Berechnungen des elektromagnetischen Feldes.

6.8. Simulationsergebnisse

Ziel der Simulation ist es, Temperatur und Wassergehalt in der Leimschicht über der Zeit zu verfolgen. Dies ermöglicht einen Einblick in den Prozessierungsvorgang, der durch die Versuchsdurchführung alleine so nicht gewonnen werden kann. Anhand dieser Ergebnisse kann die Aushärtung des Leimes beurteilt werden. Daneben sind aber auch die elektrischen Feldstärken von Interesse, da diese den Wärmeeintrag bestimmen. Aufgrund der ausgleichenden Wirkung der Wärmeleitung ist jedoch eine Temperaturverteilung zu erwarten, die gleichmäßiger verläuft als die elektrische Feldverteilung.

In den folgenden Abschnitten werden repräsentative elektrische und thermische Feldbilder in den jeweils relevanten Schnittebenen gezeigt und diskutiert. Die interessanteste Schnittebene liegt in der Leimschicht.

6.8.1. Elektrische Feldverteilung

Bild 6.17 zeigt den Effektivwert der elektrischen Feldstärke im Applikator in einem horizontalen Schnitt auf Höhe der Mitte der Leimschicht. Etwa das mittlere Drittel, begrenzt durch die beiden horizontalen Linien, stellt den Bereich dar, in dem das Parkett, genauer die Leimschicht, durchläuft. Links und rechts davon befinden sich die Hohlleiter für die Mikrowelleneinspeisung. Die Positionen dieser Einspeisungen sind durch kleine Pfeile am Rand des Bildes gekennzeichnet, siehe dazu auch Bild 6.7 auf Seite 120. Gut zu erkennen sind die hohen Feldstärken am Beginn jeder Einspeisung. Die Vorschubrichtung erfolgt hier, und in den nachfolgenden Bildern, von links nach rechts, wie durch den langen Pfeil symbolisiert wird.

Das Teilbild (a) bezieht sich auf den Zeitpunkt, bevor das Parkett in de Applikator einzulaufen beginnt, stellt also den Fall dar, daß der Applikator unbeladen ist. Im zweiten Teilbild (b), nach einer simulierten Zeit von 120 s, das entspricht der halben Prozessierungsdauer, ist das Parkett schon bis zum Ende des Applikators durchgelaufen, der Applikator also vollständig beladen. Dargestellt ist in diesem Fall das Feld in der Leimschicht. Aufgrund der gegenüber Luft höheren Permittivität der Leimschicht bzw. des Holzes ist die Wellenlänge leicht verkürzt im Vergleich zum unbeladenen Applikator nach Teilbild (a), was sich gut an den kürzen Abständen der Interferenzminima und -Maxima erkennen läßt. Dabei ist zu beachten, daß gegen Ende des Applikators (nach rechts im Bild) das Parkett schon (teilweise) prozessiert ist, die Permittivität also gemäß Abschnitt 6.6.1 abnimmt. Am Beginn des Applikators befinden sich zwischen den Rollen jeweils zwei Antennen, weshalb dort durch konstruktive Überlagerung nahe der Mitte die höchsten Feldstärken auftreten. Allerdings sind diese Maxima örtlich relativ schmal begrenzt und reichen nicht über die volle Breite des Parketts.

Im mittleren Bereich bis zum Ende des Applikators befindet sich jeweils nur eine Antenne zwischen den Rollen, und der Abstand der einzelnen Antennen ist größer, so daß die Interferenzerscheinungen dort geringer sind. Im unbeladenen Fall nach Teilbild (a) ist das Feld im Bereich des Parketts über die Breiter nahezu homogen. Dies ändert sich aber, siehe Teilbild (b), wenn das Parkett hinzukommt, auch wenn in diesem Bereich die Permittivität des Leimes schon stark abgenommen hat. Das Feld ist nicht mehr homogen über die Breite und die Maxima befinden sich eher im mittleren Bereich, teilweise auch direkt am Rand des Parketts. Dies hat Einfluß auf das Ergebnis der Prozessierung.

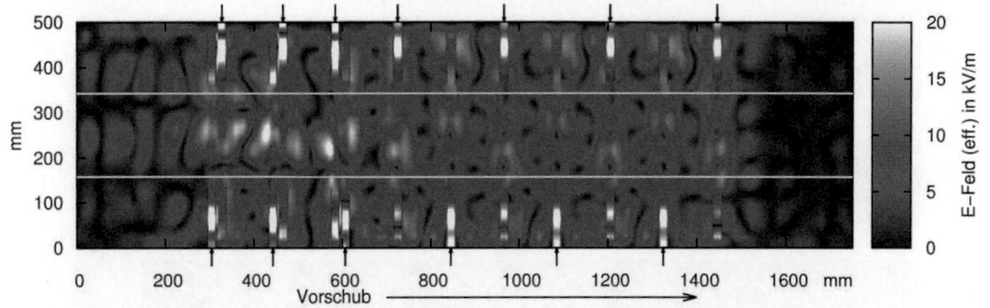

(a) Applikator ohne Parkett, zu Beginn der Prozessierung ($t = 0$ s).

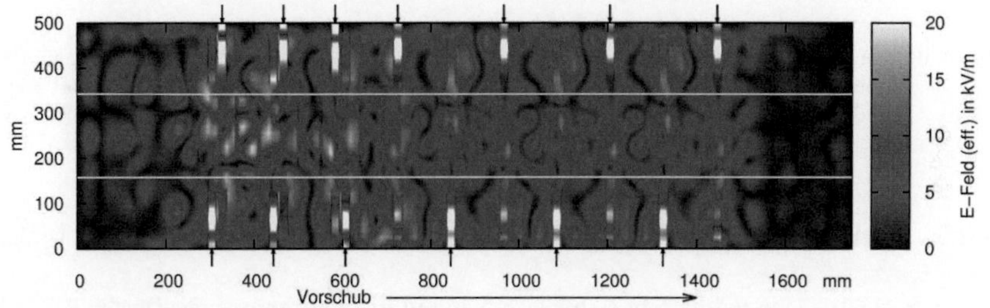

(b) Nach der halben Prozessierungszeit ($t = 120$ s) ist das Parkett komplett im Applikator.

Bild 6.17.: Effektivwert der elektrischen Feldstärke im Applikator in einem Horizontalschnitt durch die Mitte der Leimschicht. Die hellgrauen Linien begrenzen das Parkett in der Breite. Die kleinen Pfeile markieren die Position der Einspeiseantennen.

In Bild 6.18 sind ergänzend noch drei Vertikalschnitte des elektrischen Feldes durch den unbeladenen Applikator gezeigt. Deutlich zeichnen sich die feldfreien Bereiche durch die oberen und unteren Rollen ab. Die Hohlleiter befinden sich zwischen den unteren Rollen. In den freien Bereichen zwischen den oberen Rollen bilden sich hohe Feldstärken aus, die vermutlich durch Resonanzeffekte in den sich ausbildenden Teilhohlräumen entstehen. Zu beachten ist, daß der obere Rand mit einem idealen Leiter (PEC) abgeschlossen ist, während bei der realen Presse das Metallgehäuse einen deutlich größeren Abstand aufweist. Auf die Prozessierung des Parketts hat das Feld in diesem Raum keinen primären Einfluß.

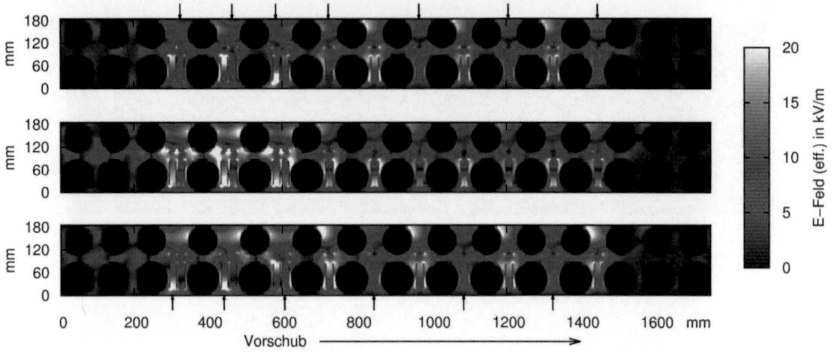

Bild 6.18.: Effektivwert der elektrischen Feldstärke in drei Vertikalschnitten in Längsrichtung für den unbeladenen Applikator. Der mittlere Schnitt geht durch die Mitte des Parketts. Der obere und untere Schnitt sind jeweils eine viertel Parkettbreite aus der Mitte nach links bzw. rechts (betrachtet in Vorschubrichtung) versetzt.

6.8.2. Elektrischer Leistungseintrag in die Leimschicht

Aus dem elektrischen Feld ergibt sich zusammen mit den Leitfähigkeitsverlusten der Leistungseintrag in die Leimschicht gemäß (4.8). Für den Prozeßverlauf wird in Bild 6.19, für mehrere Zeitpunkte zwischen $t = 20\,\mathrm{s}$ und $t = 220\,\mathrm{s}$, die räumliche Leistungsdichte des Wärmeeintrages in die Leimschicht gezeigt, während das Parkett von links nach rechts durchläuft. Dabei ist nur der relevante Ausschnitt der Horizontalebene im Bereich des Parketts dargestellt, da außerhalb kein Wärmeeintrag stattfindet. Der Vergleich mit Bild 6.17b bestätigt, daß am Beginn des Applikators (links im Bild 6.19) der Leistungseintrag dem elektrischen Feld folgt. Zum Ende des Applikators (rechts im Bild) geht der Leistungseintrag, insbesondere im mittleren Bereich des Parketts, stark zurück, obwohl dort die Feldstärken am höchsten sind. Dies liegt daran, daß dort die Verluste durch das verdampfte Wasser schon sehr stark abgenommen haben (siehe nachfolgenden Abschnitt). Dies entspricht der gewünschten Wirkungsweise, daß bereits fertig prozessierte Bereiche weniger geheizt werden, als solche, in denen ein weiterer Wärmeeintrag notwendig ist. Das Bild zeigt aber auch, daß der wesentliche Wärmeeintrag am Beginn der Prozessierung erfolgt. Dies ist ebenfalls gewünscht, damit eine schnelle Hochheizung auf den Siedepunkt erfolgt und ausreichend Zeit zum Verdampfen zur Verfügung steht.

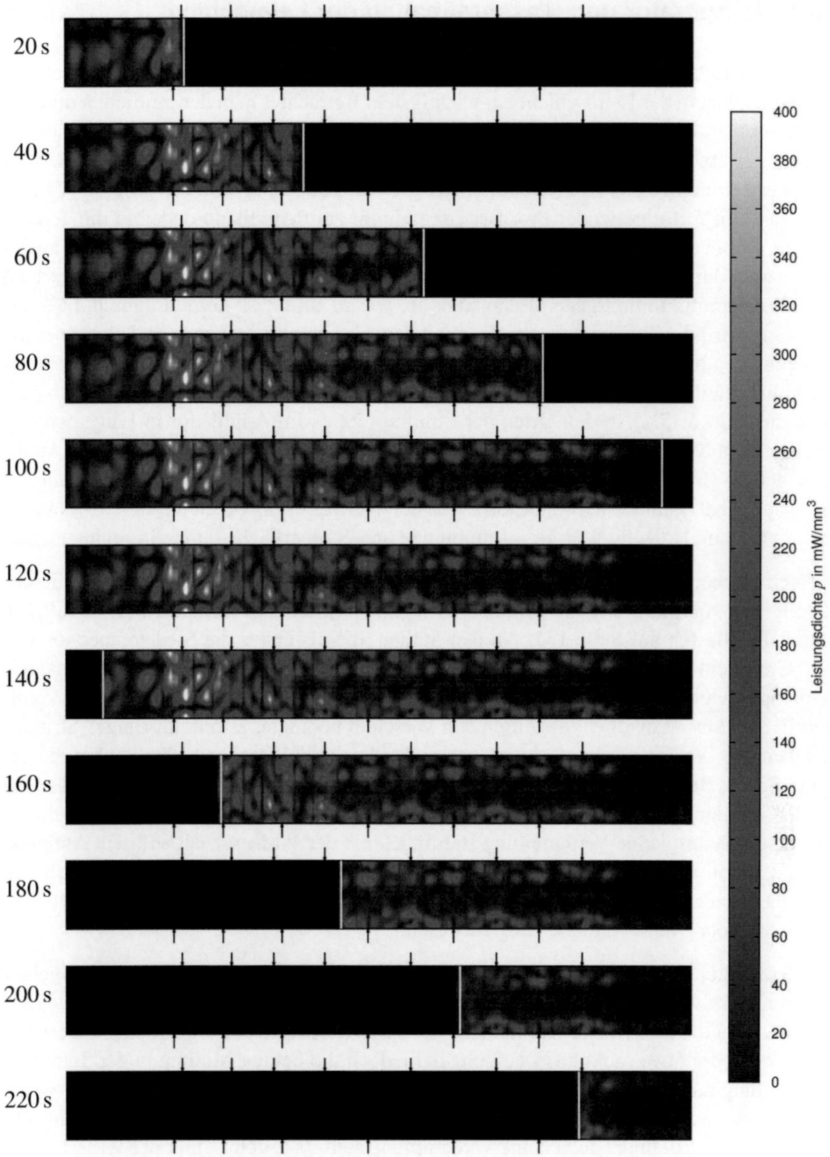

Bild 6.19.: Umgesetzte Leistungsdichte des elektrischen Feldes in der Leimschicht für verschiedene Zeiten (links angegeben), während das Parkett von links nach rechts durchläuft. Die hellgraue Linie markiert die Position des Parketts. Die kleinen Pfeile geben die Positionen der Einspeiseantennen an.

6.8.3. Temperatur und Wassergehalt in der Leimschicht

Um die Qualität der Prozessierung zu beurteilen, ist die Kenntnis der Temperatur und des Wassergehaltes in der Leimschicht am wichtigsten. Betrachtet man den zeitlichen und örtlichen Temperaturverlauf in Bild 6.20, so ist festzustellen, daß die Leimschicht schon im Bereich der ersten beiden Antennen punktuell den Siedepunkt von 100 °C erreicht. Dies erfolgt erwartungsgemäß an den Punkten der größten Feldstärke bzw. des größten Wärmeeintrages. Mit fortschreitender Prozessierung nimmt zum Applikatorende hin die Temperatur zu, wobei die 100 °C nur vereinzelt überschritten werden. Dies liegt zum einen an der Begrenzung durch den Siedepunkt in Gebieten, die noch Restwasser enthalten. Aber auch der Wärmeeintrag nimmt gegen Ende stark ab, wie in Bild 6.19 gezeigt. Durch die Wärmeleitung wird die Temperaturverteilung mit fortschreitender Zeit zum Ende hin über die Breite hinweg homogener. Es bilden sich jedoch nahe dem Rand zwei „Streifen" die deutlich kühler bleiben und auch den Siedepunkt nicht erreichen. Dies erklärt sich durch eine Blick auf Bild 6.17b. An den Orten der Streifen gibt es im Applikator in Längsrichtung durchweg ein Minimum der elektrischen Feldstärke, welches sich im unbeladenen Applikator gemäß Bild 6.17a noch nicht abzeichnet. Nachdem das Parkett die letzte Antenne durchlaufen hat, kühlt es wieder etwas ab, da der Wärmeeintrag durch das Feld zurückgeht und das kühlere Holz die Wärme aufnimmt und an der Oberfläche durch Strahlung abgibt.

Die sich ergebende örtliche Verteilung des Wassergehaltes ist in Bild 6.21 über der Zeit dargestellt. Der volumetrische Wasseranteil beträgt zu Beginn der Prozessierung $\eta = 49{,}4\,\%$ gemäß Tabelle 6.5 auf Seite 131. An den Stellen, die als erstes die Siedetemperatur von 100 °C erreicht haben, setzt bereits frühzeitig, im Bereich des zweiten Antennenpaares, Verdampfung ein. Zum Ende der Prozessierung hin verringert sich der Wassergehalt kontinuierlich und es ist deutlich, die durch den Vorschub bedingte, „streifenförmige" Struktur zu sehen. Die Verdampfung erfolgt jedoch nicht gleichmäßig und vollständig über die gesamte Breite. Besonders treten die zwei horizontalen Streifen hervor, die auch in Bild 6.20 bei der Temperatur zu beobachten sind. An diesen Stellen wird der Siedepunkt nicht erreicht, so daß dort keine Verdampfung stattfindet und der Wassergehalt auf dem Anfangszustand bleibt. Beim Wärmeeintrag (Bild 6.19) ist zu erkennen, daß in die wasserhaltigen Bereiche auch gegen Ende der Prozessierung ein Wärmeeintrag stattfindet, wie es der Wirkungsweise der Mikrowellenheizung entspricht.

Zur Verdeutlichung des Ergebnisses ist in Bild 6.22 die Temperatur und der Wassergehalt über der Parkettbreite am Ende der Prozessierung ($t = 220\,\mathrm{s}$) aufgetragen. Zu beachten ist, daß dies nicht die erreichten Maximaltemperaturen darstellt, da das Parkett nach der letzten Antenne wieder etwas abkühlt. Deutlich sind jedoch die beiden Minima in der Temperaturverteilung zu erkennen, die weit unterhalb der Siedetemperatur liegen. Diese Minima korrespondieren zu den beiden Maxima des Wassergehaltes. Da die Siedetemperatur hier nicht erreicht wird, findet auch keine Verdampfung statt. Folglich ist hier der Wassergehalt genauso hoch, wie vor der Prozessierung (49,4 %). Die Integration über den Wassergehalt in Bild 6.22 ergibt, daß insgesamt 63,1 % des anfänglichen Wassergehaltes bei der Prozessierung verdampft werden.

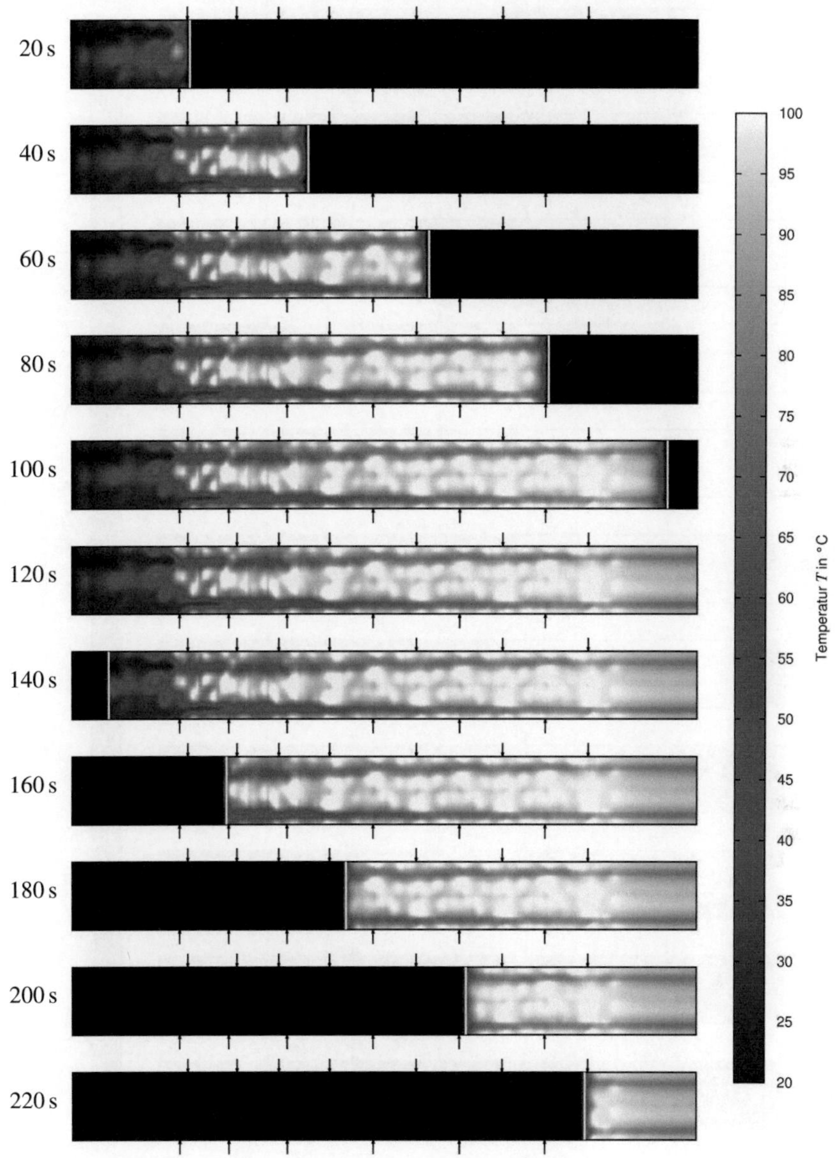

Bild 6.20.: Temperatur in der Leimschicht für verschiedene Zeiten (links angegeben), während das Parkett von links nach rechts durchläuft. Die hellgraue Linie markiert die Position des Parketts. Die kleinen Pfeile geben die Positionen der Einspeiseantennen an.

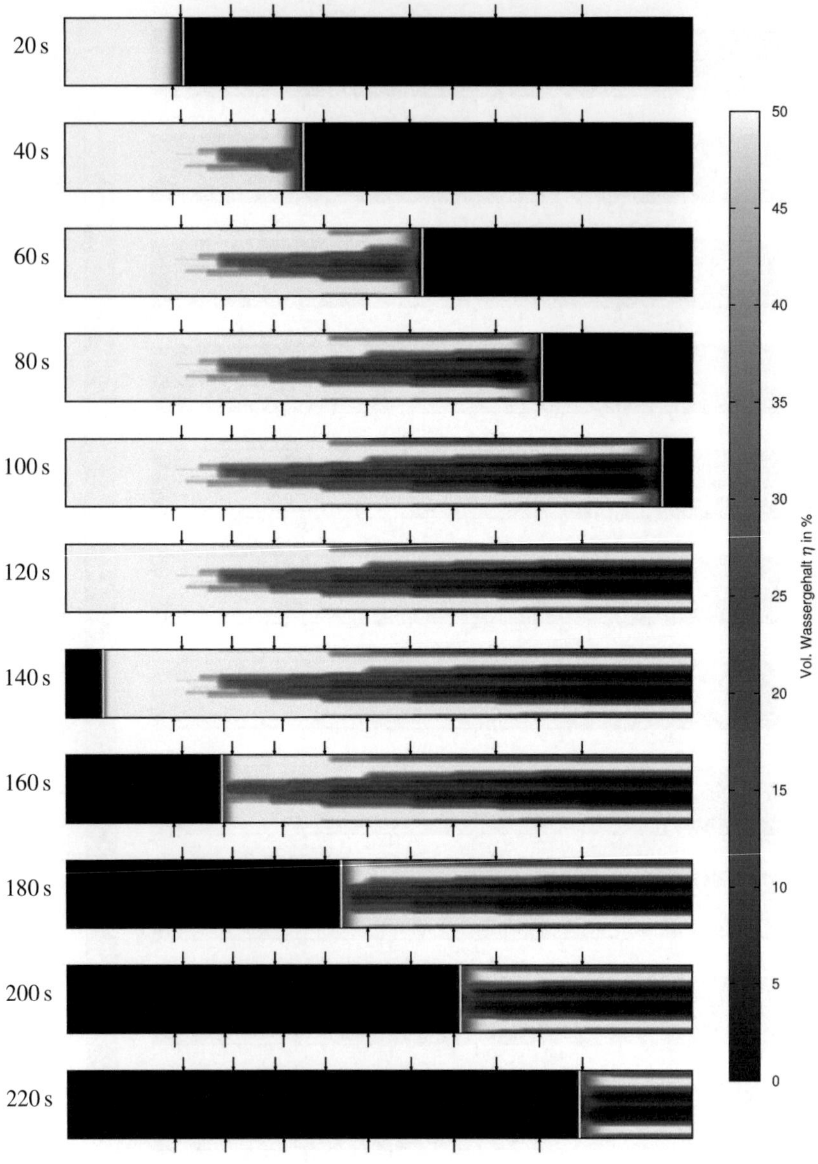

Bild 6.21.: Volumetrischer Wassergehalt in der Leimschicht für verschiedene Zeiten (links angegeben), während das Parkett von links nach rechts durchläuft. Die hellgraue Linie markiert die Position des Parketts. Die kleinen Pfeile geben die Positionen der Einspeiseantennen an.

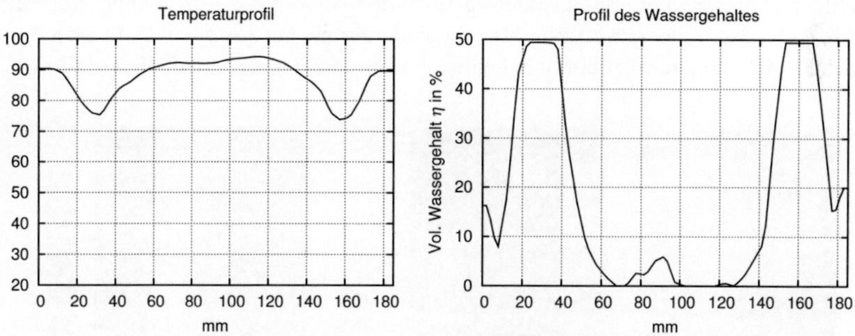

Bild 6.22.: Verlauf der Temperatur und des Wassergehaltes der Leimschicht über der Breite des Parketts, kurz bevor dieses den Applikator verläßt ($t = 220\,\mathrm{s}$). Der Verlauf von links nach rechts bezieht sich auf eine Blickrichtung in Vorschubrichtung. Vergleiche auch Bilder 6.20 und 6.21, zum Zeitpunkt $t = 220\,\mathrm{s}$ am Ende des Applikators (unten rechts).

6.8.4. Vergleich der Simulations- und Versuchsergebnisse

Zum Vergleich des Ergebnisses der Simulation, mit dem des zugehörigen Verleimversuches, stehen keine direkten Meßwerte aus der Leimschicht zur Verfügung. Ersatzweise, wird die Temperatur der Holzoberfläche der oberen Deckschicht im Versuch mit einer Wärmebildkamera aufgenommen. Diese wird verglichen mit der entsprechenden Temperatur aus der Simulation. Da die Oberflächentemperatur in der Simulation nicht direkt zur Verfügung steht, wird die Temperatur 1 mm unterhalb der Holzoberfläche verwendet.

In Bild 6.23 ist der Vergleich zwischen Messung und Simulation dargestellt. Bei der Messung handelt es sich um die Thermographieaufnahme aus Bild 6.6. Das Simulationsergebnis wird zu dem Zeitpunkt, an dem das Parkett den Applikator wieder zu verlassen beginnt ($t = 110\,\mathrm{s}$), genommen. Um vergleichbare Darstellungen zu erhalten, wird nur der Temperaturverlauf über die Parkettbreite am Ende des Applikators ausgewertet und entlang der Parkettlänge gestreckt, so daß sich der konstante Temperaturverlauf längs des Parketts nach der Prozessierung ergibt. Somit ist in beiden Bildern die Ausrichtung des Parketts vertikal und der Temperaturverlauf über die Parkettbreite gut zu erkennen. Es ist jedoch zu beachten, daß die Grauskalierung in beiden Bildern leicht unterschiedlich ausfällt.

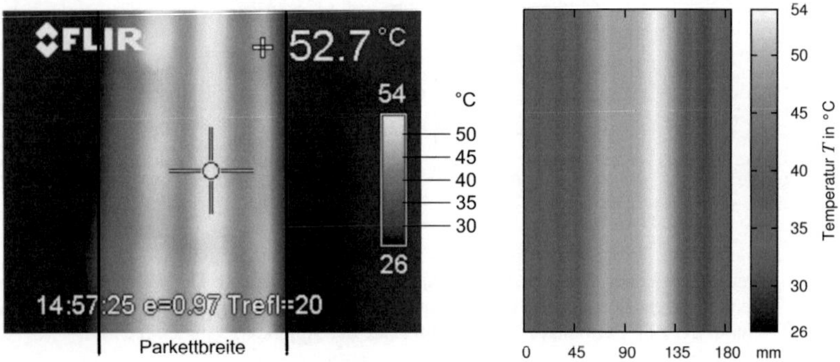

Bild 6.23.: Vergleich des Temperaturverlaufs entlang der Parkettbreite auf der oberen Holzoberfläche. Links ist die gemessene Temperatur aus dem Verleimversuch (Thermographie nach Bild 6.6), rechts die zugehörige Temperatur des Simulationsergebnisses dargestellt. Das Parkettelement liegt jeweils vertikal.

In beiden Bildern ist gut der streifenförmige Verlauf der Temperatur zu sehen, wie er sich, bedingt durch den Vorschub, ergeben muß. Erwartungsgemäß ist die Temperatur im Holz nahe der Oberfläche, geringer als in der Leimschicht. Für Simulation und Messung stimmen der Wert und die Lage der maximalen Temperatur (ca. 53 °C) sehr gut überein. Auch die Temperatur am Rand des Parketts (ca. 35 °C) zeigt noch eine gute Übereinstimmung. Wie auch bei der Temperatur der Leimschicht, zeigt die Simulation zwei deutliche Minima mit je etwa 32 °C, während die gemessen Temperatur an der gleichen Stelle um die 40 °C beträgt. Die in der Simulation vorhandenen Minima sind durch den schon diskutierten Verlauf des elektrischen Feldes in Abschnitt 6.8.1 erklärbar. Im realen Applikator sind die Feldnullstellen offensichtlich nicht so stark ausgeprägt. Ursache hierfür können Frequenzunterschiede bei den einzelnen Magnetrons sein, so daß sich die Interferenzminima weniger scharf ausbilden, während in der Simulation alle Felder kohärent überlagert werden.[4] Auch die veränderten Gehäuseabmessungen können Einfluß auf die exakte Lage der Feldminima haben. Berücksichtigt man dies, so ergibt sich insgesamt dennoch eine gute Übereinstimmung des Simulationsergebnisses mit der Messung.

Bezüglich des Wassergehaltes können keine direkten Vergleiche gezogen werden, da nur qualitative Festigkeitswerte der Verklebung durch den Aufstechtest vorliegen. Betrachtet man den Wassergehalt nach Bild 6.21, so kommt man zu dem Schluß, daß etwa in der Mitte des linken und rechten Drittels über die Parkettbreite, sich der Leim noch im Ursprungszustand befindet. Dies kann durch das Versuchsergebnis nicht bestätigt werden. Dies liegt in der Simulation nur daran, daß an diesen Stellen die Siedetemperatur nicht erreicht wird und demzufolge keine Verdampfung stattfindet. Das Problem liegt in der Modellierung des Leimes. In der Realität hat der Leim auch bei Raumtemperatur bereits nach 20 min eine gewisse Festigkeit erreicht, die eine weitere Handhabung ermöglicht. In dieser kurzen Zeit ist aber das enthaltene Wasser kaum verdunstet, da zum Erreichen der Endfestigkeit etwa 2–3 Tage benötigt werden. Daraus folgt, daß sich die Festigkeit der Verklebung nicht allein aus dem Wassergehalt ergibt. Zwischen den Molekülen findet zusätzlich eine Vernetzung statt. Dies könnte berücksichtigt werden, indem zusätzlich zum Wassergehalt als weitere Feldgröße der Vernetzungsgrad angegeben wird. Die Vernetzung ist ebenfalls ein Prozeß, der durch die Einwirkung einer Temperatur über ein gewisse Zeit vorangetrieben wird, analog zur Verdampfung. Hierfür stehen jedoch keine Parameterwerte und Meßmöglichkeiten zur Verfügung, weshalb darauf verzichtet wird. Überwiegend ergibt sich aus der Simulation, daß auf über 50 % der Parkettfläche eine ausreichende Verklebung erreicht wird, was auch vom Aufstechtest bestätigt wird. Wie dieser Test auch zeigt, gibt es Bereiche im Parkett wo der Leim nicht vollständig ausgehärtet ist. Allerdings ist der Aufstechtest nicht präzise genug, die Lage dieser Bereiche exakt reproduzierbar zu ermitteln. Außerdem vergehen zwischen dem Ende der Prozessierung im Versuch und dem Aufstechtest einige Minuten, die der Leim benötigt um abzukühlen (siehe Abschnitt 6.2). In dieser Zeit schreitet das Aushärten des Leimes weiter voran.

Wie aus der Simulation hervorgeht, weist der mittlere Bereich des Parketts den geringsten Wassergehalt auf, dort sollte die Verklebung also am besten sein. Die Randbereiche weisen noch 15–20 % Restwassergehalt auf. Da beim Versuch besonderes Augenmerk auf die Festigkeit am Rand gelegt wurde, kann bestätigt werden, daß die Festigkeit dort zwar geringer ist als in der Mitte, jedoch ausreichend ist, um eine weitere Verarbeitung zu ermöglichen. Bezüglich des durch die Simulation bestimmten Wassergehaltes, läßt sich damit eine gute qualitative Übereinstimmung mit der im Versuch ermittelten Verleimqualität feststellen.

[4] Der Berechnungsaufwand für die kohärente Überlagerung ist bedeutend geringer, da die Quellen linear überlagern und somit simultan betrieben werden können.

6.9. Alternatives Applikatordesign

Obwohl mit dem bisherigen Design eine ausreichende Verleimung erreicht wird, wäre eine Verbesserung der Verleimqualität, insbesondere am Rand, wünschenswert. Dies kann erreicht werden, indem die Feldmaxima mehr in den Randbereich des Parketts verschoben werden. Dazu werden zwei alternative Applikatordesigns untersucht, wovon eines hier vorgestellt wird. Dieses Design ist mit dem bisherigen weitgehend identisch. Das Maß im Hohlleiter bis zum Kurzschlußende d_h, siehe hierzu Bild 6.10 auf Seite 122, ist jedoch von 91 mm auf 61 mm reduziert. In dem zweiten erwähnten alternativen Design wird die Abmessung d_h auf 120 mm vergrößert, wobei jedoch eine Verschlechterung auftritt. Daher wird im Folgenden nur der Applikator mit $d_h = 61$ mm betrachtet.

6.9.1. Elektrisches Feld und Leistungseintrag in die Leimschicht

In Bild 6.24 ist das elektrische Feld im Applikator mit dem alternativen Design auf Höhe der Leimschicht dargestellt. Im Vergleich zum ursprünglichen Applikator (Bild 6.17 auf Seite 139), konzentriert sich das Feld mehr in der Mitte des Parketts. Dies resultiert aus der kürzeren Antennenlänge. Damit ist die Homogenität über die Parkettbreite nicht so gut wie bei dem ursprünglichen Applikator. Dies gilt besonders für den Fall des unbeladenen Applikators nach Teilbild (a). Positiv bei dem neuen Design ist jedoch, daß bei vorhandenem Parkett, die Feldstärken über einen breiten Bereich in der Mitte höher und etwas „geordneter“ sind. Auch am Parkettrand gibt es Bereiche mit höherer Feldstärke.

Der Leistungseintrag in die Leimschicht durch die Mikrowelle ist in Bild 6.25 dargestellt. Im Vergleich zu Bild 6.19 fokussiert sich der Leistungseintrag stärker auf den Bereich des ersten Antennenpaares und ist über die Parkettbreite etwas gleichmäßiger, vor allem im mittleren Bereich. Dies ist gemäß der Feldverteilung nach Bild 6.24b auch zu erwarten, da zu Beginn der Prozessierung die Materialeigenschaften des Leimes über der Breite noch nahezu konstant sind und somit der Wärmeeintrag qualitativ dem Feld entspricht. Auch bei diesem Applikatordesign sind wieder zwei Streifen zu erkennen, bei denen durchgehend ein (geringer) Wärmeeintrag erfolgt. Dies läßt darauf schließen, daß dort wenig oder kein Wasser verdampft. Diese zwei Streifen korrespondieren zu den Feldstärkeminima, die in Bild 6.24b besonders gut zu erkennen sind.

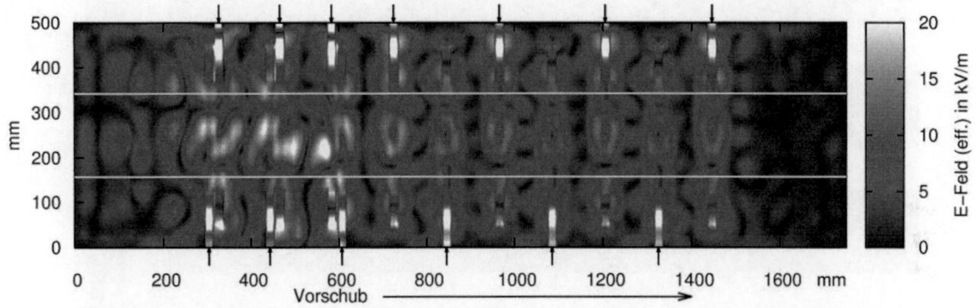

(a) Applikator ohne Parkett, zu Beginn der Prozessierung ($t = 0\,\text{s}$).

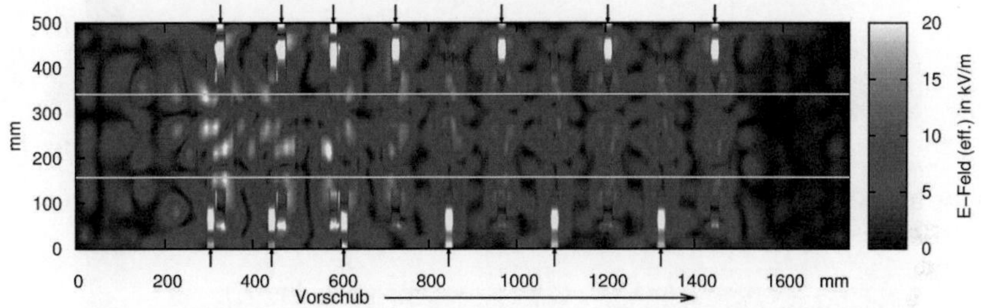

(b) Nach der halben Prozessierungszeit ($t = 120\,\text{s}$) ist das Parkett komplett im Applikator.

Bild 6.24.: Effektivwert der elektrischen Feldstärke im Applikator in einem Horizontalschnitt durch die Mitte der Leimschicht. Die hellgrauen Linien begrenzen das Parkett in der Breite. Die kleinen Pfeile markieren die Position der Einspeiseantennen.

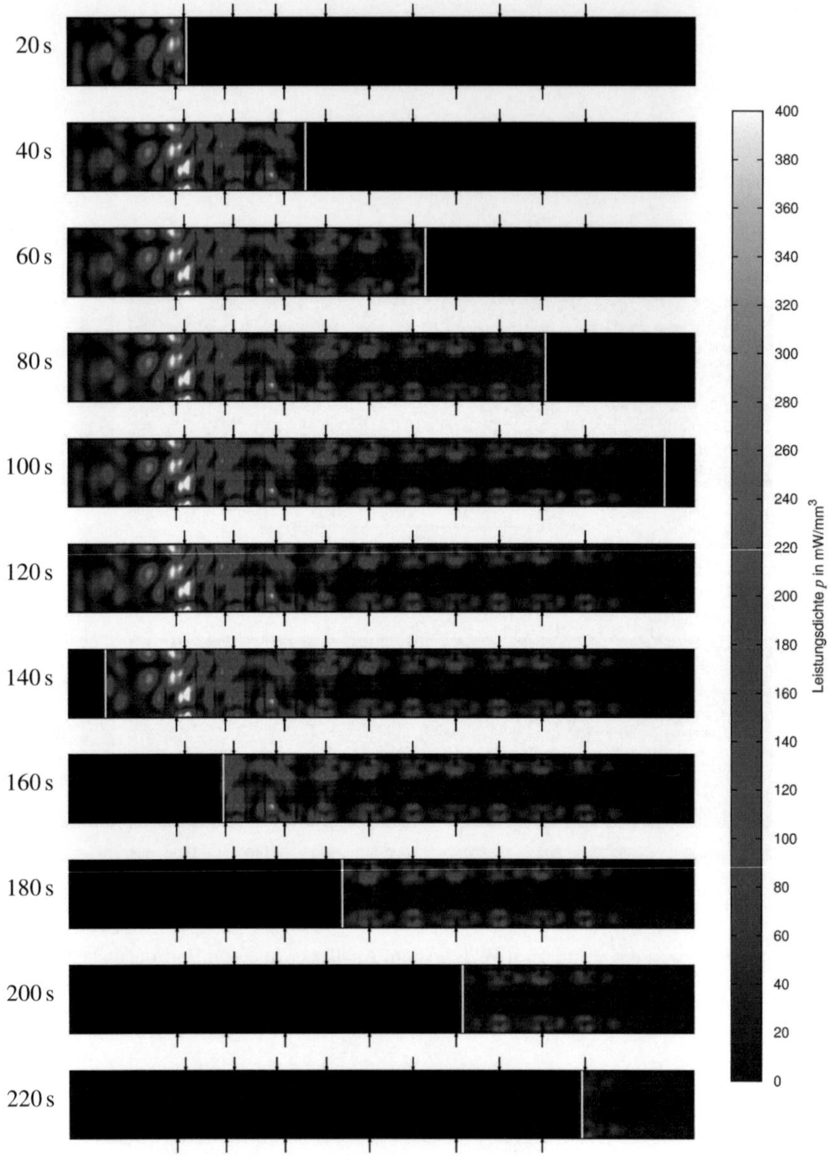

Bild 6.25.: Alternatives Applikatordesign: Umgesetzte Leistungsdichte des elektrischen Feldes in der Leimschicht für verschiedene Zeiten (links angegeben), während das Parkett von links nach rechts durchläuft. Die hellgraue Linie markiert die Position des Parketts. Die kleinen Pfeile geben die Positionen der Einspeiseantennen an.

6.9.2. Temperatur und Wassergehalt in der Leimschicht

Die sich für das alternative Applikatordesign ergebenden zeitlichen Verläufe von Temperatur und Wassergehalt in der Leimschicht, sind in den Bildern 6.26 und 6.27 gezeigt. Es läßt sich erkennen, daß insbesondere zu Beginn der mittlere Bereich des Parketts über eine größere Breite erwärmt wird. Beim Wassergehalt fällt im Vergleich zu Bild 6.21 auf, daß der Restwassergehalt im mittleren Parkettbereich fast vollständig verschwunden ist. Es bleiben jedoch nach wie vor die beiden „Streifen" mit dem anfänglichen Wassergehalt, da auch hier der Siedepunkt nicht erreicht wird.

Ein Blick auf den Verlauf der Temperatur und des Wassergehaltes über die Breite des Parketts in Bild 6.28 bestätigt dies. Der gegenüber dem anfänglichen Wassergehalt verdampfte Anteil beträgt 63,6 %. Dies ist nur leicht höher als beim vorherigen Design. Vergleicht man dies jedoch mit Bild 6.22, so fällt zunächst auf, daß der Wasseranteil in der Mitte des Parketts vollständiger verdampft ist. Vor allem an den beiden äußeren Randbereichen ist jedoch der Wasseranteil mit etwa 9 –14 % deutlich reduziert und die Verleimqualität damit verbessert. Die Festigkeit der Verleimung an diesen Randbereichen ist für die weitere Handhabung des Parketts besonders wichtig.

6.10. Folgerungen aus den Simulationen

Mit dem alternativen Design ist durch eine einfache Maßnahme eine Verbesserung der Prozessierung erreicht worden. Die alleinige Auswertung der elektrischen Feldstärke nach Bild 6.24 hätte diese Aussage nicht möglich gemacht. Aufgrund der Konzentration des Feldes in der Parkettmitte ist das Feld inhomogener. Ausschlaggebend sind jedoch die höheren Feldstärken, die erreicht werden.

Eine Verringerung oder Vermeidung der beiden Streifen mit dem hohen Restwassergehalt ist mit dem bestehenden oder leicht modifizierten Applikator nur durch Erhöhung der Mikrowellenleistung möglich. Beim dem verwendeten Prinzip lassen sich stehende Wellen nicht ganz vermeiden, es gibt immer Bereiche mit minimaler Feldstärke. Betrachtet man nochmals die Bilder 6.21 und 6.27 mit dem Wassergehalt während der Prozessierung, so ist zu erkennen, daß bereits in der Mitte des Applikators das meiste Wasser verdampft ist. Die nachfolgenden Antennen besitzen daher kaum noch eine Wirkung. Zwar erfolgt der Wärmeeintrag an der richtigen Stelle, jedoch ist dieser nicht ausreichend, um das Verdampfen in Gang zu setzen. Zur Verbesserung des Applikators könnte dort ein anderes Antennendesign eingesetzt werden, das die Feldstärke gezielt in den problematischen Bereich fokussiert. Denkbar wären hier Hornantennen bzw. am Ende offene Hohlleiter, die an den richtigen Stellen positioniert werden. Durch eine versetzte Anordnung von mehreren Antennen entlang des Vorschubes können die problematischen Feldstärke- bzw. Erwärmungsminima theoretisch vermieden werden. Allerdings müssen sich diese Antennen auch in die Rollenstruktur integrieren lassen, ohne daß die Rollenabstände zu groß werden, was eine ungleichmäßige Pressung und damit eine qualitativ schlechtere Verleimung zur Folge hätte.

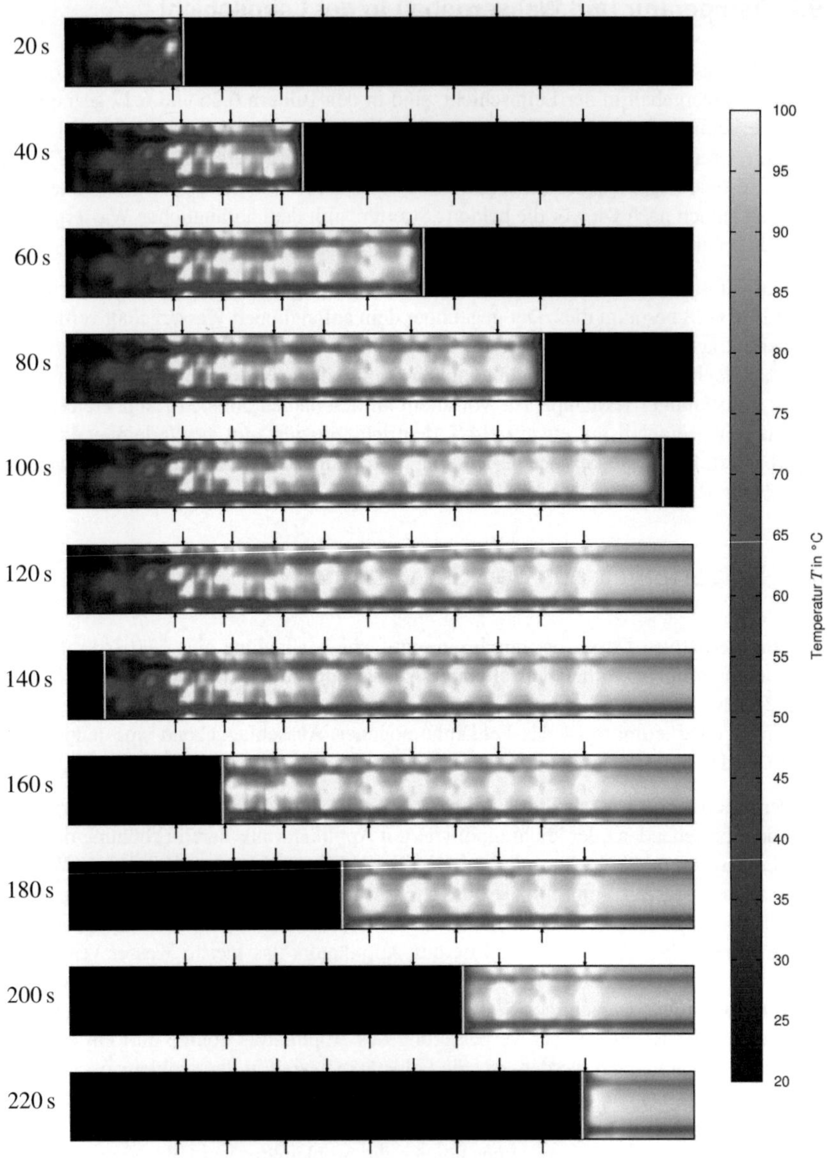

Bild 6.26.: Alternatives Applikatordesign: Temperatur in der Leimschicht für verschiedene Zeiten (links angegeben), während das Parkett von links nach rechts durchläuft. Die hellgraue Linie markiert die Position des Parketts. Die kleinen Pfeile geben die Positionen der Einspeiseantennen an.

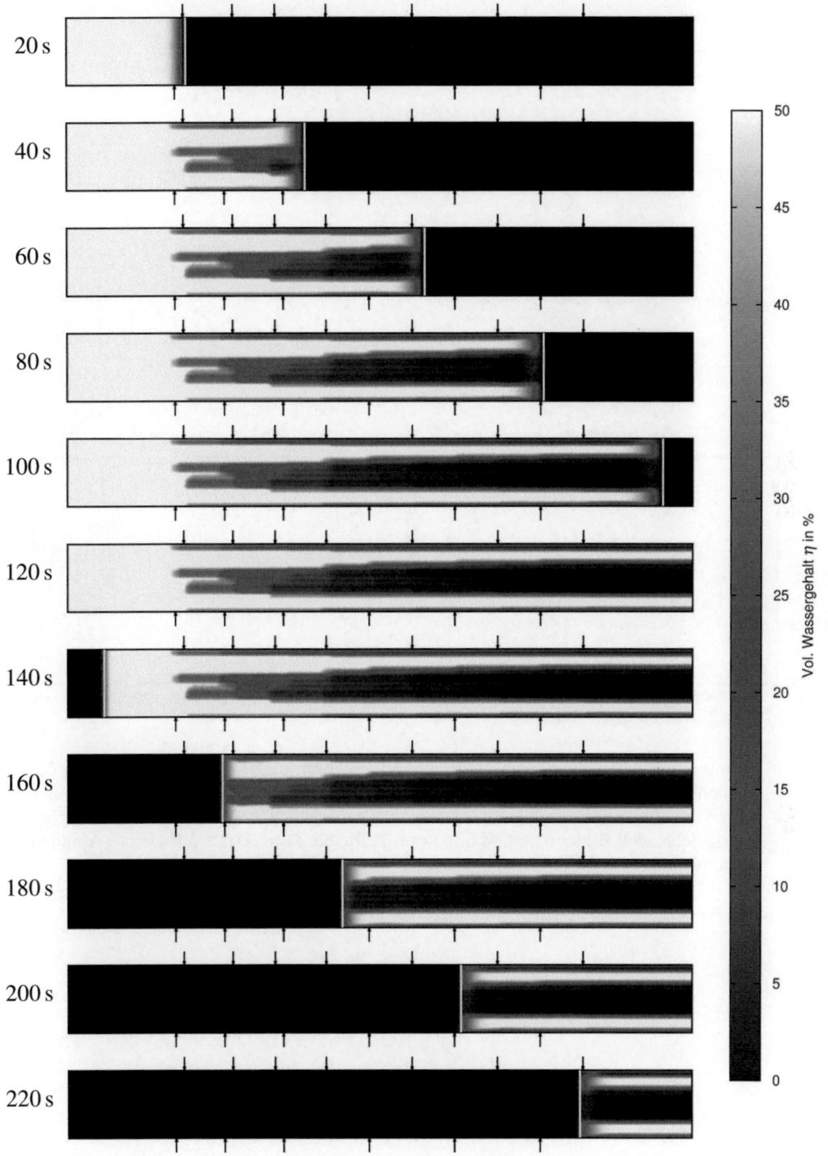

Bild 6.27.: Alternatives Applikatordesign: Volumetrischer Wassergehalt in der Leimschicht für verschiedene Zeiten (links angegeben), während das Parkett von links nach rechts durchläuft. Die hellgraue Linie markiert die Position des Parketts. Die kleinen Pfeile geben die Positionen der Einspeiseantennen an.

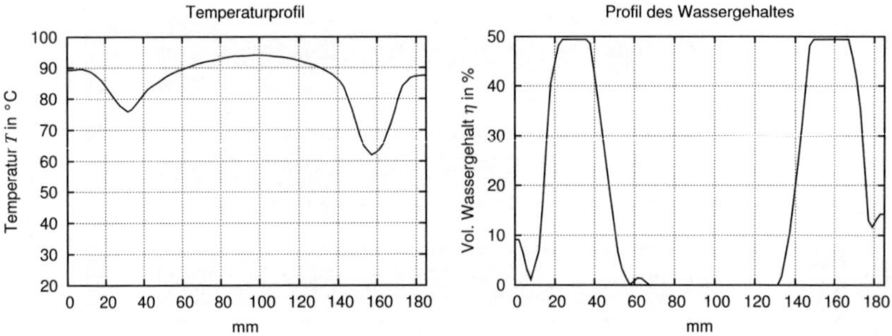

Bild 6.28.: Alternatives Applikatordesign: Verlauf der Temperatur und des Wassergehaltes der Leimschicht über der Breite des Parketts, kurz bevor dieses den Applikator verläßt ($t = 220\,\mathrm{s}$). Der Verlauf von links nach rechts bezieht sich auf eine Blickrichtung in Vorschubrichtung. Vergleiche auch Bilder 6.26 und 6.27, zum Zeitpunkt $t = 220\,\mathrm{s}$ am Ende des Applikators (unten rechts).

7. Zusammenfassung

Die Anwendung von Mikrowellen zur Materialprozessierung von Festkörpern bringt Vorteile gegenüber der konventionellen Erwärmung. Die Mikrowellen können tief in das Material eindringen und sorgen dort für eine volumetrische Erwärmung von Innen heraus. Bei konventioneller Erwärmung muß die Wärme immer über die Oberfläche des Materials zugeführt werden, z. B. durch Wärmestrahlung oder thermischen Kontakt mit beheizten Flächen, Flüssigkeiten (Wasserbad) oder Gasen (Heißluft). Damit die Wärme in das Innere eines Festkörpers vordringen kann, ist diese auf den Mechanismus der Wärmeleitung angewiesen. Bei geringer Wärmeleitung, wie sie vor allem bei Nichtmetallen auftritt, ist dies ein zeitintensiver Vorgang. Die Erwärmung mit Mikrowellen erfolgt daher in aller Regel schneller und kann dabei auch Energie sparen, da in erster Linie nur das zu prozessierende Material, und nicht der ganze Applikator oder ein Trägermedium, erwärmt wird. Somit geht weniger Abwärme verloren.

Durch die schnelle Erwärmung ist die Konstruktion von Mikrowellenapplikatoren jedoch mit Herausforderungen verbunden. In der Regel wird ein homogenes Temperaturprofil oder ein bestimmter Temperaturverlauf (Gradient) entlang des Materials angestrebt. Bei konventioneller bzw. langsamer Erwärmung tritt ein Temperaturausgleich durch die Wärmeleitung auf und bewirkt damit automatisch eine Homogenisierung der Temperatur. Bei der Mikrowellenheizung hängt der örtliche Wärmeeintrag stark vom elektromagnetischen Feld bzw. häufig auch nur vom elektrischen Feld ab. Die resultierende Heizrate ist proportional zum Quadrat der Feldstärke. So erfolgt an den Orten mit hoher Feldstärke eine deutlich schnellere Erwärmung als an den Stellen, an denen das Feld nur eine geringe Feldstärke besitzt bzw. sogar eine Nullstelle aufweist. Daher ist es wichtig, schon in der Designphase des Applikators das elektromagnetische Feld, vor allem innerhalb des zu prozessierenden Materials, möglichst genau berechnen zu können.

Insbesondere wenn die Abmessungen des Applikators mehrere Wellenlängen des Mikrowellenfeldes betragen, entstehen durch (mehrfache) Reflexionen und Überlagerung der resultierenden Teilwellen Interferenzmuster. Dies äußert sich in der elektromagnetischen Feldverteilung durch eine stationäre räumliche Verteilung von Maxima und Minima mit einem gegenseitigen Abstand in der Größenordnung einer halben Wellenlänge. Diese liegt bei Mikrowellen im Bereich einiger Millimeter bis Zentimeter. Mit einer solchen Feldverteilung ist es schwierig eine homogene Erwärmung zu erzielen. Hier ist es vorteilhaft, wenn sich das zu prozessierende Material durch das Feld bewegt und somit alle Bereiche im zeitlichen Mittel den gleichen Wärmeeintrag erhalten. Eine spezielle Art dieser Bewegung stellt der Durchlaufbetrieb dar. Ein zugehöriger Mikrowellenapplikator besitzt dafür zwei Öffnungen für den Materialein- bzw. Ausgang. Während der Prozessierung wird das Material kontinuierlich durch den Applikator hindurch geschoben und erfährt dadurch in Vorschubrichtung eine gleichmäßige Erwärmung. In Querrichtung dazu bestimmt die Form der elektromagnetischen Feldverteilung maßgeblich das Erwärmungsprofil. Auch hier ermöglicht der Vorschub zusätzliche Freiheitsgrade, den wirksamen Feldverlauf in Querrichtung zu beeinflussen, z. B. durch quer versetzte Einspeisepunkte entlang des Vorschubes.

Die Prozessierung im Durchlaufbetrieb bewirkt einen kontinuierlichen Materialfluß. Daraus resultieren weitere Vorteile gegenüber dem Taktbetrieb. Bei diesem findet die Prozessierung abschnittsweise bzw. in Gruppen von Werkstücken statt, die auf einmal prozessiert werden. Dadurch, daß die Mikrowellenanlage nur taktweise mit Material beschickt werden kann, wirkt sich dies auf den gesamten Produktionsprozeß aus. Während der Mikrowellenprozessierung kommen die vorausgehenden und nachfolgenden Produktionsschritte zum stehen, da bis zum nächsten Taktschritt kein weiteres Material dem Mikrowellenapplikator zugeführt, oder aus diesem entnommen werden kann. Dies läßt sich nur umgehen, wenn vor und nach dem Applikator teure und platzaufwändige „Speicherlösungen" vorgesehen werden, was je nach Art der zu prozessierenden Werkstücke bzw. des Materials nicht immer möglich ist. Ein Mikrowellendurchlaufapplikator vermeidet diesen Zusatzaufwand und integriert sich deutlich besser in den Produktionsprozeß, wodurch Kosten gespart werden. Es ist daher von erheblicher Bedeutung, solche Durchlaufapplikatoren berechnen zu können.

Die Kenntnis des elektromagnetischen Feldes alleine ist aber zur Beurteilung der resultierenden Erwärmung keineswegs hinreichend. Zur Berechnung des Wärmeeintrages spielen die Materialeigenschaften, vor allem die dielektrischen und ohmschen Verluste, eine entscheidende Rolle. Diese ändern sich im Laufe der Prozessierung, da sie in der Regel von der Temperatur und weiteren Größen, wie z. B. Wassergehalt, abhängig sind. Damit verbunden ist aber nicht nur eine Veränderung des Wärmeeintrages, sondern auch das elektromagnetische Feld selbst ändert sich ständig, da dieses von den Materialeigenschaften abhängig ist. Darüber hinaus breitet sich die Wärme im Material durch die Wärmeleitung selbständig aus. Diese Ausbreitung wird durch ähnliche Differentialgleichungen beschrieben wie das elektromagnetische Feld. All diese Phänomene müssen zur Berechnung der resultierenden Erwärmung berücksichtigt werden.

Vielfach ist das Ziel der Mikrowellenprozessierung nicht nur die alleinige Erwärmung sondern die damit verbundene Wirkung, die sich durch Einwirken der Temperatur über einen gewissen Zeitraum ergibt. Ein wichtiges Beispiel ist das Verdampfen von enthaltenem Wasser, wie es bei Trocknungsvorgängen oder dem Abbinden wasserbasierter Klebstoffe auftritt. Hier ist außer der erreichten Temperatur auch der zeitliche Verlauf des Wassergehaltes von Interesse. Dieser gibt letztendlich Auskunft über den Fortschritt und Erfolg der gesamten Prozessierung, da sich daran der Grad der Trocknung bzw. Aushärtung ablesen läßt.

Zur kompletten Beschreibung der Materialprozessierung mit Mikrowellen im Durchlaufbetrieb sind alle oben aufgeführten Mechanismen simultan zu betrachten. Dazu werden in dieser Arbeit zunächst die einzelnen Mechanismen quantitativ, anhand der zugrunde liegenden physikalischen Gesetze, beschrieben. Darauf aufbauend wird ein Modell entwickelt, welches die einzelnen Mechanismen miteinander koppelt und es erlaubt den zeitlichen Ablauf des gesamten Prozessierungsvorganges zu simulieren. Diese Modell wird in einer speziell entwickelten Software implementiert. Anhand der Simulation eines real aufgebauten Durchlauf-Mikrowellenapplikators für die Parkettherstellung wird das Modell verifiziert. Die Arbeit gliedert sich daher in die nachfolgend aufgeführten Schritte.

Zunächst wird in Kapitel 2 die Berechnung des elektromagnetischen Feldes beschrieben. Die Grundlage dafür bilden die Maxwellschen Gleichungen. Zur numerischen Lösung dieser Gleichungen wird die Methode der finiten Differenzen im Zeitbereich (FDTD) verwendet. Damit wird das gesamte Feld innerhalb des Applikators, insbesondere auch in dem zu prozessierenden Material, zu diskreten Zeitpunkten berechnet. Die Anregung des Feldes geschieht durch Einspeisung mittels eines Wellenleiters (Hohlleiter). Durch das starr vorgegebene Berechnungsgitter ist das ursprüngliche FDTD-Verfahren hinsichtlich der geometrischen Modellierung unflexibel. Daher wird ein neuartiges Verfahren eingeführt, das es erlaubt, das Berechnungsgebiet in räumliche Teilgitter zu zerlegen, in denen unterschiedliche Diskretisierungen gewählt werden können. Auflösung und Lage dieser Teilgitter zueinander lassen sich beliebig vorgeben. Dies ermöglicht eine sehr flexible Anpassung an das Modell und erlaubt feine Details in der Geometrie oder Feldverteilung zu berücksichtigen, ohne daß andere Raumbereiche unnötig fein diskretisiert werden müssen. Bedingt durch die unterschiedliche Diskretisierung werden in den einzelnen Teilgittern unterschiedliche zeitliche Schrittweiten gefordert, wobei die Berechnung in den Teilgittern synchronisiert werden muß. Dies wird in dem beschriebenen Verfahren berücksichtigt. Mit dieser Erweiterung erlaubt das FDTD-Verfahren eine ähnliche Flexibilität wie Finite-Elemente-Verfahren, die häufig auf einem Gitter aus räumlich variablen Tetraedern operieren.

Kapitel 3 behandelt die bei der Mikrowellenprozessierung relevanten Mechanismen der Wärmeausbreitung sowie die Verdampfung von im Material enthaltener Flüssigkeit (z. B. Wasser). Dazu werden die zwei Feldgrößen Temperatur und Flüssigkeitsgehalt als Funktion von Ort und Zeit eingeführt. Die berücksichtigten Wärmeausbreitungsphänomene umfassen Wärmeleitung und Wärmestrahlung. Die numerische Berechnung lehnt sich an das Verfahren für die elektromagnetische Feldberechnung an. Auch hier wird das Berechnungsgebiet mit einem räumlichen kartesischen Gitter diskretisiert, welches sich aber von dem für die elektromagnetische Berechnung unterscheiden darf. Die Feldgrößen werden mittels eines expliziten Euler-Verfahrens zu diskreten Zeitpunkten berechnet. Daher dürfen die thermischen Parameter der vorhandenen Materialien selbst als Funktion der berechneten Feldgrößen definiert werden. Auch für die thermische Berechnung kann die räumliche Diskretisierung örtlich variabel gestaltet werden. Hierzu wird das Verfahren, der Unterteilung des Berechnungsgebietes in Teilgitter mit unterschiedlicher räumlicher und zeitlicher Auflösung, aus der elektromagnetischen Berechnung auf die thermische Berechnung übertragen.

Die für die Simulation eines Mikrowellenapplikators notwendige wechselseitige Verkopplung des elektromagnetischen Feldes wird in Kapitel 4 behandelt. Das elektromagnetische Feld wirkt als räumlich verteilte Wärmequelle für das thermische Feld und trägt damit zur Erhöhung der Temperatur bei oder liefert die für das Verdampfen notwendige Energie. Umgekehrt bestimmen die thermischen Feldgrößen die Werte für alle Materialparameter, sowohl die thermischen als auch die elektromagnetischen. Wenn sich diese signifikant geändert haben, so ist eine Neuberechnung der thermischen Parameter im Berechnungsgitter oder auch des gesamten elektromagnetischen Feldes notwendig. Neben der Verkopplung der elektromagnetischen und thermischen Felder werden erstmalig auch bewegte Werkstücke im Mikrowellenfeld betrachtet. Dies erlaubt die Modellierung und Simulation von Mikrowellenapplikatoren, die im Durchlaufbetrieb arbeiten.

Die Implementierung des Modells erfolgt in der Programmiersprache C++ und wird in Kapitel 5 beschrieben. Die Programmroutinen sind zusätzlich mit einer Schnittstelle versehen, welche die Einbindung des Simulators in den Interpreter der bekannten Programmiersprache Python erlaubt. Über diese Schnittstelle erfolgt die komplette Ein- und Ausgabe. Insbesondere lassen sich das geometrische Modell und die Materialeigenschaften durch Python-Code beschreiben. Ebenso läßt sich die Ausgabe der Ergebnisse direkt in Python weiterverarbeiten, wofür geeignete numerische Pythonmodule als freie Software erhältlich sind. Dieser neuartige Ansatz bietet mehr Flexibilität als die Verwendung einer starren Simulationsumgebung, bei der die Abläufe weitgehend von der Software vorgegeben sind. Auf diese Weise läßt sich der gesamte Ablauf der Simulation bis zur Berichterstellung automatisieren und die Möglichkeiten nahezu beliebig erweitern. Die Berechnungsroutinen sind parallelisierbar ausgeführt und ermöglichen so die Ausnutzung moderner Multiprozessor-Architekturen.

Abschließend wird das entwickelte Modell anhand eines Anwendungsbeispiels in Kapitel 6 demonstriert und verifiziert. Grundlage dafür ist ein real aufgebauter Mikrowellenapplikator für die Durchlaufprozessierung von Parkett bei einer Mikrowellenfrequenz von 2,45 GHz. Dabei werden zwei Lagen Buchenholz mit einer Leimschicht dazwischen verleimt. Der Applikator besteht aus einer Rollenpresse, die auch für den Vorschub des Parketts während der Prozessierung sorgt. Anhand dieses Versuchaufbaus erfolgt zunächst eine experimentelle Bestimmung der notwendigen Parameter für eine zufriedenstellende Verleimung. Anhand dieser Parameter wird der Applikator in der Simulation unter Berücksichtigung aller beschriebenen Effekte nachgestellt. Dazu erfolgt zunächst eine, auf Meßergebnissen basierende, Modellierung der Materialparameter des Leimes und des Holzes. Die Ergebnisse der Simulation geben einen tiefen Einblick in den Verlauf der Prozessierung. Neben dem elektromagnetischen Feld sind auch der Wärmeeintrag sowie die zeitliche Entwicklung der Temperatur und des Wassergehaltes in der Leimschicht zu jedem Zeitpunkt sichtbar. Die Simulation bestätigt die Versuchsergebnisse und zeigt auch die Schwachpunkte des bestehenden Applikatordesigns. Ein verbessertes Design wird vorgestellt.

Mit dem in dieser Arbeit entwickelten Modell lassen sich erstmalig nun auch Mikrowellenapplikatoren für den Durchlaufbetrieb, deren Wirkungsweise auf den beschriebenen Mechanismen beruht, simulieren. Die Ergebnisse einer solchen Simulation liefern eine solide Grundlage zur Beurteilung der Qualität der Prozessierung und ermöglichen auch die Sicht auf Prozeßvariablen, die nicht direkt gemessen werden können. Daraus lassen sich wertvolle Hinweise zum Optimieren des Applikatordesigns gewinnen.

A. Mathematische Ergänzungen zur elektromagnetischen Feldberechnung

A.1. Finite Differenzen

Bei der FDTD werden die zeitlichen und örtlichen Differentialquotienten in den Maxwellschen Gleichungen durch Differenzenquotienten approximiert. Dazu müssen die Felder in der Umgebung des betrachteten Punktes herangezogen werden. Die für einen echten Differentialquotienten notwendige Grenzwertbildung wird durch Verwendung hinreichend kleiner zeitlicher und örtlichen Differenzen angenähert (finite Differenzen). Im Folgenden bezeichne $f(x)$ eine beliebige reellwertige Funktion der reellwertigen Variablen x. Das x kann z. B. für eine beliebige Orts- oder Zeitvariable stehen. Der Wert von $f(x)$ kann eine beliebige elektrische oder magnetische Feldkomponente oder eine andere physikalische Größe darstellen.

A.1.1. Differenzenquotient erster Ordnung

Für ein beliebiges $\xi \in \mathbb{R}$ sei die Funktion f auf dem abgeschlossenen Intervall $\langle x, x+\xi \rangle$ $n+1$ mal differenzierbar. Dann gilt nach dem Taylorschen Satz [Heu93a]

$$f(x+\xi) = f(x) + \sum_{i=1}^{n} \frac{1}{i!} f^{(i)}(x)\,\xi^n \; + \mathcal{O}(\xi^{n+1}) \quad . \tag{A.1}$$

Wobei der Term $\mathcal{O}(\xi^{n+1})$ auch noch bei Division durch ξ^{n+1} für $\xi \to 0$ beschränkt bleibt. Für $n = 2$ ist somit, wenn man $\xi = \pm\frac{1}{2}\Delta x$ mit $\Delta x > 0$ setzt,

$$f(x \pm \tfrac{1}{2}\Delta x) = f(x) \pm \frac{1}{2} f'(x)\,\Delta x + \frac{1}{8} f''(x)\,\Delta x^2 + \mathcal{O}(\Delta x^3) \quad , \tag{A.2}$$

woraus folgt

$$f(x + \tfrac{1}{2}\Delta x) - f(x - \tfrac{1}{2}\Delta x) = 2 \cdot \frac{1}{2} f'(x)\,\Delta x + \mathcal{O}(\Delta x^3) \quad . \tag{A.3}$$

Dabei ist zu beachten, daß bei der Differenzbildung die Terme mit geraden Potenzen von Δx verschwinden. Dividiert man (A.3) durch Δx ergibt sich für die erste Ableitung der Funktion f an der Stelle x

$$f'(x) = \frac{f(x + \frac{1}{2}\Delta x) - f(x - \frac{1}{2}\Delta x)}{\Delta x} + \mathcal{O}(\Delta x^2) \quad . \tag{A.4}$$

Der auf der rechten Seite stehende Quotient approximiert den korrekten Wert der Ableitung also mit einem Fehler, der für kleine Werte von Δx mit $\mathcal{O}(\Delta x^2)$ gegen Null geht. Diese Eigenschaft liegt darin begründet, daß der Differenzenquotient die Funktionswerte im Abstand $\pm\Delta x$ symmetrisch um x heranzieht. Daher wird dieser auch als *zentraler* Differenzenquotient bezeichnet.

Die Approximationsgüte kann verbessert werden, indem n vergrößert wird und damit weitere Terme von (A.1) ausgewertet werden. Damit steigen allerdings auch die Anforderungen an die Differenzierbarkeit von f. Da die elektromagnetischen Felder an Materialgrenzen im Allgemeinen nicht stetig, geschweige denn differenzierbar sind, führt eine Erhöhung der Approximationsgüte in der Praxis eher zu Problemen (Instabilität).

A.1.2. Differenzenquotient zweiter Ordnung

Ableitungen zweiter Ordnung tauchen z. B. bei der Formulierung der elektromagnetischen Felder als Wellengleichung (siehe (A.24) in Abschnitt A.3) oder bei der Wärmeleitungsgleichung auf. Die Approximation dieser zweiten Ableitungen läßt sich genauso wie im vorangegangenen Abschnitt durchführen. Ganz ähnlich zu (A.3) erhält man aus (A.1) für $n = 3$

$$f(x + \Delta x) + f(x - \Delta x) = 2 \cdot f(x)\,\Delta x + f''(x)\,\Delta x^2 + \mathcal{O}(\Delta x^4) \quad . \tag{A.5}$$

Umgestellt nach $f''(x)$ ergibt sich daraus

$$f''(x) = \frac{f(x + \Delta x) - 2\,f(x) + f(x - \Delta x)}{\Delta x^2} + \mathcal{O}(\Delta x^2) \quad . \tag{A.6}$$

Wie schon in (A.4) wertet (A.6) die Funktionswerte symmetrisch um den betrachteten Punkt x aus. Die erzielte Approximationsgüte ist ebenfalls $\mathcal{O}(\Delta x^2)$. Bemerkenswert ist, daß der gemäß (A.6) angenäherte Differentialquotient sich nicht von dem Ergebnis unterscheidet, welches man durch zweimalige Hintereinanderausführung des Differenzenquotienten erster Ordnung (A.4) erhält. Dies erlaubt eine formell einheitliche Behandlung von Differential- und Differenzenquotienten, was für die Beweisführung in den nachfolgenden Abschnitten bedeutsam ist.

A.2. Exponential-Time-Stepping

Die Gleichungen (2.9) und (2.10) besitzen in kartesische Komponenten zerlegt alle die Form

$$\alpha \frac{\partial\, \Phi(t)}{\partial t} + \beta\, \Phi(t) = \Psi(t) \qquad \text{mit} \quad \alpha \neq 0 \quad . \tag{A.7}$$

$\Phi(t)$ stellt dabei eine beliebige kartesische Komponente des $\vec{E}$- oder $\vec{H}$-Feldvektors dar. Ψ steht für eine als bekannt angenommene kartesische Feldkomponente auf der rechte Seite der Gleichungen (2.9) bzw. (2.10). α und β sind Konstanten, wobei β für die Verluste im Material verantwortlich ist. Ziel ist es, die zeitliche Entwicklung der Feldkomponente $\Phi(t)$ vom Zeitpunkt t_0 bis zum Zeitpunkt $t_0 + \Delta t$ zu bestimmen, also die Lösung des Anfangswertproblems (A.7) mit bekanntem $\Phi(t_0)$ und auf $[t_0, t_0 + \Delta t]$ stetiger Störfunktion $\Psi(t)$.

Die zur gewöhnlichen Differentialgleichung (A.7) gehörende lineare homogene Gleichung lautet

$$\alpha \frac{\partial\, \Phi_{\mathrm{h}}(t)}{\partial t} + \beta\, \Phi_{\mathrm{h}}(t) = 0 \quad , \tag{A.8}$$

mit der zugehörigen allgemeinen Lösung

$$\Phi_{\mathrm{h}}(t) = C_1 \exp\left(-\frac{\beta}{\alpha} t\right) \qquad \text{mit} \quad C_1 \in \mathbb{R} \quad . \tag{A.9}$$

Eine partikuläre Lösung von (A.7) ergibt sich mit Hilfe der Methode der Variation der Konstanten, indem man mit dem Ansatz

$$\Phi_{\mathrm{p}}(t) = C(t) \exp\left(-\frac{\beta}{\alpha} t\right) \tag{A.10}$$

in (A.7) eingeht. Man erhält somit

$$C(t) = \frac{1}{\alpha} \int_{t_0}^{t} \Psi(\tau) \exp\left(\frac{\beta}{\alpha}\tau\right) \mathrm{d}\tau + C_2 \qquad \text{mit} \quad C_2 \in \mathbb{R} \quad . \tag{A.11}$$

Damit ergibt sich die allgemeine Lösung von (A.7) zu

$$\Phi(t) = \Phi_{\mathrm{h}}(t) + \Phi_{\mathrm{p}}(t) = \left[\frac{1}{\alpha} \int_{t_0}^{t} \Psi(\tau) \exp\left(\frac{\beta}{\alpha}\tau\right) \mathrm{d}\tau + C_3\right] \exp\left(-\frac{\beta}{\alpha} t\right) \quad , \tag{A.12}$$

wobei $C_3 = C_1 + C_2$ gesetzt wird. C_3 bestimmt sich aus dem bekannten Anfangswert

$\Phi(t_0)$ zu

$$C_3 = \Phi(t_0) \exp\left(\frac{\beta}{\alpha} t_0\right) \quad . \tag{A.13}$$

Der gesuchte Wert von Φ am Ende des Intervalls ergibt sich somit zu

$$\begin{aligned} \Phi(t_0 + \Delta t) &= \Phi(t_0) \exp\left(-\frac{\beta}{\alpha}\Delta t\right) \\ &+ \frac{1}{\alpha} \int\limits_{t_0}^{t_0+\Delta t} \Psi(\tau) \exp\left(\frac{\beta}{\alpha}\tau\right) \mathrm{d}\tau \exp\left(-\frac{\beta}{\alpha}(t_0 + \Delta t)\right) \quad . \end{aligned} \tag{A.14}$$

Damit kann $\Phi(t_0 + \Delta t)$ exakt berechnet werden, wenn $\Psi(\tau)$ auf $[t_0, t_0 + \Delta t]$ bekannt wäre, was jedoch nicht der Fall ist. Für hinreichend kleines Δt läßt sich aber die folgende Näherung machen. Zunächst gibt es nach dem erweiterten Mittelwertsatz der Integralrechnung [Heu93a] ein $\xi \in [t_0, t_0 + \Delta t]$ mit

$$\begin{aligned} \Phi(t_0 + \Delta t) &= \Phi(t_0) \exp\left(-\frac{\beta}{\alpha}\Delta t\right) \\ &+ \frac{1}{\alpha} \Psi(\xi) \int\limits_{t_0}^{t_0+\Delta t} \exp\left(\frac{\beta}{\alpha}\tau\right) \mathrm{d}\tau \exp\left(-\frac{\beta}{\alpha}(t_0 + \Delta t)\right) \\ &= \Phi(t_0) \exp\left(-\frac{\beta}{\alpha}\Delta t\right) + \frac{1}{\beta}\left[1 - \exp\left(-\frac{\beta}{\alpha}\Delta t\right)\right] \Psi(\xi) \quad . \end{aligned} \tag{A.15}$$

Dabei ist

$$\Psi(\xi) = \frac{\int\limits_{t_0}^{t_0+\Delta t} \Psi(\tau) \exp\left(\frac{\beta}{\alpha}\tau\right) \mathrm{d}\tau}{\int\limits_{t_0}^{t_0+\Delta t} \exp\left(\frac{\beta}{\alpha}\tau\right) \mathrm{d}\tau} \tag{A.16}$$

der exponentiell gewichtete Mittelwert von Ψ, der sich ausgeschrieben ergibt zu

$$\Psi(\xi) = \frac{\beta}{\alpha} \exp\left[-\frac{\beta}{\alpha}\left(t_0 + \frac{\Delta t}{2}\right)\right] \frac{\int\limits_{t_0}^{t_0+\Delta t} \Psi(\tau) \exp\left(\frac{\beta}{\alpha}\tau\right) \mathrm{d}\tau}{2 \sinh\left(\frac{\beta}{\alpha}\frac{\Delta t}{2}\right)} \quad . \tag{A.17}$$

Wenn sich $\Psi(t)$ in $[t_0, t_0 + \Delta t]$ nicht zu stark ändert, kann näherungsweise $\xi = x_0 + \Delta t/2$ gesetzt werden, und man erhält schließlich

$$\Phi(t_0 + \Delta t) \approx \Phi(t_0) \exp\left(-\frac{\beta}{\alpha}\Delta t\right) + \frac{1}{\beta}\left[1 - \exp\left(-\frac{\beta}{\alpha}\Delta t\right)\right] \Psi(t_0 + \Delta t/2) \quad . \tag{A.18}$$

Für geringe Werte des Verlustterms β läßt sich noch eine weitere Vereinfachung durchführen. Gilt

$$|\beta| \ll \left|\frac{\alpha}{\Delta t}\right| \quad , \tag{A.19}$$

läßt sich die Exponentialfunktion durch

$$\exp\left(-\frac{\beta}{\alpha}\Delta t\right) \approx 1 - \frac{\beta}{\alpha}\Delta t \tag{A.20}$$

approximieren. Gleichung (A.18) geht dann über in

$$\Phi(t_0 + \Delta t) \approx \Phi(t_0) \exp\left(-\frac{\beta}{\alpha}\Delta t\right) + \frac{\Delta t}{\alpha}\Psi(t_0 + \Delta t/2) \quad . \tag{A.21}$$

Für $\beta \to 0$ liefern Yee-Time-Stepping und Exponential-Time-Stepping die selben Ergebnisse.

A.3. Stabilitätskriterium für finites Differenzenschema

Vereinfachend wird bei der folgenden Betrachtung von einem Raumbereich mit einem linearen, homogenen und isotropen Medium mit der relativen Permittivität ε_r und der magnetischen Permeabilität μ_r ausgegangen. Die Leitfähigkeiten κ und ϱ sollen beide verschwinden. Unter diesen Voraussetzungen erhält man aus den Gleichungen (2.9) und (2.10)

$$\operatorname{rot}\operatorname{rot}\vec{E} = -\mu_0\mu_\mathrm{r}\frac{\partial}{\partial t}\operatorname{rot}\vec{H} = -\mu_0\mu_\mathrm{r}\varepsilon_0\varepsilon_\mathrm{r}\frac{\partial^2\vec{E}}{\partial t^2} \quad . \tag{A.22}$$

Dabei wird von dem Satz von Schwarz [Heu93b] Gebrauch gemacht, der eine Vertauschung der Reihenfolge der partiellen Ableitungen erlaubt, wenn alle zugehörigen gemischten Ableitungen zweiter Ordnung in einer offenen Umgebung des betrachteten Punktes existieren und stetig sind. Unter Verwendung der Identität

$$\operatorname{rot}\operatorname{rot}\vec{E} = \operatorname{grad}\underbrace{\operatorname{div}\vec{E}}_{=0} - \Delta\vec{E} \quad , \tag{A.23}$$

wobei Δ den Laplace-Operator bedeutet, erhält man die bekannte Wellengleichung für das elektrische Feld:

$$\Delta\vec{E} = \frac{1}{c^2}\frac{\partial^2\vec{E}}{\partial t^2} \qquad \text{mit} \qquad c = \frac{1}{\sqrt{\mu_0\mu_\mathrm{r}\varepsilon_0\varepsilon_\mathrm{r}}} = \frac{c_0}{\sqrt{\mu_\mathrm{r}\varepsilon_\mathrm{r}}} \tag{A.24}$$

c ist die Ausbreitungsgeschwindigkeit der Welle im Medium. Die gleiche Beziehung gilt auch, wenn in dieser Gleichung $\vec{E}$ durch $\vec{H}$ ersetzt wird. Im Folgenden stehe u für eine beliebige kartesische Feldkomponente von $\vec{E}$- oder $\vec{H}$-Feld, z. B. E_x oder H_y. Für diese gilt dann nach (A.24)

$$\Delta u(x,y,z,t) = \frac{1}{c^2}\frac{\partial^2 u(x,y,z,t)}{\partial t^2} \quad . \tag{A.25}$$

Der weitere Beweis lehnt sich an [Taf95] an, argumentiert im Detail aber anders. Die Idee ist es, Lösungen der zu (A.25) gehörenden Differenzengleichung zu finden, und zu schauen unter welchen Voraussetzungen diese stabil sind, d. h. für alle Zeitpunkte beschränkt bleiben.

Zunächst wird (A.25) mit dem Separationsansatz

$$u(x,y,z,t) =: g(x,y,z)\,f(t) \tag{A.26}$$

in einen ortsabhängigen und einen zeitabhängigen Teil separiert. Damit zerfällt (A.25) in die beiden Gleichungen

$$\Delta g(x,y,z) = \Lambda g(x,y,z) \qquad \text{und} \qquad \frac{\partial^2 f(t)}{\partial t^2} = c^2\Lambda f(t) \tag{A.27}$$

mit der Separationskonstanten Λ. Die linke Gleichung hängt jetzt nur noch vom Ort ab, die rechte Gleichung nur noch von der Zeit. Die zugehörige Differenzengleichung des zeitabhängigen Teils erhält man, indem der Differentialquotient zweiter Ordnung durch den zugehörigen Differenzenquotienten entsprechend (A.6) ersetzt wird:

$$\frac{f^{n+1} - 2f^n + f^{n-1}}{\Delta t^2} = c^2 \Lambda f^n \tag{A.28}$$

Hierbei wird wieder die vertraute Notation mit dem hochgestellten Zeitindex n verwendet. Dank der nach (A.6) gemachten Bemerkung entspricht diese zeitliche Entwicklung dem FDTD Schema (2.18) und (2.19), bei dem statt eines zeitlichen Differenzenquotienten zweiter Ordnung, zwei Differenzenquotienten erster Ordnung *sequentiell* ausgeführt werden.

Stellt man (A.28), der einfacheren Handhabung wegen, noch etwas um, erhält man

$$f^{n+1} - 2\alpha f^n + f^{n-1} = 0 \qquad \text{mit} \qquad 2\alpha := 2 + c^2 \Lambda \Delta t^2 \in \mathbb{R} \quad . \tag{A.29}$$

Zur Untersuchung des Lösungsverhaltens von (A.29) ist die *kausale* z-Transformation nützlich [Kie98, KK98]. Transformiert man (A.29) in den z-Bereich[1], erhält man mit dem Anfangswert f^0

$$zF(z) - f^0 z - 2\alpha F(z) + z^{-1} F(z) = 0$$

$$\Leftrightarrow \qquad F(z) = \frac{f^0 z^2}{z^2 - 2\alpha z + 1} \quad , \tag{A.30}$$

wobei z und die z-Transformierte $F(z)$ nun komplex sind. Zu untersuchen ist nun, für welche Werte von α, und damit Λ, alle Lösungen stabil sind.

Die zeitliche Lösung f^n ist stabil, d. h. beschränkt, wenn *alle* Polstellen von $F(z)$ einen Betrag ≤ 1 aufweisen. Die Polstellen ergeben sich als Nullstellen des Nenners, aus dem charakteristischen Polynom

$$\chi(z) := z^2 - 2\alpha z + 1 \quad . \tag{A.31}$$

Da $\chi(z)$ den Grad 2 hat, gibt es genau zwei Polstellen

$$z^{\mathrm{p}}_{1,2} = \alpha \pm \sqrt{\alpha^2 - 1} \quad . \tag{A.32}$$

Für Stabilität muß gelten $|z^{\mathrm{p}}_i| \leq 1$ für $i \in \{1,2\}$. Im Fall $|\alpha| > 1$ ist der Radikand in (A.32) positiv und damit beide $z^{\mathrm{p}}_{1,2}$ reell. Gleichzeitig sieht man, daß stets eine der beiden Lösungen (A.32) betragsmäßig > 1 ist: Für positives α ist das die mit dem positiven Vorzeichen vor der Wurzel, für negatives α diejenige mit dem negativen Vorzeichen.

[1] Mit z ist hier Ausnahmsweise nicht die räumliche z-Koordinate gemeint.

Im Fall $|\alpha| \leq 1$ ist der Radikand in (A.32) ≤ 0. Damit gilt[2]

$$|z^{\mathrm{p}}_{1,2}| = \left|\alpha \pm j\sqrt{1-\alpha^2}\right| = \left[\alpha^2 + \left(1-\alpha^2\right)\right]^{\frac{1}{2}} = 1 \quad . \tag{A.33}$$

Das bedeutet, stabile Lösungen existieren genau im Fall $|2\alpha| \leq 2$, oder mit einem Blick auf (A.29)

$$-2 \leq 2 + c^2 \Lambda \Delta t^2 \leq 2$$

$$\Leftrightarrow \qquad -\frac{4}{c^2 \Delta t^2} \leq \Lambda \leq 0 \quad . \tag{A.34}$$

Dies gibt den möglichen Bereich von Λ für eine stabile Lösung. Nun ist zu schauen, unter welcher Bedingung die Werte von Λ, die sich aus den Lösungen des linken ortsabhängigen Teils von (A.27) ergeben, in diesen Bereich fallen.

Die Gleichung des ortsabhängigen Teils $g(x,y,z)$ aus (A.27) lautet ausgeschrieben

$$\frac{\partial^2 g(x,y,z)}{\partial x^2} + \frac{\partial^2 g(x,y,z)}{\partial y^2} + \frac{\partial^2 g(x,y,z)}{\partial z^2} = \Lambda g(x,y,z) \quad . \tag{A.35}$$

Ins Differenzenschema überführt ergibt sich dafür der längliche Ausdruck

$$\begin{aligned} &\frac{g_{k+1,l,m} - 2g_{k,l,m} + g_{k-1,l,m}}{\Delta x^2} \quad + \\ &\frac{g_{k,l+1,m} - 2g_{k,l,m} + g_{k,l-1,m}}{\Delta y^2} \quad + \\ &\frac{g_{k,l,m+1} - 2g_{k,l,m} + g_{k,l,m-1}}{\Delta z^2} \quad = \quad \Lambda g_{k,l,m} \quad , \end{aligned} \tag{A.36}$$

wobei für die Ortskoordinaten das Tupel (k,l,m) als tiefgestellte Indizes notiert werden. Von der üblichen Darstellung (i,j,k) wird vorübergehend abgewichen, um Verwechslungen mit der imaginären Einheit j zu vermeiden. Die Lösungen von (A.35) lassen sich wegen der Linearität als Linearkombination von Fourierkomponenten entwickeln. Setzt man so eine Komponente für g an, also

$$g_{k,l,m} = e^{\beta_{\mathrm{x}} \Delta x\, k} e^{\beta_{\mathrm{y}} \Delta y\, l} e^{\beta_{\mathrm{z}} \Delta z\, m} \quad , \tag{A.37}$$

mit geeigneten reellen Ausbreitungskoeffizenten β_{x}, β_{y} und β_{z}, und geht damit in (A.36)

[2] j ist hier die imaginäre Einheit.

ein, führt dies auf

$$\frac{e^{\beta_x \Delta x} - 2 + e^{-\beta_x \Delta x}}{\Delta x^2} + \frac{e^{\beta_y \Delta y} - 2 + e^{-\beta_y \Delta y}}{\Delta y^2} + \frac{e^{\beta_z \Delta z} - 2 + e^{-\beta_z \Delta z}}{\Delta z^2} = \Lambda \quad . \tag{A.38}$$

Dabei wurde gleich durch den allen Termen gemeinsamen Faktor $e^{\beta_x \Delta x\, k} e^{\beta_y \Delta y\, l} e^{\beta_z \Delta z\, m} \neq 0$ dividiert.

Benutzt man die Identität $e^{jz} + e^{-jz} = 2\cos z$, so kann man (A.38) noch vereinfachen zu

$$2\left(\frac{\cos(\beta_x \Delta x)}{\Delta x^2} + \frac{\cos(\beta_y \Delta y)}{\Delta y^2} + \frac{\cos(\beta_z \Delta z)}{\Delta z^2}\right) - 2\left(\frac{1}{\Delta x^2} + \frac{1}{\Delta y^2} + \frac{1}{\Delta z^2}\right) = \Lambda \quad . \tag{A.39}$$

Ein Blick auf diese Gleichung lehrt, daß das sich ergebende Λ reell und ≤ 0 ist, da die cos-Terme auf das Intervall $[-1,1]$ beschränkt sind. Damit dieses Λ in den durch (A.34) gegebenen Bereich fällt, reicht es also aus sicherzustellen, daß die kleinste mögliche Grenze $\Lambda_{\min}$ in diesen Bereich fällt. Mit anderen Worten:

$$\Lambda_{\min} := -4\left(\frac{1}{\Delta x^2} + \frac{1}{\Delta y^2} + \frac{1}{\Delta z^2}\right) \overset{!}{\geq} -\frac{4}{c^2 \Delta t^2} \tag{A.40}$$

Daraus ergibt sich schließlich durch einfache Umstellung eine hinreichende Bedingung für Stabilität unter den angenommenen Voraussetzungen:

$$\Delta t \leq \frac{1}{c\sqrt{\dfrac{1}{\Delta x^2} + \dfrac{1}{\Delta y^2} + \dfrac{1}{\Delta z^2}}} \tag{A.41}$$

Der Zeitschritt Δt darf also einen gewissen Wert nicht überschreiten, wenn Stabilität garantiert werden soll. Dieser Wert ist umso kleiner, je feiner die örtlichen Diskretisierungsintervalle Δx, Δx und Δz gewählt werden. Es sei aber darauf hingewiesen, daß (A.41) keineswegs eine *notwendige* Bedingung darstellt.

A.4. Numerische Dispersion für finites Differenzenschema

Die numerische Dispersionsrelation beschreibt die Abhängigkeit der Phasengeschwindigkeit von der Frequenz für eine harmonische Welle, die sich im FDTD-Gitter ausbreitet. Für die Herleitung werden die gleichen Annahmen getroffen wie in Abschnitt A.3. Wie dort gezeigt wird, gilt für eine beliebige Komponente u des $\vec{E}$- oder $\vec{H}$-Feldes die skalare Wellengleichung

$$\Delta u = \frac{\partial^2 u}{\partial x^2} + \frac{\partial^2 u}{\partial y^2} + \frac{\partial^2 u}{\partial z^2} = \frac{1}{c^2}\frac{\partial^2 u}{\partial t^2} \qquad \text{mit} \qquad c = \frac{c_0}{\sqrt{\mu_\mathrm{r}\varepsilon_\mathrm{r}}} \quad , \tag{A.42}$$

wobei c die physikalische Ausbreitungsgeschwindigkeit im homogenen, nicht dispersiven Medium ist.

Ersetzt man die partiellen Ableitungen in (A.42) durch die entsprechenden Differenzenquotienten, erhält man in einer etwas unpräzisen, aber leicht verständlichen Schreibweise

$$\begin{aligned} &\frac{u(x+\Delta x) - 2u(x) + u(x-\Delta x)}{\Delta x^2} &+& \\ &\frac{u(y+\Delta y) - 2u(y) + u(y-\Delta y)}{\Delta y^2} &+& \\ &\frac{u(z+\Delta z) - 2u(z) + u(z-\Delta z)}{\Delta z^2} &=& \frac{1}{c^2}\frac{u(t+\Delta t) - 2u(t) + u(t-\Delta t)}{\Delta t^2} \quad . \end{aligned} \tag{A.43}$$

Geht man mit dem Ansatz

$$u = u_0 \, e^{j(\omega t - \beta_\mathrm{x} x - \beta_\mathrm{y} y - \beta_\mathrm{z} z)} \tag{A.44}$$

einer harmonischen Welle der Kreisfrequenz ω in (A.44) ein und kürzt den gemeinsamen Faktor heraus, bleibt eine Beziehung für die unbekannten Wellenzahlen β_x, β_y und β_z:

$$\begin{aligned} &\frac{e^{-j\beta_\mathrm{x}\Delta x} - 2 + e^{j\beta_\mathrm{x}\Delta x}}{\Delta x^2} &+& \\ &\frac{e^{-j\beta_\mathrm{y}\Delta y} - 2 + e^{j\beta_\mathrm{y}\Delta y}}{\Delta y^2} &+& \\ &\frac{e^{-j\beta_\mathrm{z}\Delta z} - 2 + e^{j\beta_\mathrm{z}\Delta z}}{\Delta z^2} &=& \frac{1}{c^2}\frac{e^{j\omega\Delta t} - 2 + e^{-j\omega\Delta t}}{\Delta t^2} \quad . \end{aligned} \tag{A.45}$$

Mit den trigonometrischen Identitäten

$$e^{j\xi} + e^{-j\xi} = 2\cos\xi \qquad \text{und} \qquad 2\cos\xi - 2 = -4\sin^2\frac{\xi}{2} \tag{A.46}$$

reduziert sich (A.45) auf

$$\frac{\sin^2\left(\frac{1}{2}\beta_x\Delta x\right)}{\Delta x^2}+\frac{\sin^2\left(\frac{1}{2}\beta_y\Delta y\right)}{\Delta y^2}+\frac{\sin^2\left(\frac{1}{2}\beta_z\Delta z\right)}{\Delta z^2}=\frac{\sin^2\left(\frac{1}{2}\omega\Delta t\right)}{c^2\Delta t^2} \quad . \tag{A.47}$$

Dies stellt die Dispersionsrelation für eine Wellenausbreitung, gemäß der Maxwellschen Gleichungen, in einem räumlich und zeitlich diskreten Gitter dar.

Mit Hilfe des bekannten Grenzwertes

$$\lim_{\xi\to 0} = \frac{\sin^2 \alpha\xi}{\xi^2} = \alpha^2 \quad , \tag{A.48}$$

geht für $\Delta x \to 0$, $\Delta y \to 0$, $\Delta z \to 0$ und $\Delta t \to 0$ die Beziehung (A.47) in die physikalische Dispersionsrelation über:

$$\beta_x^2+\beta_y^2+\beta_z^2=\frac{\omega^2}{c^2} \tag{A.49}$$

Die numerische durch die Diskretisierung hervorgerufene Dispersion ist also umso geringer, je kleiner die Produkte aus Wellenzahl und Diskretisierungsintervall bzw. Frequenz und Zeitschritt sind. Bei „unendlich feiner" Diskretisierung in Ort und Zeit verschwindet sie ganz.

A.5. Bérenger PML

Die Bérenger PML zeichnet sich durch ein künstliches Medium aus, das eine von der Ausbreitungsrichtung der Welle abhängige Dämpfung aufweist. Um ein solches Medium zu realisieren, müssen die Feldgleichungen für ein lineares Medium (2.9) und (2.10) erweitert werden. Dazu wird jede der sechs Feldkomponenten E_x bis H_z in zwei Summanden aufgespalten:

$$\begin{aligned} E_x &=: E_x^y + E_x^z & \qquad H_x &=: H_x^y + H_x^z \\ E_y &=: E_y^x + E_y^z & \qquad H_y &=: H_y^x + H_y^z \\ E_z &=: E_z^x + E_z^y & \qquad H_z &=: H_z^x + H_z^y \end{aligned} \tag{A.50}$$

Diese resultierenden 12 Komponenten werden durch folgendes Gleichungssystem miteinander verknüpft [Taf95]:

$$
\begin{aligned}
\mu_0\mu_r\frac{\partial H_x^y}{\partial t} + \varrho_y H_x^y &= -\frac{\partial(E_z^x + E_z^y)}{\partial y}, & \mu_0\mu_r\frac{\partial H_x^z}{\partial t} + \varrho_z H_x^z &= \frac{\partial(E_y^x + E_y^z)}{\partial z} \\
\mu_0\mu_r\frac{\partial H_y^z}{\partial t} + \varrho_z H_y^z &= -\frac{\partial(E_x^y + E_x^z)}{\partial z}, & \mu_0\mu_r\frac{\partial H_y^x}{\partial t} + \varrho_x H_y^x &= \frac{\partial(E_z^x + E_z^y)}{\partial x} \\
\mu_0\mu_r\frac{\partial H_z^x}{\partial t} + \varrho_x H_z^x &= -\frac{\partial(E_y^x + E_y^z)}{\partial x}, & \mu_0\mu_r\frac{\partial H_z^y}{\partial t} + \varrho_y H_z^y &= \frac{\partial(E_x^y + E_x^z)}{\partial y} \\
\varepsilon_0\varepsilon_r\frac{\partial E_x^y}{\partial t} + \kappa_y E_x^y &= \frac{\partial(H_z^x + H_z^y)}{\partial y}, & \varepsilon_0\varepsilon_r\frac{\partial E_x^z}{\partial t} + \kappa_z E_x^z &= -\frac{\partial(H_y^x + H_y^z)}{\partial z} \\
\varepsilon_0\varepsilon_r\frac{\partial E_y^z}{\partial t} + \kappa_z E_y^z &= \frac{\partial(H_x^y + H_x^z)}{\partial z}, & \varepsilon_0\varepsilon_r\frac{\partial E_y^x}{\partial t} + \kappa_x E_y^x &= -\frac{\partial(H_z^x + H_z^y)}{\partial x} \\
\varepsilon_0\varepsilon_r\frac{\partial E_z^x}{\partial t} + \kappa_x E_z^x &= \frac{\partial(H_y^x + H_y^z)}{\partial x}, & \varepsilon_0\varepsilon_r\frac{\partial E_z^y}{\partial t} + \kappa_y E_z^y &= -\frac{\partial(H_x^y + H_x^z)}{\partial y}
\end{aligned}
\tag{A.51}
$$

In diesem Gleichungssystem treten die richtungsabhängigen elektrischen und magnetischen Leitfähigkeitsverluste $\kappa_{x,y,z}$ und $\varrho_{x,y,z}$ auf. Sind diese jeweils untereinander gleich, erhält man durch Addition der beiden jeweils nebeneinander stehenden Gleichungen, exakt die Komponentendarstellung der Maxwellschen Feldgleichungen (2.9) und (2.10) für ein lineares, isotropes Medium. Dies ist somit als Sonderfall in der PML-Formulierung enthalten. Wesentlich ist ferner, daß die *räumlichen* Ableitungen stets auf die kompletten physikalischen Feldkomponenten, also die Summe der beiden Teilkomponenten, wirken. Dies erlaubt die nahtlose Integration der PML-Gleichungen in das FDTD Entwicklungsschema (2.46) bis (2.51) für normale Materialien. Es sei erwähnt, daß alle auftretenden Materialparameter ortsabhängig sein können, und dies im Allgemeinen auch sind.

A.5.1. Wellenausbreitung in der PML

Um die Eigenschaften des PML-Mediums zu untersuchen, wird zunächst die Ausbreitung einer ebenen TEM-Welle innerhalb einer PML untersucht. Da von zeitharmonischen Vorgängen ausgegangen wird, werden die Feldgrößen $\vec{E}$ und $\vec{H}$ in diesem Abschnitt der einfacheren Darstellung wegen komplexwertig betrachtet. Zur Berechnung ist es zweckmäßig, die Welle in zwei getrennte Polarisationen aufzuspalten. Die Ausbreitung erfolge in beiden Fällen innerhalb der xy-Ebene, die bei der später erfolgenden Reflexionsuntersuchung auch als Einfallsebene fungieren soll. Durch diese Vereinfachung gibt es keine Variation in z-Richtung, so daß die entsprechenden Ableitungen verschwinden. Da das Gleichungssystem (A.51) invariant ist gegenüber zyklischer Vertauschung der Koordinatenachsen, gelten die folgenden Betrachtungen entsprechend auch für andere Ausbreitungsrichtungen.

Orthogonale Polarisation

Bei dieser Polarisation ist das $\vec{E}$-Feld senkrecht und das $\vec{H}$-Feld parallel zur Einfallsebene orientiert, vgl. Bild A.1a. Es existieren somit nur die Feldkomponenten H_x, H_y und E_z. Da darüber hinaus die Ableitungen der Felder in z-Richtung alle verschwinden folgt aus (A.51), daß $H_\mathrm{x}^\mathrm{z} = H_\mathrm{y}^\mathrm{z} = 0$ ist. Daher wird statt H_x^y und H_y^x der besseren Übersicht wegen nur H_x bzw. H_y geschrieben. Unter diesen Voraussetzungen reduziert sich (A.51) auf

$$\mu_0\mu_\mathrm{r}\frac{\partial H_\mathrm{x}}{\partial t} + \varrho_\mathrm{y} H_\mathrm{x} = -\frac{\partial(E_\mathrm{z}^\mathrm{x} + E_\mathrm{z}^\mathrm{y})}{\partial y} \tag{A.52}$$

$$\mu_0\mu_\mathrm{r}\frac{\partial H_\mathrm{y}}{\partial t} + \varrho_\mathrm{x} H_\mathrm{y} = \frac{\partial(E_\mathrm{z}^\mathrm{x} + E_\mathrm{z}^\mathrm{y})}{\partial x} \tag{A.53}$$

$$\varepsilon_0\varepsilon_\mathrm{r}\frac{\partial E_\mathrm{z}^\mathrm{x}}{\partial t} + \kappa_\mathrm{x} E_\mathrm{z}^\mathrm{x} = \frac{\partial H_\mathrm{y}}{\partial x} \tag{A.54}$$

$$\varepsilon_0\varepsilon_\mathrm{r}\frac{\partial E_\mathrm{z}^\mathrm{y}}{\partial t} + \kappa_\mathrm{y} E_\mathrm{z}^\mathrm{y} = -\frac{\partial H_\mathrm{x}}{\partial y} \quad . \tag{A.55}$$

Für eine ebene TEM-Welle, die sich unter dem Winkel ψ zur x-Achse ausbreitet, kann folgender Ansatz gemacht werden:

$$H_\mathrm{x} = H_0 \sin\psi \, e^{j(\omega t - \beta_\mathrm{x} x - \beta_\mathrm{y} y)} \tag{A.56}$$

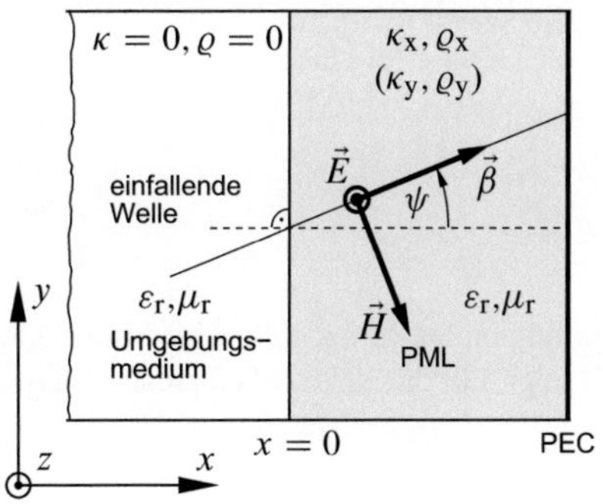

(a) Polarisation des $\vec{E}$-Feldes senkrecht zur Einfallsebene

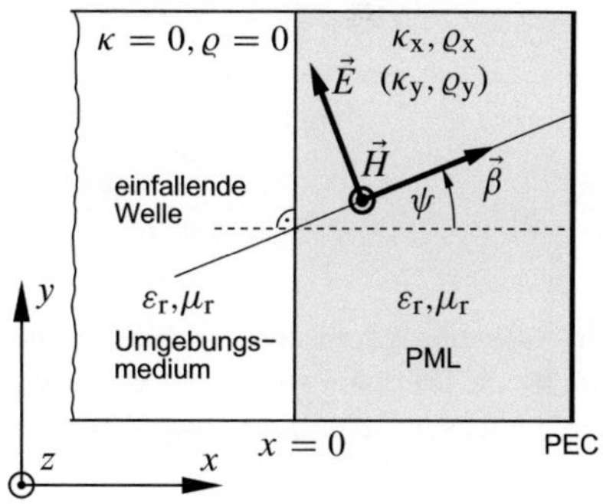

(b) Polarisation des $\vec{E}$-Feldes parallel zur Einfallsebene

Bild A.1.: Auf PML einfallende Welle. Die Ausbreitungsrichtung ist hier in der xy-Ebene angenommen.

$$H_y = -H_0 \cos\psi \, e^{j(\omega t - \beta_x x - \beta_y y)} \tag{A.57}$$

$$E_z^x = E_0^x \, e^{j(\omega t - \beta_x x - \beta_y y)} \tag{A.58}$$

$$E_z^y = E_0^y \, e^{j(\omega t - \beta_x x - \beta_y y)} \tag{A.59}$$

Geht man mit diesem Ansatz in (A.52) bis (A.55) ein, so folgt aus (A.54) und (A.55) zunächst der Zusammenhang zwischen den elektrischen und magnetischen Feldamplituden

$$E_0^x = \frac{j\beta_x \cos\psi}{j\omega\varepsilon_0\varepsilon_r + \kappa_x} H_0 \qquad \text{und} \qquad E_0^y = \frac{j\beta_y \sin\psi}{j\omega\varepsilon_0\varepsilon_r + \kappa_y} H_0 \quad . \tag{A.60}$$

Setzt man dies in (A.52) und (A.53) ein, so erhält man eine Beziehung für die noch unbekannten Wellenzahlen β_x und β_y:

$$\beta_x = \frac{\omega}{c_0} \frac{\sqrt{\varepsilon_r \mu_r}}{G} \left(1 - j \frac{\varrho_x}{\omega\mu_0\mu_r}\right) \cos\psi \tag{A.61}$$

$$\beta_y = \frac{\omega}{c_0} \frac{\sqrt{\varepsilon_r \mu_r}}{G} \left(1 - j \frac{\varrho_y}{\omega\mu_0\mu_r}\right) \sin\psi \tag{A.62}$$

mit den Abkürzungen:

$$G := \sqrt{w_x \cos^2\psi + w_y \sin^2\psi} \tag{A.63}$$

$$w_x := \frac{1 - j \dfrac{\varrho_x}{\omega\mu_0\mu_r}}{1 - j \dfrac{\kappa_x}{\omega\varepsilon_0\varepsilon_r}} \quad , \qquad w_y := \frac{1 - j \dfrac{\varrho_y}{\omega\mu_0\mu_r}}{1 - j \dfrac{\kappa_y}{\omega\varepsilon_0\varepsilon_r}} \tag{A.64}$$

Die Ausbreitungskonstanten β_x und β_y sind damit komplexwertig, wobei der Imaginärteil sich für die Dämpfung der Welle verantwortlich zeigt. Für die elektrische Feldstärke ergibt sich mit diesen Definitionen aus (A.60)

$$E_0^x = Z_{F0} \sqrt{\frac{\mu_r}{\varepsilon_r}} \frac{w_x}{G} \cos^2\psi \, H_0 \tag{A.65}$$

$$E_0^y = Z_{F0} \sqrt{\frac{\mu_r}{\varepsilon_r}} \frac{w_y}{G} \sin^2\psi \, H_0 \quad . \tag{A.66}$$

Somit ergibt sich für den Feldwellenwiderstand im PML-Medium

$$\frac{E_0}{H_0} = \frac{E_0^{\mathrm{x}} + E_0^{\mathrm{y}}}{H_0} = Z_{\mathrm{F0}} \sqrt{\frac{\mu_{\mathrm{r}}}{\varepsilon_{\mathrm{r}}}}\, G \quad . \tag{A.67}$$

Parallele Polarisation

Bei dieser Polarisation ist das $\vec{E}$-Feld parallel und das $\vec{H}$-Feld senkrecht zur Einfallsebene gerichtet, wie in Bild A.1b gezeigt. Damit existieren nur die Feldkomponenten E_{x}, E_{y} und H_{z}. Genauso wie bei der Aufstellung von (A.52) bis (A.55) läßt sich (A.51) für diesen Fall reduzieren auf

$$\varepsilon_0 \varepsilon_{\mathrm{r}} \frac{\partial E_{\mathrm{x}}}{\partial t} + \kappa_{\mathrm{y}} E_{\mathrm{x}} = \frac{\partial (H_{\mathrm{z}}^{\mathrm{x}} + H_{\mathrm{z}}^{\mathrm{y}})}{\partial y} \tag{A.68}$$

$$\varepsilon_0 \varepsilon_{\mathrm{r}} \frac{\partial E_{\mathrm{y}}}{\partial t} + \kappa_{\mathrm{x}} E_{\mathrm{y}} = -\frac{\partial (H_{\mathrm{z}}^{\mathrm{x}} + H_{\mathrm{z}}^{\mathrm{y}})}{\partial x} \tag{A.69}$$

$$\mu_0 \mu_{\mathrm{r}} \frac{\partial H_{\mathrm{z}}^{\mathrm{x}}}{\partial t} + \varrho_{\mathrm{x}} H_{\mathrm{z}}^{\mathrm{x}} = -\frac{\partial E_{\mathrm{y}}}{\partial x} \tag{A.70}$$

$$\mu_0 \mu_{\mathrm{r}} \frac{\partial H_{\mathrm{z}}^{\mathrm{y}}}{\partial t} + \varrho_{\mathrm{y}} H_{\mathrm{z}}^{\mathrm{y}} = \frac{\partial E_{\mathrm{x}}}{\partial y} \quad . \tag{A.71}$$

Für eine ebene TEM-Welle, die sich unter dem Winkel ψ zur x-Achse ausbreitet ergibt sich diesmal folgender Ansatz:

$$E_{\mathrm{x}} = -E_0 \sin\psi \, e^{j(\omega t - \beta_{\mathrm{x}} x - \beta_{\mathrm{y}} y)} \tag{A.72}$$

$$E_{\mathrm{y}} = E_0 \cos\psi \, e^{j(\omega t - \beta_{\mathrm{x}} x - \beta_{\mathrm{y}} y)} \tag{A.73}$$

$$H_{\mathrm{z}}^{\mathrm{x}} = H_0^{\mathrm{x}} \, e^{j(\omega t - \beta_{\mathrm{x}} x - \beta_{\mathrm{y}} y)} \tag{A.74}$$

$$H_{\mathrm{z}}^{\mathrm{y}} = H_0^{\mathrm{y}} \, e^{j(\omega t - \beta_{\mathrm{x}} x - \beta_{\mathrm{y}} y)} \tag{A.75}$$

Mit diesem Ansatz folgt aus (A.70) und (A.71) zunächst

$$H_0^{\mathrm{x}} = \frac{j\beta_{\mathrm{x}} \cos\psi}{j\omega\mu_0\mu_{\mathrm{r}} + \varrho_{\mathrm{x}}} E_0 \qquad \text{und} \qquad H_0^{\mathrm{y}} = \frac{j\beta_{\mathrm{y}} \sin\psi}{j\omega\mu_0\mu_{\mathrm{r}} + \varrho_{\mathrm{y}}} E_0 \quad . \tag{A.76}$$

Setzt man dies in (A.68) und (A.69) ein, so erhält man wieder eine Beziehung für die Wellenzahlen β_x und β_y:

$$\beta_\mathrm{x} = \frac{\omega}{c_0} \frac{\sqrt{\varepsilon_\mathrm{r}\mu_\mathrm{r}}}{G'} \left(1 - j\,\frac{\kappa_\mathrm{x}}{\omega\varepsilon_0\varepsilon_\mathrm{r}}\right) \cos\psi \tag{A.77}$$

$$\beta_\mathrm{y} = \frac{\omega}{c_0} \frac{\sqrt{\varepsilon_\mathrm{r}\mu_\mathrm{r}}}{G'} \left(1 - j\,\frac{\kappa_\mathrm{y}}{\omega\varepsilon_0\varepsilon_\mathrm{r}}\right) \sin\psi \tag{A.78}$$

mit

$$G' := \sqrt{w_\mathrm{x}^{-1}\cos^2\psi + w_\mathrm{y}^{-1}\sin^2\psi} \tag{A.79}$$

w_x und w_y ergeben sich dabei gemäß (A.64).

Für die magnetische Feldstärke ergibt sich somit aus (A.76) analog zu (A.65) und (A.66)

$$H_0^\mathrm{x} = Z_\mathrm{F0}^{-1} \sqrt{\frac{\varepsilon_\mathrm{r}}{\mu_\mathrm{r}}} \frac{w_\mathrm{x}^{-1}}{G'} \cos^2\psi\, E_0 \tag{A.80}$$

$$H_0^\mathrm{y} = Z_\mathrm{F0}^{-1} \sqrt{\frac{\varepsilon_\mathrm{r}}{\mu_\mathrm{r}}} \frac{w_\mathrm{y}^{-1}}{G'} \sin^2\psi\, E_0 \quad . \tag{A.81}$$

Somit ergibt sich für den Feldwellenwiderstand im PML-Medium

$$\frac{E_0}{H_0} = \frac{E_0}{H_0^\mathrm{x} + H_0^\mathrm{y}} = Z_\mathrm{F0} \sqrt{\frac{\mu_\mathrm{r}}{\varepsilon_\mathrm{r}}} \frac{1}{G'} \quad . \tag{A.82}$$

A.5.2. Bedingung für Reflexionsfreiheit

Betrachtet werde nun der Übergang einer Welle von einem linearen, isotropen und verlustfreien Umgebungsmedium mit ε_r und μ_r auf die PML. Damit an der Grenzschicht keine Reflexion stattfindet, sind mehrere Bedingungen zu erfüllen. Zunächst müssen die Feldwellenwiderstände nach (A.67) und (A.82) unabhängig von der Kreisfrequenz ω und der Richtung ψ und gleich dem Feldwellenwiderstand des Umgebungsmediums sein. Dies ist genau dann erfüllt, wenn gilt

$$G \equiv 1 \qquad \text{und} \qquad G' \equiv 1 \quad . \tag{A.83}$$

Ein Blick auf (A.63) und (A.79) lehrt, daß dies genau dann gilt, wenn

$$w_\mathrm{x} \equiv 1 \qquad \text{und} \qquad w_\mathrm{y} \equiv 1 \quad . \tag{A.84}$$

Zieht man noch (A.64) heran führt dies auf die Bedingung

$$\frac{\varrho_x}{\mu_0\mu_r} = \frac{\kappa_x}{\varepsilon_0\varepsilon_r} \qquad \text{und} \qquad \frac{\varrho_y}{\mu_0\mu_r} = \frac{\kappa_y}{\varepsilon_0\varepsilon_r} \quad . \tag{A.85}$$

Damit ergibt sich in der PML ein von Richtung, Frequenz und Polarisation unabhängiger Feldwellenwiderstand

$$\frac{E_0}{H_0} = Z_{F0}\sqrt{\frac{\mu_r}{\varepsilon_r}} \quad , \tag{A.86}$$

der exakt dem des Umgebungsmediums entspricht. Für die Wellenzahlen gilt dann polarisationsunabhängig

$$\beta_x = \frac{\omega}{c_0}\sqrt{\varepsilon_r\mu_r}\left(1 - j\,\frac{\kappa_x}{\omega\varepsilon_0\varepsilon_r}\right)\cos\psi \tag{A.87}$$

$$\beta_y = \frac{\omega}{c_0}\sqrt{\varepsilon_r\mu_r}\left(1 - j\,\frac{\kappa_y}{\omega\varepsilon_0\varepsilon_r}\right)\sin\psi \quad . \tag{A.88}$$

Durch Wahl von κ_x und κ_y lassen sich sowohl der Betrag als auch die Richtung der Dämpfung beliebig einstellen. Diese Richtung ergibt sich aus der Richtung des Vektors $\kappa_x\vec{e}_x + \kappa_y\vec{e}_y$. Setzt man κ_x bzw. κ_y auf Null, so ergibt sich exakt die Wellenzahl des Umgebungsmediums in der jeweiligen Richtung. Damit der Übergang vom Umgebungsmedium auf die PML reflexionsfrei wird, muß das Feld an der Grenzfläche stetig übergehen. Daher müssen die Dämpfungsterme parallel zur Grenzfläche verschwinden. Befindet sich die Grenzfläche beispielsweise bei $x = 0$, so muß $\kappa_y = \varrho_y = 0$ sein. Unter dieser Voraussetzung ist das Feld an der Grenze stetig, ohne daß eine Reflexion oder Brechung auftritt, wohingegen innerhalb der PML eine Dämpfung der Welle orthogonal zur Grenzfläche stattfindet.

A.5.3. Bérenger PML mit variierender Leitfähigkeit

Zur Vereinfachung sei ein PML-Medium angenommen, dessen ortsabhängige magnetische und elektrische Verluste nur in x-Richtung variieren. Die Grenze x_{max} vom Umgebungsmedium zur PML soll o.B.d.A. in der Ebene $x = 0$ liegen. Damit der Übergang reflexionsfrei ist, muß (A.85) gelten und die „tangentialen“ Verlustterme müssen zu Null gesetzt werden:

$$\varrho_{y,z} = \kappa_{y,z} = 0, \qquad \kappa_x = \kappa_x(x), \qquad \varrho_x(x) = \frac{\mu_0\mu_r}{\varepsilon_0\varepsilon_r}\kappa_x(x) \tag{A.89}$$

Die einfallende Welle wird wie im vorangegangenen Abschnitt in einen orthogonalen und einen parallel zur Einfallsebene polarisierten Anteil zerlegt, die getrennt betrachtet werden. Die Ausbreitungsrichtung der einfallenden TEM-Welle liege in der xy-Ebene.

Orthogonale Polarisation

Das $\vec{E}$-Feld sei wie in Bild A.1a in z-Richtung polarisiert. Die für diesen Fall zuständigen Gleichungen (A.52) bis (A.55) reduzieren sich durch die Bedingung (A.89) nochmals auf

$$\mu_0\mu_\mathrm{r}\frac{\partial H_\mathrm{x}}{\partial t} = -\frac{\partial(E_\mathrm{z}^\mathrm{x}+E_\mathrm{z}^\mathrm{y})}{\partial y} \tag{A.90}$$

$$\mu_0\mu_\mathrm{r}\frac{\partial H_\mathrm{y}}{\partial t} + \varrho_\mathrm{x}(x)H_\mathrm{y} = \frac{\partial(E_\mathrm{z}^\mathrm{x}+E_\mathrm{z}^\mathrm{y})}{\partial x} \tag{A.91}$$

$$\varepsilon_0\varepsilon_\mathrm{r}\frac{\partial E_\mathrm{z}^\mathrm{x}}{\partial t} + \kappa_\mathrm{x}(x)E_\mathrm{z}^\mathrm{x} = \frac{\partial H_\mathrm{y}}{\partial x} \tag{A.92}$$

$$\varepsilon_0\varepsilon_\mathrm{r}\frac{\partial E_\mathrm{z}^\mathrm{y}}{\partial t} = -\frac{\partial H_\mathrm{x}}{\partial y} \quad . \tag{A.93}$$

Wegen der sich in x-Richtung ändernden Materialeigenschaften wird für die sich im PML-Medium ausbreitende Welle ein Ansatz gewählt, der eine beliebige x-Abhängigkeit erlaubt:

$$H_\mathrm{x} = H(x)\,\sin\psi\; e^{j(\omega t - y\beta\sin\psi)} \tag{A.94}$$

$$H_\mathrm{y} = -H(x)\,\cos\psi\; e^{j(\omega t - y\beta\sin\psi)} \tag{A.95}$$

$$E_\mathrm{z}^\mathrm{x} = E^\mathrm{x}(x)\, e^{j(\omega t - y\beta\sin\psi)} \tag{A.96}$$

$$E_\mathrm{z}^\mathrm{y} = E^\mathrm{y}(x)\, e^{j(\omega t - y\beta\sin\psi)} \tag{A.97}$$

ψ ist dabei der Winkel, den die Ausbreitungsrichtung der Welle mit der positiven x-Achse bildet. Geht man mit diesem Ansatz in (A.90) bis (A.93) ein und löst nach $H(x)$ auf, so ergibt sich mit dem willkürlichen Randwert $H(0)$

$$H(x) = H(0)\, e^{-jx\beta\cos\psi}\; \exp\left(-\frac{\beta\cos\psi}{\omega\mu_0\mu_\mathrm{r}}\int_0^x \varrho_\mathrm{x}(\xi)\,\mathrm{d}\xi\right) \tag{A.98}$$

und

$$
\begin{aligned}
E(x) &= E^{\mathrm{x}}(x) + E^{\mathrm{y}}(x) \equiv \frac{\beta}{\omega\varepsilon_0\varepsilon_\mathrm{r}} \cos^2\psi\, H(x) + \frac{\beta}{\omega\varepsilon_0\varepsilon_\mathrm{r}} \sin^2\psi\, H(x) \\
&= \frac{\beta}{\omega\varepsilon_0\varepsilon_\mathrm{r}} H(x) \quad . \qquad \text{(A.99)}
\end{aligned}
$$

Weiterhin ergeben sich für die Wellenzahl β und den Feldwellenwiderstand Z_F die gleichen Beziehungen wie im normalen Medium:

$$
\beta = \frac{\omega}{c_0}\sqrt{\varepsilon_\mathrm{r}\mu_\mathrm{r}} \qquad \text{und} \qquad Z_\mathrm{F} = \frac{E(x)}{H(x)} = Z_{\mathrm{F}0}\sqrt{\frac{\mu_\mathrm{r}}{\varepsilon_\mathrm{r}}} \qquad \text{(A.100)}
$$

Damit ergeben sich keine Reflexion oder Brechung am Übergang vom normalen Medium auf das PML-Medium. Die Welle wird jedoch gemäß (A.98) zum Rand hin gedämpft.

Parallele Polarisation

Diesmal sei das $\vec{H}$-Feld gemäß Bild A.1b in z-Richtung polarisiert. Das Vorgehen erfolgt analog dem vorangegangen Abschnitt. Die relevanten Gleichungen ergeben sich aus (A.68) bis (A.71) für den vorliegenden Fall zu

$$
\varepsilon_0\varepsilon_\mathrm{r}\frac{\partial E_\mathrm{x}}{\partial t} = \frac{\partial(H_\mathrm{z}^\mathrm{x} + H_\mathrm{z}^\mathrm{y})}{\partial y} \qquad \text{(A.101)}
$$

$$
\varepsilon_0\varepsilon_\mathrm{r}\frac{\partial E_\mathrm{y}}{\partial t} + \kappa_\mathrm{x}(x)E_\mathrm{y} = -\frac{\partial(H_\mathrm{z}^\mathrm{x} + H_\mathrm{z}^\mathrm{y})}{\partial x} \qquad \text{(A.102)}
$$

$$
\mu_0\mu_\mathrm{r}\frac{\partial H_\mathrm{z}^\mathrm{x}}{\partial t} + \varrho_\mathrm{x}(x)H_\mathrm{z}^\mathrm{x} = -\frac{\partial E_\mathrm{y}}{\partial x} \qquad \text{(A.103)}
$$

$$
\mu_0\mu_\mathrm{r}\frac{\partial H_\mathrm{z}^\mathrm{y}}{\partial t} = \frac{\partial E_\mathrm{x}}{\partial y} \quad . \qquad \text{(A.104)}
$$

Für die Welle wird diesmal der folgende Ansatz gemacht:

$$
E_\mathrm{x} = -E(x)\,\sin\psi\, e^{j(\omega t - y\beta\sin\psi)} \qquad \text{(A.105)}
$$

$$
E_\mathrm{y} = E(x)\,\cos\psi\, e^{j(\omega t - y\beta\sin\psi)} \qquad \text{(A.106)}
$$

$$H_z^x = H^x(x)\, e^{j(\omega t - y\beta \sin\psi)} \tag{A.107}$$

$$H_z^y = H^y(x)\, e^{j(\omega t - y\beta \sin\psi)} \tag{A.108}$$

Einsetzen in (A.101) bis (A.104) und Auflösen nach $E(x)$ ergibt mit dem Randwert $E(0)$

$$E(x) = E(0)\, e^{-jx\beta\cos\psi} \exp\left(-\frac{\beta\cos\psi}{\omega\varepsilon_0\varepsilon_r}\int_0^x \kappa_x(\xi)\,\mathrm{d}\xi\right) \tag{A.109}$$

und

$$\begin{aligned} H(x) &= H^x(x) + H^y(x) \equiv \frac{\beta}{\omega\mu_0\mu_r}\cos^2\psi\, E(x) + \frac{\beta}{\omega\mu_0\mu_r}\sin^2\psi\, E(x) \\ &= \frac{\beta}{\omega\mu_0\mu_r} E(x) \quad . \end{aligned} \tag{A.110}$$

Für die Wellenzahl β und den Feldwellenwiderstand Z_F gilt damit ebenfalls (A.100) und es findet eine Dämpfung zum Rand hin gemäß (A.109) statt. Wegen (A.89) sind die Argumente der Exponentialfunktionen in (A.98) und (A.109) gleich.

Effektiver Reflexionsfaktor

Um den reflektierten Anteil des Feldes zu bestimmen, wird von einer endlichen Dicke δ der PML-Schicht ausgegangen, siehe Bild A.2. Die Welle fällt unter einem Winkel ψ zur Normalen auf die PML, wird zum metallischen Rand hin um den Faktor $D(\psi)$ gedämpft und wird dort ideal (Reflexionsfaktor je nach Polarisation ± 1) reflektiert und durchläuft unter nochmaliger Dämpfung die PML ein zweites mal in umgekehrter Richtung. An der

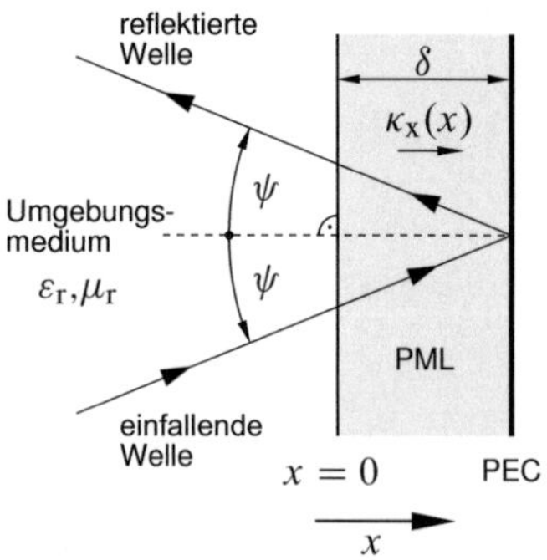

Bild A.2.: Durch PML rechtsseitig abgeschlossenes Gebiet. Eine einfallende Welle wird in der PML stark gedämpft und an der ideal leitenden Grenze des Gitters (PEC) reflektiert.

Grenzschicht vom normalen Medium zur PML findet (idealerweise), wie bereits gezeigt, keine Reflexion oder Brechung statt. Der gesamte Reflexionsfaktor ergibt sich somit zu

$$R(\psi) = D(\psi) \cdot (\pm 1) \cdot D^{-1}(\pi - \psi) \quad . \tag{A.111}$$

Dabei ergibt sich der Dämpfungsfaktor $D(\psi)$ aus (A.98) bzw. (A.109), wenn man noch (A.100) heranzieht, zu

$$D(\psi) = \frac{H(\delta)}{H(0)} = \frac{E(\delta)}{E(0)} = e^{-j\delta\beta\cos\psi} \exp\left(-Z_{F0}\sqrt{\frac{\mu_r}{\varepsilon_r}}\cos\psi \int_0^\delta \kappa_x(x)\,dx\right) \quad . \tag{A.112}$$

Eingesetzt in (A.111) ergibt sich damit schließlich für den Betrag des Reflexionsfaktors

$$|R(\psi)| \;=\; |R(0)|^{\cos\psi} \tag{A.113}$$

$$\text{mit} \quad |R(0)| \;=\; \exp\left(-2Z_{F0}\sqrt{\frac{\mu_r}{\varepsilon_r}} \int_0^\delta \kappa_x(x)\,dx\right) \quad . \tag{A.114}$$

$|R(0)|$ bezieht sich dabei auf einen Welleneinfall senkrecht zur Grenzfläche. Für streifenden Einfall ($\psi \rightarrow \pm\frac{\pi}{2}$) gilt wegen (A.113) und $|R(0)| > 0$

$$\lim_{\psi \rightarrow \pm\frac{\pi}{2}} |R(\psi)| = 1 \quad . \tag{A.115}$$

In diesem Fall wird die Welle aber für gewöhnlich an der PML einer anderen, orthogonal angeordneten Seite absorbiert.

Geometrische Progression der Leitfähigkeit

Die theoretisch nicht vorhandene Reflexion am Übergang vom Umgebungsmedium auf die PML gilt nur, solange der Raum nicht diskretisiert ist. Durch die Diskretisierung treten durch unterschiedliche numerische Dispersion in den beiden Medien Reflexionen auf [Taf95]. Daher sollte der Übergang vom normalen Medium auf die PML graduell gestaltet werden. Dies geschieht durch weiches allmähliches Erhöhen der Leitfähigkeitsverluste $\kappa_x(x)$. Von Bérenger [Bé96] wird eine geometrische Progression vorgeschlagen, die mit zunehmender Tiefe x gemäß

$$\kappa_x(x) = \kappa_x(0)\, g^{\,x/\Delta x} \qquad \text{mit} \qquad g > 1 \tag{A.116}$$

ansteigt. Δx ist dabei die Ausdehnung einer Gitterzelle in x-Richtung (senkrecht zur PML Oberfläche). Die Leitfähigkeit nimmt dabei mit jeder Gitterzelle um den Faktor g zu. Der sich aus dem Leitfähigkeitsprofil ergebende theoretische Reflexionsfaktor für eine gesamte Schichtdicke von $\delta = N\Delta x$ erhält man durch Einsetzen in (A.114) zu

$$|R(0)| = \exp\left[-2Z_{\mathrm{F0}}\sqrt{\frac{\mu_{\mathrm{r}}}{\varepsilon_{\mathrm{r}}}}\,\kappa_{\mathrm{x}}(0)\frac{\Delta x}{\ln g}\,(g^N - 1)\right] \quad , \tag{A.117}$$

oder zweckmäßiger ausgedrückt in dB

$$\frac{|R(0)|}{\mathrm{dB}} = 20\lg|R(0)| = -40\lg e\; Z_{\mathrm{F0}}\sqrt{\frac{\mu_{\mathrm{r}}}{\varepsilon_{\mathrm{r}}}}\,\kappa_{\mathrm{x}}(0)\frac{\Delta x}{\ln g}\,(g^N - 1) \quad . \tag{A.118}$$

Bei vorgegebenen N und g läßt sich somit $\kappa_{\mathrm{x}}(0)$ bestimmen zu

$$\kappa_{\mathrm{x}}(0) = -\frac{\ln 10}{40\,Z_{\mathrm{F0}}}\sqrt{\frac{\varepsilon_{\mathrm{r}}}{\mu_{\mathrm{r}}}}\,\frac{\ln g}{(g^N - 1)\Delta x}\,\frac{|R(0)|}{\mathrm{dB}} \quad , \tag{A.119}$$

wobei zu beachten ist, daß $\frac{|R(0)|}{\mathrm{dB}} < 0$ ist.

Bei Implementierung der sich örtlich verändernden Verluste wird, wie in Abschnitt 2.6.1 beschrieben, über die Ausdehnung einer Gitterzelle um die Feldkomponente herum gemittelt. Für eine Feldkomponente, welche $i\,\Delta x$ von der PML-Grenze entfernt ist, gilt damit

$$\kappa_{\mathrm{x},i} = \begin{cases} \dfrac{1}{\Delta x}\displaystyle\int\limits_{\left(i-\frac{1}{2}\right)\Delta x}^{\left(i+\frac{1}{2}\right)\Delta x} \kappa_{\mathrm{x}}(x)\,\mathrm{d}x = \kappa_{\mathrm{x}}(0)\,\dfrac{g^i\,(g-1)}{\ln g\,\sqrt{g}} & \text{für} \quad i = \dfrac{1}{2}, 1, \dfrac{3}{2}, \ldots \\[2ex] \dfrac{1}{\Delta x}\displaystyle\int\limits_{0}^{\frac{1}{2}\Delta x} \kappa_{\mathrm{x}}(x)\,\mathrm{d}x = \kappa_{\mathrm{x}}(0)\,\dfrac{\sqrt{g}-1}{\ln g} & \text{für} \quad i = 0 \end{cases} \quad . \tag{A.120}$$

Im Falle $i = 0$ befindet sich der Ort genau an der Grenze von Umgebungsmedium und PML. Das halbe Integrationsgebiet liegt damit im verlustfreien Umgebungsmedium.

A.6. Berechnung der Streuvariablen

Grundlage für die Definition der Streuvariablen bildet die momentane Leistung, die von einer Welle transportiert wird. Im Folgenden beziehen sich alle Feldgrößen auf eine *einzelne* elektromagnetische Welle, d. h. entweder auf die auf einer Leitung hinlaufende *oder* rücklaufende Welle. Die momentane Leistung $P(t)$ dieser Welle ergibt sich durch Integration des Poyntingvektors $\vec{S} = \vec{E} \times \vec{H}$ über die Portfläche A in der Referenzebene:

$$P(t) = \int_A \left[\vec{E}(t) \times \vec{H}(t)\right] \cdot \vec{n}\, \mathrm{d}\sigma \tag{A.121}$$

$\vec{n}$ ist dabei der Normalenvektor zur Referenzebene und zeigt in die Ausbreitungsrichtung der Welle, d. h. entweder aus dem Port heraus oder hinein (vgl. auch Bild 2.9 auf Seite 47). Durch zyklische Vertauschung der Faktoren des Spatproduktes im Integranden ergibt sich zunächst

$$P(t) = \int_A \left[\vec{H}(t) \times \vec{n}\right] \cdot \vec{E}(t)\, \mathrm{d}\sigma = \int_A \left[\vec{H}_\mathrm{t}(t) \times \vec{n}\right] \cdot \vec{E}(t)\, \mathrm{d}\sigma \quad , \tag{A.122}$$

wobei $\vec{H}_\mathrm{t}(t)$ den zur Portfläche tangentialen (und damit zu $\vec{n}$ senkrechten) Anteil bedeutet. Unter Ausnutzung des Zusammenhanges zwischen dem elektrischen und magnetischen Feld einer einzelnen Welle [Bal89] mit dem Feldwellenwiderstand Z_F

$$\vec{E}_\mathrm{t}(t) = Z_\mathrm{F} \left[\vec{H}_\mathrm{t}(t) \times \vec{n}\right] \quad , \tag{A.123}$$

ergibt sich schließlich

$$P(t) = \frac{1}{Z_\mathrm{F}} \int_A \vec{E}_\mathrm{t}(t) \cdot \vec{E}(t)\, \mathrm{d}\sigma = \frac{1}{Z_\mathrm{F}} \int_A \vec{E}_\mathrm{t}^2(t)\, \mathrm{d}\sigma \geq 0 \quad . \tag{A.124}$$

Dabei wird ausgenutzt, daß die zur Portfläche senkrechte Komponente von $\vec{E}(t)$ nicht in die Bildung des Skalarproduktes mit $\vec{E}_\mathrm{t}(t)$ eingeht. Die Leistung, welche durch den Port fließt, ergibt sich also aus der Integration des zur Portfläche tangentialen Anteils des elektrischen Feldes. Ein äquivalenter Zusammenhang kann auch für das tangentiale magnetische Feld $\vec{H}_\mathrm{t}(t)$ hergeleitet werden, er ist jedoch hier nicht von Interesse.

Zur Definition der Streuvariablen wird ausgenutzt, daß der Verlauf der tangentialen Komponente des elektrischen Feldes, für einen gegebenen Mode, im Vorhinein bekannt ist. Bezüglich eines solchen Modes M läßt sich schreiben

$$\vec{E}_\mathrm{t}(t,\vec{x}) = E(t)\, \vec{e}_\mathrm{t}^{\,M}(\vec{x}) \quad , \tag{A.125}$$

wodurch das elektrische Feld in einen skalaren nur von der Zeit abhängigen Teil $E(t)$ und in einen vektoriellen, nur vom Ort abhängigen Anteil $\vec{e}_\mathrm{t}^{\,M}(\vec{x})$ aufgespaltet wird. Geht man mit diesem Ansatz in (A.124) ein, so ergibt sich

$$P(t) = \frac{E^2(t)}{Z_F} \int_A \left[\vec{e}_t^M(\vec{x})\right]^2 \mathrm{d}\sigma \geq 0 \quad . \tag{A.126}$$

Setzt man nun per Definition für die Streuvariable $a(t)$

$$a^2(t) := P(t) \geq 0 \quad , \tag{A.127}$$

so ergibt sich als „natürliche" Definition von $a(t)$ selbst

$$a(t) := \frac{E(t)}{\sqrt{Z_F}} \sqrt{\int_A \left[\vec{e}_t^M(\vec{x})\right]^2 \mathrm{d}\sigma} \quad . \tag{A.128}$$

$a(t)$ ist damit proportional zum elektrischen Feld und das Quadrat $a^2(t)$ ergibt die Momentanleistung. Für die Streuvariable $b(t)$ der rücklaufenden Welle ergibt sich der selbe Zusammenhang, das elektrische Feld bezieht sich aber auf den gestreuten Anteil.

Zur Bestimmung von $E(t)$ aus dem Feld $\vec{E}_t(t)$, wird die Orthogonalität der verschiedenen Moden ausgenutzt [Wex67]. Demnach gilt für das Vektorprodukt der elektrischen und magnetischen Feldbasisvektoren $\vec{e}_t^M$ bzw. $\vec{h}_t^N$ zu zwei *verschiedenen* Moden M und N

$$\int_A \left[\vec{e}_t^M \times \vec{h}_t^N\right] \cdot \vec{n} \, \mathrm{d}\sigma = 0 \qquad \text{für} \qquad M \neq N \tag{A.129}$$

Ist $\vec{E}_t(t)$ nun das tangentiale elektrische Feld in der Portebene, so kann der zum Mode M gehörende Anteil recht einfach selektiert werden:

$$\int_A \left[\vec{E}_t(t) \times \vec{h}_t^M\right] \cdot \vec{n} \, \mathrm{d}\sigma = E(t) \int_A \left[\vec{e}_t^M \times \vec{h}_t^M\right] \cdot \vec{n} \, \mathrm{d}\sigma \tag{A.130}$$

Wendet man auf die linke Seite dieser Gleichung ähnliche Umformungen an, die die zu (A.124) geführt haben ergibt sich

$$\int_A \left[\vec{E}_t(t) \times \vec{h}_t^M\right] \cdot \vec{n} \, \mathrm{d}\sigma = \frac{1}{Z_F} \int_A \vec{E}_t(t) \cdot \vec{e}_t^M \, \mathrm{d}\sigma \quad . \tag{A.131}$$

Entsprechend ergibt sich für die rechte Seite der Gleichung (A.130)

$$E(t) \int_A \left[\vec{e}_t^M \times \vec{h}_t^M\right] \cdot \vec{n} \, \mathrm{d}\sigma = \frac{E(t)}{Z_F} \int_A \left[\vec{e}_t^M\right]^2 \mathrm{d}\sigma \quad . \tag{A.132}$$

Setzt man (A.131) und (A.132) gleich, so erhält man schließlich

$$E(t) = \frac{\int_A \vec{E}_t(t) \cdot \vec{e}_t^{\,M} \, d\sigma}{\int_A \left[\vec{e}_t^{\,M}\right]^2 d\sigma} \quad . \tag{A.133}$$

Eingesetzt in (A.128) kann damit die Streuvariable durch Integration des tangentialen elektrischen Feldes über die Portfläche berechnet werden:

$$a(t) = \frac{\int_A \vec{E}_t(t) \cdot \vec{e}_t^{\,M} \, d\sigma}{\sqrt{Z_F \int_A \left[\vec{e}_t^{\,M}\right]^2 d\sigma}} \tag{A.134}$$

Eine entsprechende Gleichung ergibt sich für $b(t)$, wenn für $\vec{E}_t(t)$ das Feld der gestreuten Welle eingesetzt wird. Für die Orthogonalitätsbeziehung (A.129) kann durch Umformungen, die den vorangegangenen analog sind, der äquivalente Zusammenhang

$$\int_A \vec{e}_t^{\,M} \cdot \vec{e}_t^{\,N} \, d\sigma = 0 \qquad \text{für} \qquad M \neq N \tag{A.135}$$

angegeben werden.

A.7. Interpolation in der Ebene mit unregelmäßig verteilten Stützstellen

In den folgenden Betrachtungen seien vier Punkte in der yz-Ebene gegeben, die beliebig angeordnet sein können. Jedem Punkt ist ein skalarer Wert zugeordnet, z. B. eine Feldkomponente. Gesucht ist nun eine Interpolationsvorschrift, die es erlaubt, den Wert der Feldkomponente an allen „dazwischenliegenden“ Punkten zu approximieren.

Die vier Punkte haben die Koordinaten (y_1, z_1), (y_2, z_2), (y_3, z_3) und (y_4, z_4) und dienen als Stützstellen für die Interpolation. Die zugeordneten Werte der Feldkomponenten seien bekannt und beziehentlich mit f_1, f_2, f_3 und f_4 bezeichnet. Die Interpolationsvorschrift f soll der Anforderung genügen, in jeder der beiden Variablen y und z einzeln linear zu sein. Damit gilt

$$f(y,z) = a + b(y - y_1) + c(z - z_1) + d(y - y_1)(z - z_1) \quad , \tag{A.136}$$

wobei die Koeffizienten a, b, c und d anhand der Stützstellen zu bestimmen sind. Zunächst folgt aus

$$f_1 \overset{!}{=} f(y_1, z_1) = a + b \cdot 0 + c \cdot 0 + d \cdot 0 \cdot 0 \tag{A.137}$$

für den ersten Koeffizienten

$$a = f_1 \quad . \tag{A.138}$$

Die übrigen Koeffizienten ergeben sich aus den Forderungen

$$f_2 \overset{!}{=} f(y_2, z_2) \quad , \quad f_3 \overset{!}{=} f(y_3, z_3) \quad \text{und} \quad f_4 \overset{!}{=} f(y_4, z_4) \quad . \tag{A.139}$$

Diese Bestimmungsgleichungen führen auf das lineare Gleichungssystem

$$\begin{aligned} f_2 - f_1 &= (y_2 - y_1)\, b + (z_2 - z_1)\, c + (y_2 - y_1)(z_2 - z_1)\, d \\ f_3 - f_1 &= (y_3 - y_1)\, b + (z_3 - z_1)\, c + (y_3 - y_1)(z_3 - z_1)\, d \\ f_4 - f_1 &= (y_4 - y_1)\, b + (z_4 - z_1)\, c + (y_4 - y_1)(z_4 - z_1)\, d \end{aligned} \tag{A.140}$$

zur Bestimmung der noch Unbekannten b, c und d.

Dieses Gleichungssystem besitzt genau dann eine eindeutig bestimmte Lösung, wenn die Determinante der Koeffizientenmatrix

$$\begin{aligned} D := &\begin{vmatrix} y_2 - y_1 & z_2 - z_1 & (y_2 - y_1)(z_2 - z_1) \\ y_3 - y_1 & z_3 - z_1 & (y_3 - y_1)(z_3 - z_1) \\ y_4 - y_1 & z_4 - z_1 & (y_4 - y_1)(z_4 - z_1) \end{vmatrix} \\ = &\quad (y_2 - y_1)(z_3 - z_1)(z_4 - z_1)(y_4 - y_3) \\ &+ (y_3 - y_1)(z_4 - z_1)(z_2 - z_1)(y_2 - y_4) \\ &+ (y_4 - y_1)(z_2 - z_1)(z_3 - z_1)(y_3 - y_2) \end{aligned} \tag{A.141}$$

nicht verschwindet.

Die Lösung des Gleichungssystems (A.140) erfolgt am besten mit der Cramerschen Regel.

Es ergibt sich

$$b = (f_2 - f_1)\frac{(z_3 - z_1)(z_4 - z_1)(y_4 - y_3)}{D} \tag{A.142}$$
$$+ (f_3 - f_1)\frac{(z_4 - z_1)(z_2 - z_1)(y_2 - y_4)}{D}$$
$$+ (f_4 - f_1)\frac{(z_2 - z_1)(z_3 - z_1)(y_3 - y_2)}{D}$$

$$c = (f_2 - f_1)\frac{(y_3 - y_1)(y_4 - y_1)(z_3 - z_4)}{D} \tag{A.143}$$
$$+ (f_3 - f_1)\frac{(y_4 - y_1)(y_2 - y_1)(z_4 - z_2)}{D}$$
$$+ (f_4 - f_1)\frac{(y_2 - y_1)(y_3 - y_1)(z_2 - z_3)}{D}$$

$$d = (f_2 - f_1)\frac{(y_3 - y_1)(z_4 - z_1) - (y_4 - y_1)(z_3 - z_1)}{D} \tag{A.144}$$
$$+ (f_3 - f_1)\frac{(y_4 - y_1)(z_2 - z_1) - (y_2 - y_1)(z_4 - z_1)}{D}$$
$$+ (f_4 - f_1)\frac{(y_2 - y_1)(z_3 - z_1) - (y_3 - y_1)(z_2 - z_1)}{D} \quad .$$

Darin ist D gemäß (A.141) einzusetzen.

Diese Vorgehensweise läßt sich auch auf den Raum erweitern. Statt vier Eckpunkten in einer Ebene sind dann acht Punkte, die etwa wie die Eckpunkte eines Quaders angeordnet sein können, als Stützstellen gegeben. Damit ergeben sich acht unbekannte Koeffizienten und an Stelle von (A.140) tritt ein lineares Gleichungssystem siebter Ordnung. Dies läßt sich besser numerisch, z. B. mit dem Gauß-Verfahren lösen.

A.8. Energiesatz der Elektrodynamik

Das Skalarprodukt aus dem elektrischen Feld $\vec{E}$ und der Leitungsstromdichte $\vec{J}$ gibt die durch einen Ladungsträgerstrom umgesetzte momentane elektrische Leistungsdichte an einem bestimmten Ort an. Für dieses Produkt gilt, wenn man noch die Maxwellsche Feldgleichung (2.2) heranzieht

$$\vec{E}\cdot\vec{J} = \vec{E}\cdot\left(\operatorname{rot}\vec{H} - \frac{\partial\vec{D}}{\partial t}\right) = -\vec{E}\cdot\frac{\partial\vec{D}}{\partial t} + \vec{E}\cdot\operatorname{rot}\vec{H} \quad . \tag{A.145}$$

Mit Hilfe der Identität

$$\operatorname{div}\left(\vec{E}\times\vec{H}\right) \equiv \vec{H}\cdot\operatorname{rot}\vec{E} - \vec{E}\cdot\operatorname{rot}\vec{H} \tag{A.146}$$

folgt

$$\vec{E}\cdot\vec{J} = -\vec{E}\cdot\frac{\partial\vec{D}}{\partial t} - \operatorname{div}\left(\vec{E}\times\vec{H}\right) + \vec{H}\cdot\operatorname{rot}\vec{E} \quad . \tag{A.147}$$

Ersetzt man $\operatorname{rot}\vec{E}$ mittels (2.1) so ergibt sich die schließlich die differentielle Form des Energiesatzes:

$$\vec{E}\cdot\vec{J} + \vec{H}\cdot\vec{M} + \vec{E}\cdot\frac{\partial\vec{D}}{\partial t} + \vec{H}\cdot\frac{\partial\vec{B}}{\partial t} + \operatorname{div}\left(\vec{E}\times\vec{H}\right) = 0 \tag{A.148}$$

Das Produkt im Divergenzterm bezeichnet den Poyntingvektor

$$\vec{S} := \vec{E}\times\vec{H} \quad , \tag{A.149}$$

der den elektromagnetischen Energiefluß darstellt.

Integriert man (A.148) über ein endliches Volumen V und wendet auf den Divergenzterm den Gaußschen Integralsatz an, so ergibt sich

$$\int_V \vec{E}\cdot\vec{J}\,\mathrm{d}V + \int_V \vec{E}\cdot\frac{\partial\vec{D}}{\partial t}\,\mathrm{d}V + \int_V \vec{H}\cdot\frac{\partial\vec{B}}{\partial t}\,\mathrm{d}V + \oint_{\partial V}\left(\vec{E}\times\vec{H}\right)\cdot\mathrm{d}\vec{\sigma} = 0 \quad . \tag{A.150}$$

Dabei wird die magnetische Stromdichte $\vec{M}$ zu Null angenommen, da sie in realen Medien nicht existiert. Gleichung (A.150) setzt sich aus vier Summanden zusammen, welche Leistungen repräsentieren, die einzelnen Energieformen zugeordnet werden können, die im Folgenden näher erläutert werden. Während die ersten drei Integrale Phänomene beschreiben, die sich im Inneren des Volumens V abspielen, beschreibt der letzte Integralterm die Interaktion mit der Umgebung. Er integriert den Poyntingvektor über die Oberfläche ∂V des Volumens und gibt die *abgestrahlte* elektromagnetische Leistung an, die aus dem Volumen heraustritt. Alternativ kann dieser Term auch mit negativem Vorzeichen auf die andere

Seite der Gleichung (A.150) gebracht werden und erlaubt damit die Interpretation als von *Außen* in das Volumen eingekoppelte Leistung.

Die Aussage der Gleichung (A.150) ist, wenn man diese noch über der Zeit integriert, daß die Summe dieser Energieformen zeitlich konstant bleibt und diese lediglich ineinander umgewandelt werden können.

A.8.1. Ohmsche Verluste

Der Term $\vec{E} \cdot \vec{J}$ beschreibt, wie eingangs erwähnt, die vom elektrischen Feld an den Ladungsträgern verrichtete Arbeit. Werden diese Ladungsträger an ihrer Bewegung z. B. durch Stöße mit dem Atomgitter behindert, so wird diese Arbeit nicht zur Beschleunigung der Ladung verwendet, sondern in Gitterschwingungen umgesetzt, welche als Wärme spürbar wird.

Die elektrische Stromdichte $\vec{J}$ kann noch in einen eingeprägten Anteil $\vec{J}_\mathrm{e}$ und einen durch die Leitfähigkeit κ hervorgerufenen Strom $\kappa\vec{E}$ aufgespalten werden:

$$\vec{J} = \vec{J}_\mathrm{e} + \kappa\vec{E} \tag{A.151}$$

Der Term $\vec{E} \cdot \vec{J}_\mathrm{e}$ kann dann mit *negativem* Vorzeichen auf die andere Seite von Gleichung (A.148) gebracht werden und als eingeprägte Stromquelle betrachtet werden, die Leistung in das Volumen *einspeist*. Analog ließe sich mit einem Term $\vec{H} \cdot \vec{M}_\mathrm{e}$ eine eingeprägte Spannungsquelle modellieren.

Für die umgesetzte ohmsche momentane Leistungsdichte gilt

$$p_\mathrm{ohm}(t) = \kappa(t)|\vec{E}(t)|^2 \quad . \tag{A.152}$$

Wobei zur Verdeutlichung eine explizite Zeitabhängigkeit angegeben wird. Da $p_\mathrm{ohm}(t)$ niemals negativ wird, erhält man durch Integration von (A.152) über der Zeit eine monoton wachsende Funktion. Dies bedeutet, daß Energie, die in ohmsche Verluste umgewandelt wird, nicht in Form von elektromagnetischer Energie zurückerhalten werden kann. Es findet also keine Speicherung von Energie statt.

Nun werde der in der Praxis häufig vorkommenden Fall eines zeitharmonischen Verlaufes des elektrischen Feldes mit der Frequenz f betrachtet. Dann gilt für die Vektorkomponenten

$$\begin{aligned} E_\mathrm{x}(t) &= \hat{E}_\mathrm{x}\cos(2\pi f t + \varphi_{0,\mathrm{x}}) \\ E_\mathrm{y}(t) &= \hat{E}_\mathrm{y}\cos(2\pi f t + \varphi_{0,\mathrm{y}}) \\ E_\mathrm{z}(t) &= \hat{E}_\mathrm{z}\cos(2\pi f t + \varphi_{0,\mathrm{z}}) \end{aligned} \tag{A.153}$$

Unter dieser Voraussetzung kann besonders einfach die während einer Periodendauer $T = 1/f$ gemittelte Leistung berechnet werden. Es gilt

$$\bar{p}_{\text{ohm}} = \overline{p_{\text{ohm}}(t)} = \kappa \, \frac{1}{T} \int\limits_{t_0}^{t_0+T} |\vec{E}(t)|^2(t) \, \mathrm{d}t \quad . \tag{A.154}$$

Dabei wird vorausgesetzt, daß sich die Leitfähigkeit $\kappa(t)$ während einer Periodendauer der Hochfrequenzschwingung nicht merklich ändert, und somit als konstant angenommen werden kann. Für den Betrag des elektrischen Feldstärkevektors gilt

$$|\vec{E}(t)|^2 = \sum_{i=\{\mathrm{x,y,z}\}} \hat{E}_i^2 \cos^2(2\pi f t + \varphi_{0,i}) \tag{A.155}$$

Mit $\cos^2 \xi = \frac{1}{2} + \frac{1}{2}\cos(2\xi)$ folgt

$$|\vec{E}(t)|^2 = \frac{1}{2} \sum_{i=\{\mathrm{x,y,z}\}} \hat{E}_i^2 + \frac{1}{2} \sum_{i=\{\mathrm{x,y,z}\}} \cos(4\pi f t + 2\varphi_{0,i}) \tag{A.156}$$

Da das Integral aus (A.154) über die zweite Summe aus (A.156) verschwindet, folgt schließlich für die in Wärme umgesetzte mittlere ohmsche Leistung

$$\bar{p}_{\text{ohm}} = \frac{1}{2}\kappa \sum_{i=\{\mathrm{x,y,z}\}} \hat{E}_i^2 = \frac{1}{2}\kappa \left(\hat{E}_\mathrm{x}^2 + \hat{E}_\mathrm{y}^2 + \hat{E}_\mathrm{z}^2 \right) = \frac{1}{2}\kappa \hat{E}^2 \tag{A.157}$$

mit

$$\hat{E} := |\hat{\vec{E}}| = \sqrt{\hat{E}_\mathrm{x}^2 + \hat{E}_\mathrm{y}^2 + \hat{E}_\mathrm{z}^2} \quad . \tag{A.158}$$

A.8.2. Dielektrische Energiespeicherung und Verluste

Der Term $\vec{E} \cdot \partial \vec{D} / \partial t$ stimmt strukturell mit dem ohmschen Verlustterm überein, wobei aber die zeitliche Ableitung der Verschiebungsdichte $\partial \vec{D} / \partial t$ an die Stelle der Leitungsstromdichte $\vec{J}$ tritt. Daher wird $\partial \vec{D} / \partial t$ auch häufig als Verschiebungsstromdichte interpretiert. Die dielektrische Verschiebung besteht zu einem Teil immer aus einem festen, dem Vakuum zugeordneten, Anteil $\varepsilon_0 \vec{E}$. Innerhalb von dielektrischen Materialien entsteht durch Polarisation ortsfester Dipole eine Gegenladung die das elektrische Feld schwächt [Pre90a]. Diese durch Ausrichtung von Dipolen innerhalb des Dielektrikums entstehende Polarisation $\vec{P}_{\text{diel}}$ entspricht dem zweiten Anteil der dielektrischen Verschiebung.

$$\vec{D} = \varepsilon_0 \vec{E} + \vec{P}_{\text{diel}} \tag{A.159}$$

Ist die Polarisation dem elektrischen Feld proportional, also

$$\vec{P}_{\text{diel}} = \chi \vec{E} \qquad \text{mit} \quad \chi \geq 0 \quad , \tag{A.160}$$

mit der dielektrischen Suszeptibilität χ, so schreibt man bevorzugt

$$\vec{D} = \varepsilon_0 (1 + \chi) \vec{E} = \varepsilon_0 \varepsilon_r \vec{E} \qquad \text{mit} \quad \varepsilon_r := 1 + \chi \quad . \tag{A.161}$$

Für die innerhalb des Zeitintervalls $[t_1, t_2]$ umgesetzte dielektrische Energiedichte w_{diel} gilt

$$w_{\text{diel}} = \int_{t_1}^{t_2} \vec{E} \cdot \frac{\partial \vec{D}}{\partial t} \, \mathrm{d}t \quad . \tag{A.162}$$

Setzt man ein Dielektrikum mit der Eigenschaft (A.161) voraus (z. B. Vakuum) so gilt, wenn man ε_r noch als zeitunabhängig annimmt

$$w_{\text{diel}} = \varepsilon_0 \varepsilon_r \int_{t_1}^{t_2} \vec{E} \cdot \frac{\partial \vec{E}}{\partial t} \, \mathrm{d}t = \frac{1}{2} \varepsilon_0 \varepsilon_r \left[\vec{E}^2(t_2) - \vec{E}^2(t_1) \right] \quad . \tag{A.163}$$

Diese hängt nur von der elektrischen Feldstärke zu den Zeitpunkten t_1 und t_2 ab. Gilt insbesondere $\vec{E}(t_1) = \vec{E}(t_2)$, so ist $w_{\text{diel}} = 0$ und es wird insgesamt während des Integrationsintervall keine Energie umgesetzt. Die währende des Intervalls $[t_1, t_2]$ aufgebaute dielektrische Energie wird also vollständig wieder zurückgewonnen, d. h. es findet nur eine Energiespeicherung, aber keine permanente Energieumwandlung statt. Dies wird besonders deutlich, wenn das elektrische Feld eine periodische Funktion der Zeit ist. Die während einer Periode insgesamt umgesetzte Leistung ist Null.

Diese Eigenschaft gilt auch unter einer sehr viel schwächeren Voraussetzung. Ist die Polarisation P_{diel} eine eineindeutige Funktion der elektrischen Feldstärke, so kann umgekehrt die elektrische Feldstärke auch als Funktion der dielektrischen Verschiebungsdichte dargestellt werden:

$$\vec{E} = \vec{E}(\vec{D}) \tag{A.164}$$

Damit gilt analog zum obigen Fall für die im Intervall $[t_1, t_2]$ umgesetzte Energiedichte

$$w_{\text{diel}} = \int_{t_1}^{t_2} \vec{E}(\vec{D}(t)) \cdot \frac{\partial \vec{D}(t)}{\partial t} \, \mathrm{d}t = \int_{\vec{D}(t_1)}^{\vec{D}(t_2)} \vec{E}(\vec{D}) \cdot \mathrm{d}\vec{D} \quad . \tag{A.165}$$

Damit kann w_{diel} als Wegintegral über das elektrische Feld in der $\vec{D}$-Ebene aufgefaßt werden. Gilt für den Integranden die Integrabilitätsbedingung [Heu93b]

$$\operatorname{rot}_{\vec{D}} \vec{E} = \vec{0}^{\,3} \quad , \tag{A.166}$$

so ist das Integral wegunabhängig und damit nur eine Funktion von $\vec{D}(t_1)$ und $\vec{D}(t_2)$ und damit von $\vec{E}(t_1)$ und $\vec{E}(t_2)$. Damit gilt das bereits oben gesagte.

Für einen linearen Zusammenhang von $\vec{D}$ und $\vec{E}$ der Form

$$\vec{D} = \varepsilon_0 \overset{\leftrightarrow}{\varepsilon_{\mathrm{r}}} \vec{E} \tag{A.167}$$

mit dem Permittivitätstensor $\overset{\leftrightarrow}{\varepsilon_{\mathrm{r}}}$ gilt die Integrabilitätsbedingung (A.166) genau dann, wenn $\overset{\leftrightarrow}{\varepsilon_{\mathrm{r}}}$ symmetrisch ist.

Wenn, wie bei vielen Materialien der Fall, die Richtung der dielektrischen Verschiebungsdichte gleich der Richtung des elektrischen Feldes ist, läßt sich die umgesetzte Energiedichte vereinfachend über die skalaren Feldgrößen E und D bestimmen. Aus (A.162) wird

$$w_{\text{diel}} = \int_{t_1}^{t_2} E(t) \, \frac{\partial D(t)}{\partial t} \, \mathrm{d}t \quad . \tag{A.168}$$

Permanent umgewandelte Energie ist dann nach dem bisher gesagten nur möglich, wenn $E(t)$ sich nicht als Funktion von $D(t)$ darstellen läßt. Für einen periodischen Verlauf des elektrischen Feldes $E(t)$ sei dies im Folgenden näher untersucht.

Im eingeschwungenen Zustand durchlaufen das elektrische Feld $E(t)$ und die elektrische Verschiebungsdichte $D(t)$ in der E,D-Ebene mit jeder Periode genau eine Schleife wie in Bild A.3 dargestellt. Das erreichen des eingeschwungenen Zustandes aus dem Nullpunkt heraus folgt in etwa dem hier dargestellten gestrichelten Verlauf und wird im Folgenden nicht weiter berücksichtigt, da dies einen einmaligen Vorgang darstellt. Betrachtet man den ersten Quadranten von Bild A.3, so erkennt man, daß die Verschiebungsdichte D für abnehmendes E-Feld nicht exakt dem Verlauf für steigendes E-Feld entspricht. Dies liegt

[3]Die Rotation von $\vec{E}$ ist hier bezüglich des $\vec{D}$-Raumes zu bilden und nicht bezüglich des Ortsraumes (x,y,z).

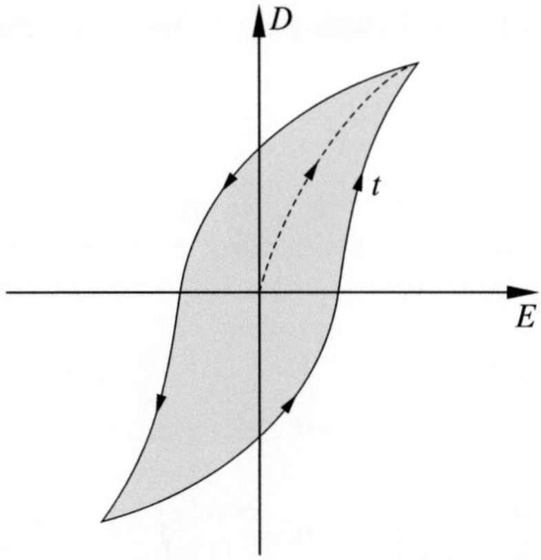

Bild A.3.: Beispiel für den zeitlichen Verlauf des elektrischen Feldes E und der zugehörigen elektrischen Verschiebungsdichte D. Für einen periodischen Vorgang durchlaufen beide Feldgrößen während einer Periode den Rand der grau dargestellten Hystereseschleife genau einmal. Die gestrichelte Kurve stellt den Einschwingvorgang aus dem Nullpunkt dar.

daran, daß die ausgerichteten Dipole zu träge sind, dem Feld exakt zu folgen. Aufbau und Abbau der Polarisation P_{diel} erfolgen gegenüber dem E-Feld verzögert (Hysterese). Diese Verzögerung entsteht dadurch, daß die Dipole in die Molekularstruktur des Materials eingebaut sind und daher beim Ausrichten gehemmt werden. Dabei geben sie Energie an diese Molekularstruktur ab, welche zu Schwingungen angeregt wird und damit makroskopisch zur Erwärmung führt. Diese abgegebene Energie kann aus dem elektrischen Feld nicht zurückgewonnen werden. Je stärker diese Verzögerung ist, desto breiter ist die Hystereseschleife.

Um den Energieumsatz zu ermitteln, ist es zweckmäßig, (A.168) geeignet umzuformen. Durch partielle Integration ergibt sich für die während einer Periode T umgesetzte Energie zunächst

$$
\begin{aligned}
w_{\text{diel}} &= \frac{1}{2}\left(\int_{t_1}^{t_1+T} E(t)\,\frac{\partial D(t)}{\partial t}\,\mathrm{d}t + \int_{t_1}^{t_1+T} E(t)\,\frac{\partial D(t)}{\partial t}\,\mathrm{d}t \right) \\
&= \frac{1}{2}\left(\int_{t_1}^{t_1+T} E(t)\,\frac{\partial D(t)}{\partial t}\,\mathrm{d}t + \right. \\
&\qquad \left. E(t_1+T)D(t_1+T) - E(t_1)D(t_1) - \int_{t_1}^{t_1+T} D(t)\,\frac{\partial E(t)}{\partial t}\,\mathrm{d}t \right) \quad . \qquad \text{(A.169)}
\end{aligned}
$$

Wegen des zeitlich periodischen Verlaufs von $E(t)$ und $D(t)$ verschwindet die Differenz

$$E(t_1 + T)D(t_1 + T) - E(t_1)D(t_1) \quad .$$

Die verbleibende Differenz der beiden Integrale drückt nach dem Gaußschen Satz in der Ebene [Heu93b] den von der durchlaufenen Kurve eingeschlossenen Flächeninhalt aus:

$$\begin{aligned} w_{\text{diel}} &= \frac{1}{2}\left(\int\limits_{t_1}^{t_1+T} E(t)\,\frac{\partial D(t)}{\partial t}\,\mathrm{d}t - \int\limits_{t_1}^{t_1+T} D(t)\,\frac{\partial E(t)}{\partial t}\,\mathrm{d}t \right) \\ &= \frac{1}{2} \int\limits_{\text{Schleife}} \left(\frac{\partial E}{\partial E} + \frac{\partial D}{\partial D} \right) \mathrm{d}(E,D) = \frac{1}{2} \int\limits_{\text{Schleife}} 2\,\mathrm{d}(E,D) = A_{\text{Schleife}} \end{aligned} \qquad \text{(A.170)}$$

Die während einer Periode umgesetzte Arbeit ist also gleich dem Flächeninhalt der Hystereseschleife. Das arithmetische Mittel der Leistung über eine Periode, die durch dielektrische Verluste in Wärme umgesetzt wird, ergibt sich damit zu

$$p_{\text{diel}} = \frac{A_{\text{Schleife}}}{T} \quad . \qquad \text{(A.171)}$$

Für lineare kausale Materie läßt sich $D(t)$ mittels einer Faltung aus $E(t)$ bestimmen:

$$D(t) = \varepsilon_0 \int\limits_{-\infty}^{\infty} E(\tau)h(t-\tau)\,\mathrm{d}\tau \qquad \text{(A.172)}$$

$h(\tau)$ entspricht dabei dem zeitlichen Verlauf von $D(t)$ bei Anregung durch ein E-Feld mit diracförmigen Zeitverlauf (Impulsantwort) und ist nur vom Dielektrikum abhängig. Daraus läßt sich der praktisch wichtige Fall für zeitharmonische Anregung ableiten.

Harmonische Zeitabhängigkeit

Im Folgenden seien zur einfacheren Darstellung die Feldgrößen alle komplexwertig. Das elektrische Feld besitze die Zeitabhängigkeit

$$E(t) = \hat{E}\, e^{j\omega t} \qquad \text{(A.173)}$$

mit der Kreisfrequenz ω. Dann gilt für die komplexe Verschiebungsdichte nach (A.172)

$$D(t) = \varepsilon_0 \int_{-\infty}^{\infty} \hat{E}\, e^{j\omega\tau} h(t-\tau)\,\mathrm{d}\tau = \varepsilon_0 E(t) \underbrace{\int_{-\infty}^{\infty} h(\tau)\, e^{-j\omega\tau}\,\mathrm{d}\tau}_{=:\ \varepsilon_\mathrm{r}(\omega)} \quad . \tag{A.174}$$

Das rechtsstehende Integral stellt die Fouriertransformierte von $h(\tau)$ dar und beschreibt die komplexwertige relative Permittivität $\varepsilon_\mathrm{r}(\omega)$. Bei harmonischer Anregung, gilt also für die Verschiebungsdichte

$$D(t) = \varepsilon_0 \varepsilon_\mathrm{r}(\omega) E(t) \quad . \tag{A.175}$$

Da $h(\tau)$ kausal ist, ist $\varepsilon_\mathrm{r}(\omega)$ i. A. komplexwertig mit einer Phase < 0, d. h. mit negativem Imaginärteil. Dies bedeutet, daß die elektrische Verschiebungsdichte wie erwartet einen *zeitlich verzögerten* Verlauf gegenüber dem elektrischen Feld aufweist. Auf die explizite Darstellung der Frequenzabhängigkeit von $\varepsilon_\mathrm{r}(\omega)$ wird im Folgenden verzichtet.

Für die während einer Periode T in Wärme umgewandelte Energie gilt

$$\begin{aligned} w_\mathrm{diel} &= \int_{t_1}^{t_1+T} E(t)\,\frac{\partial D(t)}{\partial t}\,\mathrm{d}t \\ &= \int_{t_1}^{t_1+T} \frac{1}{2}\left(\hat{E} e^{j\omega t} + \hat{E}^* e^{-j\omega t}\right) j\omega\varepsilon_0 \frac{1}{2}\left(\varepsilon_\mathrm{r}\hat{E} e^{j\omega t} - \varepsilon_\mathrm{r}^* \hat{E}^* e^{-j\omega t}\right) \mathrm{d}t \\ &= \frac{1}{4} j\omega\varepsilon_0 (\varepsilon_\mathrm{r} - \varepsilon_\mathrm{r}^*)|\hat{E}|^2\, T = -\frac{1}{2}\omega\varepsilon_0\ \mathrm{Im}(\varepsilon_\mathrm{r})|\hat{E}|^2\, T \quad . \end{aligned} \tag{A.176}$$

Mit der üblichen Zerlegung der komplexen Permittivität ε_r in Real- und Imaginärteil

$$\varepsilon_\mathrm{r} = \varepsilon_\mathrm{r}' - j\varepsilon_\mathrm{r}'' \qquad \text{mit} \qquad \varepsilon_\mathrm{r}'' \geq 0 \tag{A.177}$$

folgt für die über eine Periode T gemittelte in Wärme umgesetzte Leistungsdichte

$$p_\mathrm{diel} = \frac{w_\mathrm{diel}}{T} = \frac{1}{2}\omega\varepsilon_0\varepsilon_\mathrm{r}''|\hat{E}|^2 \quad . \tag{A.178}$$

A.8.3. Magnetische Energiespeicherung und Verluste

Der Term $\vec{H} \cdot \partial\vec{B}/\partial t$ bestimmt die magnetisch umgesetzte Leistung. Die Beschreibung erfolgt wegen der formalen Ähnlichkeit analog zum dielektrischen Term, wenn man die elektrischen Größen E, D und ε durch die entsprechenden magnetischen Größen H, B und μ ersetzt. Alles was im letzten Abschnitt gesagt wird, gilt in entsprechender Form auch für das magnetische Feld. Hier werden daher nur die wesentlichen Ergebnisse aufgeführt.

Stimmen die Richtungen der magnetischen Flußdichte $\vec{B}$ und des magnetischen Feldes $\vec{H}$ überein, so läßt sich deren zeitlicher Verlauf bei einer periodischen Anregung mittels einer Hystereseschleife wie in Bild A.3 darstellen. Für die während einer Periode $[t_1, t_1 + T]$ umgesetzte magnetische Energiedichte gilt analog (A.168) und (A.170) mit den skalaren Größen H und B

$$w_{\text{magn}} = \int\limits_{t_1}^{t_1+T} H(t)\,\frac{\partial B(t)}{\partial t}\,\mathrm{d}t = A_{\text{Schleife}} \quad . \tag{A.179}$$

Für lineare kausale Materie ergibt sich $\vec{B}(t)$ aus $\vec{H}(t)$ mittels einer Faltung:

$$B(t) = \mu_0 \int\limits_{-\infty}^{\infty} H(\tau)\,m(t-\tau)\,\mathrm{d}\tau \quad , \tag{A.180}$$

wobei $m(\tau)$ die magnetische Impulsantwort darstellt.

Setzt man einen harmonischen Zeitverlauf voraus und schreibt in komplexer Notation, so kann wieder ein vereinfachter Zusammenhang angegeben werden. Mit

$$H(t) = \hat{H}\,e^{j\omega t} \quad , \tag{A.181}$$

folgt analog zu (A.174)

$$\begin{aligned} B(t) &= \mu_0 \int\limits_{-\infty}^{\infty} \hat{H}\,e^{j\omega\tau} m(t-\tau)\,\mathrm{d}\tau = \mu_0 H(t) \underbrace{\int\limits_{-\infty}^{\infty} m(\tau)\,e^{-j\omega\tau}\,\mathrm{d}\tau}_{=:\ \mu_{\mathrm{r}}(\omega)} \\ &= \mu_0\mu_{\mathrm{r}}(\omega)H(t) \end{aligned} \tag{A.182}$$

und damit wie in (A.176)

$$w_{\text{magn}} = -\frac{1}{2}\omega\mu_0\ \mathrm{Im}(\mu_{\mathrm{r}})|\hat{H}|^2\,T \quad . \tag{A.183}$$

Für die während einer Periode T in Wärme umgesetzte Leistungsdichte ergibt sich mit der komplexen Permeabilität

$$\mu_{\mathrm{r}} = \mu_{\mathrm{r}}' - j\mu_{\mathrm{r}}'' \qquad \text{mit} \qquad \mu_{\mathrm{r}}'' \geq 0 \tag{A.184}$$

analog zu (A.178)

$$p_{\mathrm{magn}} = \frac{w_{\mathrm{magn}}}{T} = \frac{1}{2}\omega\mu_0\mu_{\mathrm{r}}''|\hat{H}|^2 \quad . \tag{A.185}$$

A.8.4. Äquivalenz ohmscher und dielektrischer bzw. magnetischer Verluste

Für den Fall, daß ein lineares Material vorliegt und eine zeitharmonische Anregung des elektromagnetischen Feldes mit der Kreisfrequenz ω erfolgt, besitzen auch alle Feldkomponenten einen zeitharmonischen Verlauf. Die Maxwellschen Gleichungen lassen sich dann zweckmäßiger in komplexer Form notieren. Insbesondere lautet (2.2) in Kombination mit (2.7) dann mit der komplexen Permittivität gemäß (A.177)

$$\begin{aligned} \operatorname{rot}\vec{H} &= j\omega\vec{D} + \vec{J} = j\omega\varepsilon_0(\varepsilon_{\mathrm{r}}' - j\varepsilon_{\mathrm{r}}'')\vec{E} + \kappa\vec{E} \\ &= j\omega\varepsilon_0\varepsilon_{\mathrm{r}}'\vec{E} + \underbrace{(\omega\varepsilon_0\varepsilon_{\mathrm{r}}'' + \kappa)}_{\kappa_{\mathrm{eff}}}\vec{E} \\ &= j\omega\varepsilon_0\left[\varepsilon_{\mathrm{r}}' - j\underbrace{\left(\varepsilon_{\mathrm{r}}'' + \frac{\kappa}{\omega\varepsilon_0}\right)}_{\varepsilon_{\mathrm{r\,eff}}''}\right]\vec{E} \quad . \end{aligned} \tag{A.186}$$

Als Zeitabhängigkeit wird der Faktor $e^{j\omega t}$ angenommen. Die feldbeschreibenden Gleichungen und somit das Feld selber bleiben unverändert, wenn man dem Imaginärteil der komplexen Permittivität der effektiven Leitfähigkeit gemäß

$$\kappa_{\mathrm{eff}} := \kappa + \omega\varepsilon_0\varepsilon_{\mathrm{r}}'' \tag{A.187}$$

zuschlägt. Ebenso läßt dich die Leitfähigkeit κ mit dem effektiven Imaginärteil der komplexen Permittivität zusammenfassen zu

$$\varepsilon_{\mathrm{r\,eff}}'' := \varepsilon_{\mathrm{r}}'' + \frac{\kappa}{\omega\varepsilon_0} \quad . \tag{A.188}$$

Zu beachten ist, daß in beiden Fällen die Zusammenfassung zu einer effektiven Verlustgröße κ_{eff} oder $\varepsilon''_{\text{r eff}}$ frequenzabhängig ist. Insbesondere die Anwendung von (A.187) verschafft deutliche Vorteile bei der Berechnung des elektromagnetischen Feldes mittels FDTD in verlustbehafteten Medien. Die Berechnung des Wärmeeintrages durch das elektrische Feld erfolgt komplett analog der ohmschen Verluste gemäß (A.157), wobei jedoch statt κ nunmehr κ_{eff} einzusetzen ist.

Ebenso läßt sich mit (2.1) und (2.8) zeigen, daß die magnetische Leitfähigkeit ϱ und der Imaginärteil der komplexen Permeabilität gemäß (A.184) zu einer effektiven magnetischen Leitfähigkeit ϱ_{eff} bzw. Verlusten $\mu''_{\text{r eff}}$ zusammengefasst werden können:

$$\varrho_{\text{eff}} := \varrho + \omega\mu_0\mu''_{\text{r}} \tag{A.189}$$

$$\mu''_{\text{r eff}} := \mu''_{\text{r}} + \frac{\varrho}{\omega\mu_0} \tag{A.190}$$

A.9. Felder in bewegten Systemen

Im Folgenden werden zwei Bezugssysteme unterschieden. Zum einen das „ruhende System“ S, auf das sich alle bisher gemachten Angaben beziehen. Das zweite Bezugssystem S', das „bewegte System“, bewegt sich relativ zu S mit der zeitabhängigen Geschwindigkeit $\vec{v}(t)$. Es wird angenommen, daß in beiden Systemen die Maxwellgleichungen gelten. Da die Bewegungsgeschwindigkeit $|\vec{v}(t)|$ sehr viel kleiner als die Vakuum-Lichtgeschwindigkeit $c_0 \approx 3 \cdot 10^8$ m/s vorausgesetzt wird, brauchen relativistische Effekte nicht berücksichtigt zu werden. In der nun angewandten Notation werden Feldgrößen, die im ruhenden System S gemessen werden, mit ungestrichenen Größen (z. B. $\vec{E}$, $\vec{H}$) bezeichnet. Für das bewegte System S' werden diese durch einfach gestrichene Größen (z. B. $\vec{E}'$, $\vec{H}'$) referenziert.

A.9.1. Galilei Transformation

Ziel ist es, eine Vorschrift für die Transformation der elektromagnetischen Feldgrößen zwischen den beiden Bezugssystemen zu entwickeln. Dazu wird zunächst die Transformation von Ort und Zeit benötigt. Diese wird durch die sogenannte Lorentz-Transformation hergestellt. Da im vorliegenden Fall aber bequem $|\vec{v}(t)| \ll c_0$ angenommen werden kann, ist es erlaubt in sehr guter Näherung die Galilei-Transformation der klassischen Physik zu verwenden.

Für die Transformation der Orts- und Zeitkoordinaten vom bewegten System S' in das ruhende System S gilt

$$\vec{x} = \vec{x}' + \vec{x}_0(t) \ , \qquad t = t' \quad , \tag{A.191}$$

wobei $\vec{x} = (x,y,z)^{\mathrm{T}}$ eine beliebige Position innerhalb des Systems S kennzeichnet und $\vec{x}' = (x',y',z')^{\mathrm{T}}$ die selbe Position innerhalb des bewegten Bezugssystems S'. $\vec{x_0}(t)$ bezeichnet die Position des Koordinatenursprungs des Systems S' bezüglich S zum Zeitpunkt t. Da S' sich innerhalb von S mit der Geschwindigkeit $\vec{v}(t)$ bewegt, gilt

$$\frac{\partial \vec{x_0}(t)}{\partial t} = \vec{v}(t) = \vec{v} = (v_{\mathrm{x}},v_{\mathrm{y}},v_{\mathrm{z}})^{\mathrm{T}} \quad . \tag{A.192}$$

Auf die explizite Darstellung der Zeitabhängigkeit von $\vec{v}$ wird im Folgenden der Übersichtlichkeit wegen verzichtet. In beiden Bezugssystemen gilt die gleiche Zeit t.

Setzt man in beiden Systemen eine gleiche Orientierung der Koordinatenachsen voraus, so läßt sich aus (A.191) und (A.192) eine Transformationsvorschrift für die partiellen räumlichen und zeitlichen Ableitungen einer beliebigen Feldkomponente u bestimmen. Aus

$$u(x,y,z,t) = u(x' + x_0(t'),\ y' + y_0(t'),\ z' + z_0(t'),t') \tag{A.193}$$

folgt

$$\begin{array}{l} \dfrac{\partial u}{\partial x'} = \dfrac{\partial u}{\partial x}\,, \qquad \dfrac{\partial u}{\partial y'} = \dfrac{\partial u}{\partial y}\,, \qquad \dfrac{\partial u}{\partial z'} = \dfrac{\partial u}{\partial z}\,, \\ \dfrac{\partial u}{\partial t'} = \dfrac{\partial u}{\partial t} + v_{\mathrm{x}}\dfrac{\partial u}{\partial x} + v_{\mathrm{y}}\dfrac{\partial u}{\partial y} + v_{\mathrm{z}}\dfrac{\partial u}{\partial z} \end{array} \quad . \tag{A.194}$$

Die räumlichen partiellen Ableitungen transformieren sich also beim Übergang vom System S in das bewegte System S' nicht. Lediglich die Ableitung nach der Zeit wird transformiert. Damit folgt für die Transformation der Vektordifferentialoperatoren für ein beliebiges Vektorfeld $\vec{\Phi}$

$$\mathrm{rot}'\,\vec{\Phi} = \mathrm{rot}\,\vec{\Phi}\,, \qquad \mathrm{div}'\,\vec{\Phi} = \mathrm{div}\,\vec{\Phi}\,, \qquad \frac{\partial \vec{\Phi}}{\partial t'} = \frac{\partial \vec{\Phi}}{\partial t} + \frac{\partial \vec{\Phi}}{\partial \vec{x}}\,\vec{v} \quad . \tag{A.195}$$

Der Ausdruck $\partial\vec{\Phi}/\partial\vec{x}$ stellt die Jacobimatrix des Vektorfeldes $\vec{\Phi} = (\Phi_{\mathrm{x}},\Phi_{\mathrm{y}},\Phi_{\mathrm{z}})^{\mathrm{T}}$ bezüglich der Ortsableitungen dar. Der letzte Term läßt sich noch geeignet umformen zu:

$$\frac{\partial \vec{\Phi}}{\partial \vec{x}}\,\vec{v} = \begin{pmatrix} v_{\mathrm{x}}\dfrac{\partial \Phi_{\mathrm{x}}}{\partial x} + v_{\mathrm{y}}\dfrac{\partial \Phi_{\mathrm{x}}}{\partial y} + v_{\mathrm{z}}\dfrac{\partial \Phi_{\mathrm{x}}}{\partial z} \\ v_{\mathrm{x}}\dfrac{\partial \Phi_{\mathrm{y}}}{\partial x} + v_{\mathrm{y}}\dfrac{\partial \Phi_{\mathrm{y}}}{\partial y} + v_{\mathrm{z}}\dfrac{\partial \Phi_{\mathrm{y}}}{\partial z} \\ v_{\mathrm{x}}\dfrac{\partial \Phi_{\mathrm{z}}}{\partial x} + v_{\mathrm{y}}\dfrac{\partial \Phi_{\mathrm{z}}}{\partial y} + v_{\mathrm{z}}\dfrac{\partial \Phi_{\mathrm{z}}}{\partial z} \end{pmatrix}$$

$$= \left(\frac{\partial\Phi_x}{\partial x} + \frac{\partial\Phi_y}{\partial y} + \frac{\partial\Phi_z}{\partial z}\right)\begin{pmatrix} v_x \\ v_y \\ v_z \end{pmatrix} - \begin{pmatrix} \frac{\partial(v_x\Phi_y - v_y\Phi_x)}{\partial y} - \frac{\partial(v_z\Phi_x - v_x\Phi_z)}{\partial z} \\ \frac{\partial(v_y\Phi_z - v_z\Phi_y)}{\partial z} - \frac{\partial(v_x\Phi_y - v_y\Phi_x)}{\partial x} \\ \frac{\partial(v_z\Phi_x - v_x\Phi_z)}{\partial x} - \frac{\partial(v_y\Phi_z - v_z\Phi_y)}{\partial y} \end{pmatrix}$$

$$= \vec{v}\,\mathrm{div}\,\vec{\Phi} - \mathrm{rot}(\vec{v}\times\vec{\Phi}) \qquad \text{(A.196)}$$

Insgesamt gilt damit für die Transformation der zeitlichen Ableitung

$$\frac{\partial\vec{\Phi}}{\partial t'} = \frac{\partial\vec{\Phi}}{\partial t} + \vec{v}\,\mathrm{div}\,\vec{\Phi} - \mathrm{rot}(\vec{v}\times\vec{\Phi}) \quad . \qquad \text{(A.197)}$$

A.9.2. Transformation der Felder

Mit den berechneten Transformationen lassen sich die Felder sehr einfach vom bewegten System S' in das ruhende System S übersetzen. Im System S' lauten die Maxwellschen Gleichungen (2.1) und (2.4)

$$\mathrm{rot}'\,\vec{E}' = -\frac{\partial\vec{B}'}{\partial t'} - \vec{M}' \qquad \text{und} \qquad \mathrm{div}'\,\vec{B}' = 0 \quad . \qquad \text{(A.198)}$$

Mit Hilfe von (A.195) und (A.197) läßt sich dies umformen zu

$$\begin{aligned} \mathrm{rot}\,\vec{E}' &= -\frac{\partial\vec{B}'}{\partial t} - \vec{v}\,\mathrm{div}\,\vec{B}' + \mathrm{rot}(\vec{v}\times\vec{B}') - \vec{M}' \\ \mathrm{div}\,\vec{B}' &= 0 \end{aligned} \quad . \qquad \text{(A.199)}$$

Setzt man die zweite Gleichung in die erste ein und stellt noch ein wenig um, ergibt sich schließlich

$$\mathrm{rot}(\vec{E}' - \vec{v}\times\vec{B}') = -\frac{\partial\vec{B}'}{\partial t} - \vec{M}' \qquad \text{und} \qquad \mathrm{div}\,\vec{B}' = 0 \quad . \qquad \text{(A.200)}$$

Der Vergleich mit den im ruhenden System S gültigen Feldgleichungen (2.1) und (2.4)

$$\mathrm{rot}\,\vec{E} = -\frac{\partial\vec{B}}{\partial t} - \vec{M} \qquad \text{und} \qquad \mathrm{div}\,\vec{B} = 0 \quad , \qquad \text{(A.201)}$$

liefert direkt die Transformationsvorschrift für die Felder:

$$\vec{E} = \vec{E}' - \vec{v} \times \vec{B}' \tag{A.202}$$

$$\vec{B} = \vec{B}' \tag{A.203}$$

$$\vec{M} = \vec{M}' \tag{A.204}$$

Die magnetische Flußdichte $\vec{B}$ und die magnetische Stromdichte $\vec{M}$ transformieren sich also beim Wechsel des Bezugssystems nicht. Die elektrische Feldstärke $\vec{E}$ erhält noch einen zusätzlichen Term $\pm \vec{v} \times \vec{B}'$ der als Teil des allgemeinen Faradayschen Induktionsgesetzes bekannt ist.

Ganz entsprechend ergibt sich beim Betrachten der beiden übrigen Maxwellgleichungen (2.2) und (2.3)

$$\mathrm{rot}'\,\vec{H}' = \frac{\partial \vec{D}'}{\partial t'} + \vec{J}' \qquad \text{und} \qquad \mathrm{div}'\,\vec{D}' = \eta' \tag{A.205}$$

die Transformation

$$\begin{aligned} \mathrm{rot}\,\vec{H}' &= \frac{\partial \vec{D}'}{\partial t} + \vec{v}\,\mathrm{div}\,\vec{D}' - \mathrm{rot}(\vec{v} \times \vec{D}') + \vec{J}' \\ \mathrm{div}\,\vec{D}' &= \eta' \end{aligned} \quad . \tag{A.206}$$

Durch Umstellen und Einsetzen von div $\vec{D}'$ in die obere Gleichung ergibt sich analog zu (A.200)

$$\mathrm{rot}(\vec{H}' + \vec{v} \times \vec{D}') = \frac{\partial \vec{D}'}{\partial t} + (\vec{J}' + \eta'\vec{v}) \qquad \text{und} \qquad \mathrm{div}\,\vec{D}' = \eta' \quad . \tag{A.207}$$

Wiederum liefert der Vergleich mit den im ruhenden System S gültigen Feldgleichungen (2.2) und (2.3)

$$\mathrm{rot}\,\vec{H} = \frac{\partial \vec{D}}{\partial t} + \vec{J} \qquad \text{und} \qquad \mathrm{div}\,\vec{D} = \eta' \quad , \tag{A.208}$$

die Transformationsvorschrift für die Felder:

$$\vec{H} = \vec{H}' + \vec{v} \times \vec{D}' \tag{A.209}$$

$$\vec{D} = \vec{D}' \tag{A.210}$$

$$\vec{J} = \vec{J}' + \eta'\vec{v} \tag{A.211}$$

$$\eta = \eta' \tag{A.212}$$

Es transformieren sich also nur die magnetische Feldstärke $\vec{H}$ und bei Anwesenheit von Raumladung auch die elektrische Stromdichte $\vec{J}$. Eine bewegte Raumladungsdichte η' äußert sich im ruhenden System als zusätzliche elektrische Stromdichte $\eta'\vec{v}$. Die dielektrische Verschiebungsdichte $\vec{D}$ sowie die Raumladung η selbst sind invariant gegenüber dem Bezugssystem.

Anmerkungen zur relativistischen Betrachtung

Die in diesem Kapitel hergeleiteten Transformationen ergeben sich ebenfalls in dieser Form wenn diese relativistisch, mit Hilfe der Lorentz-Transformation, berechnet werden und erst zum Schluß die Näherung $|\vec{v}| \ll c_0$ eingeführt wird [Mly94]. Die hier vorgestellten Näherungen führen bei näherer Betrachtung zu Widersprüchen. Zum Beispiel erweist sich die Materialgleichung des Vakuums $\vec{D} = \varepsilon_0 \vec{E}$ im bewegten Bezugssystem als ungültig, was physikalisch falsch ist. Bei Anwendung der Lorentz-Transformation verschwinden diese Widersprüche. Die gegebenen Näherungen für die Felder sind dennoch gültig.

B. Mathematische Ergänzungen zur thermischen Feldberechnung

B.1. Explizites Euler-Verfahren

Beim expliziten Euler-Verfahren wird die Differentialgleichung

$$\frac{\partial u(t)}{\partial t} = f(t, u(t)) \qquad \text{mit} \qquad f \in \mathrm{C}^1(\mathbb{R}^2) \tag{B.1}$$

nach der unbekannten Funktion u gelöst, indem die linke Seite durch den Differenzenquotienten

$$\frac{u(t + \Delta t) - u(t)}{\Delta t} \approx f(t, u) \qquad \Rightarrow \qquad u(t + \Delta t) \approx u(t) + f(t, u)\Delta t \tag{B.2}$$

approximiert wird. Mit der Diskretisierung der Zeitachse

$$t_n := n\Delta t \quad \text{für} \quad n = 0,1,2,\ldots \tag{B.3}$$

ergibt sich daraus

$$u(t_{n+1}) \approx u(t_n) + f(t_n, u(t_n))\Delta t \quad . \tag{B.4}$$

Dies verleitet zur Definition einer approximierenden Folge (u_n) mit $u_n \approx u(t_n)$, die rekursiv wie folgt definiert ist:

$$u_{n+1} = u_n + f(t_n, u_n)\Delta t \quad \text{für} \quad n = 0,1,2,\ldots \qquad \text{und} \qquad u_0 := u(t_0) = u(0) \tag{B.5}$$

Zur Abschätzung des Approximationsfehlers, wird zunächst $u(t)$ in eine Potenzreihe um t entwickelt:

$$u(t + \Delta t) = u(t) + \frac{\partial u(t)}{\partial t}\Delta t + \frac{1}{2}\frac{\partial^2 u(t)}{\partial t^2}\Delta t^2 + \mathcal{O}(\Delta t^3) \tag{B.6}$$

Darin ist mit (B.1)

$$\frac{\partial^2 u(t)}{\partial t^2} = \frac{\partial f(t,u(t))}{\partial t} + \frac{\partial f(t,u(t))}{\partial u} f(t,u(t)) =: 2G(t,u(t)) \quad . \tag{B.7}$$

Eingesetzt in (B.6) ergibt sich mit (B.3)

$$u(t_{n+1}) = u(t_n) + f(t_n, u(t_n))\Delta t + G(t,u(t))\Delta t^2 + \mathcal{O}(\Delta t^3) \quad , \tag{B.8}$$

wobei $G(t,u(t))$ auf jedem kompakten Intervall $[t_0, t_n]$, das zum Definitionsbereich von $u(t)$ gehört, stetig und damit beschränkt ist.

Der Fehler F_n , der durch die Approximation zum Zeitschritt t_n entsteht, ergibt sich durch Subtraktion von (B.8) und (B.5) gemäß

$$\begin{aligned} F_{n+1} &: = u(t_{n+1}) - u_{n+1} \\ &= \underbrace{u(t_n) - u_n}_{=F_n} + [f(t_n, u(t_n)) - f(t_n, u_n)]\,\Delta t + [G(t_n, u(t_n)) + \mathcal{O}(\Delta t)]\,\Delta t^2 \quad . \end{aligned} \tag{B.9}$$

Erfüllt f die Lipschitz-Bedingung

$$|f(t,\xi_1) - f(t,\xi_2)| \leq M|\xi_1 - \xi_2| \qquad \text{mit } M > 0 \qquad \forall\, t \in [t_0, t_n] \tag{B.10}$$

und beachtet man ferner, daß aufgrund der Beschränktheit von G, ein nur von t_n abhängiges $R > 0$ existiert mit

$$R \geq [G(t_i, u(t_i)) + \mathcal{O}(\Delta t)] \qquad \forall\, i = 0,1,\ldots,n \quad , \tag{B.11}$$

so folgt aus (B.9) unter Anwendung der Dreiecksungleichung

$$|F_{n+1}| \leq |F_n| + M|\underbrace{u(t_n) - u_n}_{=F_n}|\Delta t + R\Delta t^2 = (1 + M\Delta t)|F_n| + R\Delta t^2 \quad . \tag{B.12}$$

Da dies für alle $n = 0,1,2,\ldots$ gilt, folgt durch rekursive Anwendung von (B.12)

$$\begin{aligned}
|F_n| &= |u(t_n) - u_n| \\
&\leq (1 + M\Delta t)|F_{n-1}| + R\Delta t^2 \\
&\leq (1 + M\Delta t)\left[(1 + M\Delta t)|F_{n-2}| + R\Delta t^2\right] + R\Delta t^2 \\
&\leq \ldots \leq (1 + M\Delta t)^n |F_0| + R\Delta t^2 \sum_{i=0}^{n-1} (1 + M\Delta t)^i \quad .
\end{aligned} \tag{B.13}$$

Darin ist $F_0 = 0$ wegen de Definition von u_0 in (B.5). Die Summe stellt eine geometrische Summe dar, so daß der Approximationsfehler abgeschätzt werden kann gemäß

$$|F_n| \leq R\Delta t^2 \frac{(1 + M\Delta t)^n - 1}{(1 + M\Delta t) - 1} = \frac{(1 + M\Delta t)^n - 1}{M} R\Delta t \quad . \tag{B.14}$$

Der Potenzausdruck im Zähler läßt sich noch zweckmäßig nach oben abschätzen durch

$$(1 + M\Delta t)^n \leq \left[1 + M\Delta t + \frac{(M\Delta t)^2}{2!} + \frac{(M\Delta t)^3}{3!} + \ldots\right]^n = e^{Mn\Delta t} \quad , \tag{B.15}$$

woraus sich dann mit (B.3) schließlich ergibt

$$|F_n| \leq \frac{e^{Mt_n} - 1}{M} R\Delta t \quad . \tag{B.16}$$

Beachtet man, daß die Konstanten M und R zwar von t_n abhängen können, nicht jedoch von der Diskretisierung Δt, so folgt aus (B.16) bei festem t_n und $\Delta t \to 0$ zunächst $F_n \to 0$ und damit wegen (B.9) auch $u_n \to u(t_n)$. Die approximierte Euler-Folge konvergiert also für $\Delta t \to 0$ gegen die korrekte Lösung. Für endliche $\Delta t > 0$ kann der entstehende Approximationsfehler proportional zu Δt nach oben abgeschätzt werden.

B.2. Stabilitätskriterium für thermisches Differenzenschema

Die numerische Berechnung der Wärmeleitung in einem diskreten Gitter gemäß Abschnitt 3.2.3 ist nicht für jede Wahl des Zeitschrittes Δt stabil. Analog zu der Vorgehensweise in Anhang A.3 läßt sich, unter vereinfachenden Annahmen, jedoch ein Stabilitätskriterium ableiten. Vorausgesetzt wird dafür ein unendlich ausgedehntes homogenes Medium, mit zeitlich nicht veränderlichen Materialeigenschaften. Außerdem wird als einziger Ausbreitungsmechanismus die Wärmeleitung betrachtet.

Die Wärmeleitung in einem solchen Medium wird beschrieben durch (3.14):

$$\frac{\partial T}{\partial t} = \frac{\sigma_{\text{th}}}{\rho c_{\text{th}}} \Delta T \tag{B.17}$$

Analog zu (A.26) wird eine mögliche Lösung dieser Gleichung gemäß des Separationsansatzes

$$T(x,y,z,t) =: g(x,y,z) f(t) \quad , \tag{B.18}$$

mit einer Zerlegung in einen nur vom Ort abhängigen Teil $g(x,y,z)$ und einen nur von der Zeit abhängigen Teil $f(t)$ untersucht. Damit zerfällt (B.17) in die beiden Gleichungen

$$\Delta g(x,y,z) = \Lambda g(x,y,z) \qquad \text{und} \qquad \frac{\partial f(t)}{\partial t} = \frac{\sigma_{\text{th}}}{\rho c_{\text{th}}} \Lambda f(t) \tag{B.19}$$

mit der Separationskonstanten Λ. Die linke Gleichung hängt jetzt nur noch vom Ort ab, die rechte Gleichung nur noch von der Zeit. Die zugehörige Differenzengleichung des zeitabhängigen Teils erhält man, indem der Differentialquotient durch den zugehörigen Differenzenquotienten ersetzt wird:

$$\frac{f^{n+1} - f^n}{\Delta t} = \frac{\sigma_{\text{th}}}{\rho c_{\text{th}}} \Lambda f^n \tag{B.20}$$

Hierbei wird wieder die Notation mit dem hochgestellten Zeitindex n verwendet. Die linke Seite entspricht genau dem Differenzenquotienten in (3.42). Stellt man diese Gleichung, der einfacheren Handhabung wegen, noch etwas um, ergibt sich

$$f^{n+1} - \alpha f^n = 0 \qquad \text{mit} \qquad \alpha := 1 + \frac{\sigma_{\text{th}} \Delta t}{\rho c_{\text{th}}} \Lambda \quad . \tag{B.21}$$

Zur Untersuchung des Lösungsverhaltens dieser Differenzengleichung, erfolgt wie bei (A.29) eine Transformation in den z-Bereich

$$zF(z) - f^0 z - \alpha F(z) = 0$$

$$\Leftrightarrow \qquad F(z) = \frac{f^0 z}{z - \alpha} \quad , \tag{B.22}$$

wobei z und $F(z)$ nun komplex sind und f^0 den Anfangswert darstellt. Zu untersuchen ist nun, für welche Werte von α, und damit Λ, alle Lösungen stabil sind.

Die zeitliche Lösung f^n ist stabil, d. h. beschränkt, wenn *alle* Polstellen von $F(z)$ einen Betrag ≤ 1 aufweisen. Die einzige Polstelle von (B.22) ergibt sich als Nullstelle des Nenners für $z = \alpha$. Für Stabilität muß daher gelten $|\alpha| \leq 1$. Da α per Definition reell ist, läuft dies auf die Bedingung

$$-1 \leq \alpha \leq 1 \qquad \Leftrightarrow \qquad -2 \leq \frac{\sigma_{\text{th}} \Delta t}{\rho c_{\text{th}}} \Lambda \leq 0 \tag{B.23}$$

hinaus. Und dies wiederum bedeutet, daß für die Separationskonstante Λ gelten muß

$$-2 \frac{\rho c_{\text{th}}}{\sigma_{\text{th}} \Delta t} \leq \Lambda \leq 0 \quad . \tag{B.24}$$

Dies ergibt den möglichen Bereich von Λ für eine stabile Lösung. Nun ist zu schauen, unter welcher Bedingung die Werte von Λ, die sich aus den Lösungen des linken ortsabhängigen Teils von (B.19) ergeben, in diesen Bereich fallen. Dieser Teil ist mit dem linken Teil von (A.27) formell identisch, daher ergeben sich für diesen Teil die selben Ausführungen. Die auftretenden Differenzenquotienten zweiter Ordnung entsprechen genau denen aus (3.51), wenn von einem homogenen Material ausgegangen wird. Die Betrachtungen ab (A.35) führen zu dem Ergebnis, daß die Separationskonstante Λ, der aus dem ortsabhängigen Teil folgenden, Bedingung unterliegt:

$$\Lambda_{\min} \leq \Lambda \leq 0 \qquad \text{mit} \qquad \Lambda_{\min} := -4 \left(\frac{1}{\Delta x^2} + \frac{1}{\Delta y^2} + \frac{1}{\Delta z^2} \right) \tag{B.25}$$

Die Bedingung (B.24) ist also immer erfüllt, wenn gilt

$$-2 \frac{\rho c_{\text{th}}}{\sigma_{\text{th}} \Delta t} \leq \Lambda_{\min} \quad . \tag{B.26}$$

Einsetzen von (B.25) und Multiplikation mit -1 liefert zunächst

$$2 \frac{\rho c_{\text{th}}}{\sigma_{\text{th}} \Delta t} \geq 4 \left(\frac{1}{\Delta x^2} + \frac{1}{\Delta y^2} + \frac{1}{\Delta z^2} \right) \quad . \tag{B.27}$$

Umstellen nach Δt ergibt dann eine hinreichende Bedingung für die Stabilität der Lösung unter den getroffenen Voraussetzungen:

$$\Delta t \leq \frac{\rho c_{\text{th}}}{2 \sigma_{\text{th}}} \frac{1}{\dfrac{1}{\Delta x^2} + \dfrac{1}{\Delta y^2} + \dfrac{1}{\Delta z^2}} \tag{B.28}$$

C. Physikalische Materialeigenschaften des Leimes

Der Leim wird als Mischung zweier Phasen, den festen Bestandteilen (PVAc und weitere Bestandteile) und flüssigem Wasser, modelliert.[1] Durch Verdampfen von Wasser ändert sich die Zusammensetzung ständig und damit einhergehend die Materialeigenschaften. Da nicht für jede Kombination von Wassergehalt und Temperatur alle Materialeigenschaften bekannt sind, werden bestimmte Annahmen getroffen. Alle Materialeigenschaften werden aufgrund Messungen an frischem Leim mit maximalem Wassergehalt und durchgetrocknetem Leim mit minimalem Wassergehalt, der zu Null angenommen wird, modelliert.

Betrachtet werde nun ein bestimmtes Volumen V in dem sich Leim, bestehend aus den festen Bestandteilen (Index F) und Wasser (Index W), als homogene Mischung befindet. Die Dichten dieser beiden Phasen seien ρ_{F} bzw. ρ_{W}, die zugehörigen Massen m_{F} bzw. m_{W} und die Volumenanteile V_{F} bzw. V_{W}. In den folgenden Ausführungen beziehen sich alle Größen ohne Indizes auf die homogene Mischung beider Phasen im Volumen V. Es gilt damit:

$$m = m_{\mathrm{F}} + m_{\mathrm{W}} , \qquad V = V_{\mathrm{F}} + V_{\mathrm{W}} \tag{C.1}$$

$$m_{\mathrm{F}} = \rho_{\mathrm{F}} V_{\mathrm{F}} , \qquad m_{\mathrm{W}} = \rho_{\mathrm{W}} V_{\mathrm{W}} , \qquad m = \rho V \tag{C.2}$$

Definiert man den volumetrischen Wassergehalt η durch

$$V_{\mathrm{W}} =: \eta V \quad , \tag{C.3}$$

so folgt für den Volumenanteil der festen Bestandteile

$$V_{\mathrm{F}} = V - V_{\mathrm{W}} = (1-\eta) V \quad . \tag{C.4}$$

Aus der ersten Gleichung in (C.1) und (C.2) bis (C.4) folgt für die Massendichte des Leimes

$$\begin{aligned} \rho V &= \rho_{\mathrm{F}} V_{\mathrm{F}} + \rho_{\mathrm{W}} V_{\mathrm{W}} = \rho_{\mathrm{F}}(1-\eta) V + \rho_{\mathrm{W}} \eta V \\ \Rightarrow \qquad \rho &= (1-\eta)\rho_{\mathrm{F}} + \eta \rho_{\mathrm{W}} \quad . \end{aligned} \tag{C.5}$$

[1] Der einfacheren Ausdrucksweise wegen wird der Begriff *Phase* verwendet, auch wenn keine räumliche Abgrenzung möglich ist.

Daraus ergibt sich der relative Massenanteil H des Wassers zu

$$H := \frac{m_W}{m} = \frac{\rho_W V_W}{\rho V} = \frac{\rho_W \eta V}{[(1-\eta)\rho_F + \eta\rho_W]\,V} = \frac{\rho_W \eta}{(1-\eta)\rho_F + \eta\rho_W} \quad , \tag{C.6}$$

woraus sich, aufgelöst nach η

$$\eta = \frac{H\rho_F}{H\rho_F + (1-H)\rho_W} \tag{C.7}$$

ergibt. Dies erlaubt die Bestimmung des volumetrischen Wassergehaltes aus einer Massenbestimmung mittels Wägung.

Die Dichte der festen Bestandteile ist nicht direkt bekannt. Sie kann jedoch aus dem relativen Massenanteil des Wassers H, dessen bekannter Dichte ρ_W und der gesamten Dichte ρ bestimmt werden. Durch Auflösen von (C.5) nach η und Gleichsetzen mit (C.7) ergibt sich

$$\rho_F = \frac{(1-H)\,\rho}{1 - \dfrac{\rho}{\rho_W} H} \quad . \tag{C.8}$$

Die spezifische Wärmekapazität c_{th} ergibt sich durch eine gemäß der relativen Massenanteile gewichteten Mittelung aus den spezifischen Wärmekapazitäten der beiden Einzelphasen, vorausgesetzt diese befinden sich auf der gleichen Temperatur[2]:

$$m c_{th} = m_F c_{th,F} + m_W c_{th,W} \qquad \Leftrightarrow \qquad c_{th} = \frac{m_F}{m} c_{th,F} + \frac{m_W}{m} c_{th,W} \tag{C.9}$$

Dies läßt sich mittels (C.2) sowie (C.3) bis (C.5) umrechnen, so daß die spezifische Wärmekapazität als Funktion des volumetrischen Wassergehaltes η ausgedrückt wird:

$$\begin{aligned} c_{th} &= \frac{\rho_F V_F}{\rho V} c_{th,F} + \frac{\rho_W V_W}{\rho V} c_{th,W} \\ &= \frac{(1-\eta)\rho_F c_{th,F} + \eta\rho_W c_{th,W}}{(1-\eta)\rho_F + \eta\rho_W} \end{aligned} \tag{C.10}$$

Die Wärmeleitfähigkeit wird dagegen näherungsweise direkt durch das mit den Volumenanteilen gewichtete Mittel der Wärmeleitfähigkeit der Einzelphasen bestimmt, da hier die

[2] Dies ist wegen der homogenen Durchmischung der Fall.

Masse keine direkte Rolle spielt:

$$\sigma_{th} = (1-\eta)\sigma_{th,F} + \eta\sigma_{th,W} \tag{C.11}$$

Bestimmung der physikalischen Eigenschaften

Mit Hilfe der vorgenannten Gleichungen können die Dichte des Leimes, der Wasseranteil und die Dichten der Einzelphasen bestimmt werden. Mittels Wägung werden die folgenden Eigenschaften von zwei Proben des Leimes gemessen:

	Probe 1	Probe 2
Volumen V	$50\,cm^3$	–
Masse frisch m	69 g	7,2 g
Masse trocken m_F	–	4,62 g

Probe 2 besteht aus einer geringeren Leimmenge, so daß diese schneller durchtrocknen kann. Die Trockenmasse von Probe 2, d. h. die Masse der festen Bestandteile wird nach einer Trockenzeit von 4 Tagen bestimmt. Die Konsistenz des Leimes ist dann fest und glasig, so daß davon ausgegangen werden kann, daß dieser durchgetrocknet ist.

Die Dichte des frischen Leimes, ermittelt anhand von Probe 1 beträgt damit:

$$\rho = \frac{m}{V} = \frac{69\,g}{50\,cm^3} = 1380\,kg/m^3 \tag{C.12}$$

Aus Probe 2 wird nun der massenbezogene Wasseranteil des frischen Leimes bestimmt:

$$H = \frac{m_W}{m} = \frac{7{,}2-4{,}62}{7{,}2} = 35{,}8\,\% \tag{C.13}$$

Mit (C.8) und der bekannten Dichte von Wasser $m_W = 1000\,kg/m^3$ ergibt sich nun die Dichte der festen Bestandteile zu

$$\rho_F = \frac{(1-0{,}358)\cdot 1380\,kg/m^3}{1-\frac{1380}{1000}\cdot 0{,}358} = 1751\,kg/m^3 \quad . \tag{C.14}$$

Nun läßt sich mit Hilfe von (C.7) der volumetrische Wasseranteil des frischen Leimes berechnen:

$$\eta = \frac{0{,}358\cdot 1751\,kg/m^3}{0{,}358\cdot 1751\,kg/m^3 + (1-0{,}358)\cdot 1000\,kg/m^3} = 0{,}494 \tag{C.15}$$

Literaturverzeichnis

[ABT95] W. V. Andrew, C. A. Balanis, and P. A. Tirkas. A Comparison of the Berenger Perfectly Matched Layer and the Lindman Higher-Order ABC's for the FDTD Method. *Microwave and Guided Wave Letters, IEEE*, 5(6):192–194, June 1995.

[AJ99] Y. Alpert and E. Jerby. Coupled Thermal-Electromagnetic Model for Microwave Heating of Temperature-Dependent Dielectric Media. *IEEE Transactions on Plasma Science*, 27(2):555–562, April 1999.

[AS64] Milton Abramowitz and Irene A. Stegun. *Handbook of Mathematical Functions with Formulas, Graphs, and Mathematical Tables*. Dover, New York, 9th Dover printing, 10th GPO printing edition, 1964.

[Bal89] C. A. Balanis. *Advanced Engineering Electromagnetics*. John Wiley & Sons, New York, 1st edition, 1989.

[Ber94] Jean-Pierre Berenger. A Perfectly Matched Layer for the Absorption of Electromagnetic Waves. *Journal of Computational Physics*, 114(2):185–200, 1994.

[BFC96] J. H. Booske, S. A. Freeman, and R. F. Cooper. Non-Thermal Interactions between High-Strength Microwave Fields and Ceramics. In *IEEE Conference Record - Abstracts, 1996 IEEE International Conference on Plasma Science*, p. 106, June 1996.

[BK06] H. D. Baehr and S. Kabelac. *Thermodynamik: Grundlagen und technische Anwendungen*. Springer, 2006.

[BT80] A. Bayliss and E. Turkel. Radiation Boundary Conditions for Wave-like Equations. *Communications on Pure and Applied Mathematics*, 33(6):707–725, 1980.

[Bé96] J. P. Bérenger. Perfectly Matched Layer for the FDTD Solution of Wave-Structure Interaction Problems. In *IEEE Transactions on Antennas and Propagation*, vol. 44(1), pp. 110–117, January 1996.

[CFW00] David E. Clark, Diane C. Folz, and Jon K. West. Processing Materials with Microwave Energy. *Materials Science and Engineering A*, 287(2):153–158, 2000.

[CMP96] T. Constant, C. Moyne, and P. Perré. Drying with Internal Heat Generation: Theoretical Aspects and Application to Microwave Heating. *AIChE Journal*, 42(2):359–368, 1996. American Institute of Chemical Engineers.

[CYKN05] P. Chow, T. Yamagajo, T. Kubota, and T. Namiki. A novel HE-Coupling for Explicit Multigrid-FDTD. In *IEEE/ACES International Conference on Wireless Communications and Applied Computational Electromagnetics, 2005.*, pp. 269–272, April 2005.

[DBM10] X. Ding, M. Bhattacharya, and C. Mi. Simplified Thermal Model of PM Motors in Hybrid Vehicle Applications Taking into Account Eddy Current Loss in Magnets. *Journal of Asian Electric Vehicles*, 8(1):1337–1343, 2010.

[DPK] Agilent Dielectric Probe Kit 85070C Product Overview.

[FMKW06] T. Fügen, J. Maurer, T. Kayser, and W. Wiesbeck. Capability of 3-D Ray Tracing for Defining Parameter Sets for the Specification of Future Mobile Communications Systems. In *IEEE Transactions on Antennas and Propagation*, 54(11):3125–3137, November 2006.

[FNW08] L. Feher, V. Nuss, and R. Wiesehofer. Microwave Curing of Composite Structures at HEPHAISTOS Experimental Centre (HEC). In *IEEE 35th International Conference on Plasma Science, 2008 (ICOPS '08)*, June 2008.

[Fö93] O. Föllinger. *Laplace - und Fourier-Transformation.* Hüthig Buch Verlag, Heidelberg, 6. Auflage, 1993.

[Gpt] Gnuplot homepage. Internet `http://www.gnuplot.info/`

[Gra08] M. A. Gray. Multiphysics Technologies. *Computing in Science Engineering*, 10(2):82–84, March–April 2008.

[GV93] C. Gerthsen and H. Vogel. *Physik.* Springer-Verlag, Berlin, Heidelberg, 17. Auflage, 1993.

[GW98] N. Geng and W. Wiesbeck. *Planungsmethoden für die Mobilkommunikation.* Springer-Verlag, Berlin, Heidelberg, 1. Auflage, 1998.

[Haa00] J. Haala. *Analyse von Mikrowellenheizprozessen mittels selbstkonsistenter finiter Integrationsverfahren*, Forschungsberichte aus dem Institut für Höchstfrequenztechnik und Elektronik, Band 27. Institut für Höchstfrequnztechnik und Elektronik, Universität Karlsruhe, 2000.

[Haj08] Farid Hajji. *Das Python-Praxisbuch: Der große Profi-Leitfaden für Programmierer.* Addison-Wesley, 2008.

[Hdf] HDF Group - HDF5. Internet `http://www.hdfgroup.org/HDF5/`

[Heu93a] H. Heuser. *Lehrbuch der Analysis, Teil 1.* B. G. Teubner, Stuttgart, 10. Auflage, 1993.

[Heu93b] H. Heuser. *Lehrbuch der Analysis, Teil 2.* B.G. Teubner, Stuttgart, 8. Auflage, 1993.

[Hola] Schreiner-Seiten.de - Buche. Internet `http://www.schreiner-seiten.de/holzarten/buche.php`

[Holb] Spezifische Wärmekapazität von Holzwerkstoffen. Internet http://www.schweizer-fn.de/stoff/wkapazitaet/v2_wkapazitaet_holz.htm

[JWM06] J. D. Jackson, C. Witte, and K. Müller. *Klassische Elektrodynamik*. De Gruyter, 2006.

[KC05] P. Kopyt and M. Celuch. Towards a Multiphysics Simulation System for Microwave Power Phenomena. In *Microwave Conference Proceedings, 2005. APMC 2005. Asia-Pacific Conference Proceedings*, vol. 5, pp. 4 ff., December 2005.

[Kie98] U. Kiencke. *Signale und Systeme*. R. Oldenbourg Verlag, München, 1. Auflage, 1998.

[KK98] K. D. Kammeyer and K. Kroschel. *Digitale Signalverarbeitung Filterung und Spektralanalyse*. Teubner Verlag, Stuttgart, 4. Auflage, 1998.

[Kos94] A. Kost. *Numerische Methoden in der Berechnung elektromagnetischer Felder*. Springer-Verlag, Berlin, Heidelberg, 1. Auflage, 1994.

[KPAW07] T. Kayser, M. Pauli, G. Adamiuk, and W. Wiesbeck. Microwave Feeding Systems for Continous-Flow Fabrication of Parquet. In *11th International Conference on Microwave and High Frequency Heating (AMPERE 11)*, pp. 240–243. AMPERE, 2007.

[KPDW09] T. Kayser, M. Pauli, M. Dressler, and W. Wiesbeck. Mikrowellenunterstützte Verleimung von Parkett im Durchlaufbetrieb. *Parkett Magazin*, 03/2009:54, 2009.

[KPL$^+$09] T. Kayser, M. Pauli, A. Lambrecht, W. Wiesbeck, and T. Zwick. Design of Filter Structures for a Microwave Processing Continuous-Flow Applicator. In *IEEE Antennas and Propagation Society International Symposium, 2009 (APS/URSI '09)*, June 2009.

[KPW08] T. Kayser, M. Pauli, and W. Wiesbeck. Design of a Microwave Applicator for Nanoparticle Synthesis. *The Journal of microwave power and electromagnetic energy*, 42(2):60–68, 2008.

[KTT94] D. S. Katz, E. T. Thiele, and A. Taflove. Validation and Extension to Three Dimensions of the Berenger PML Absorbing Boundary Condition for FD-TD Meshes. *Microwave and Guided Wave Letters, IEEE*, 4(8):268–270, August 1994.

[Lap] LAPACK - Linear Algebra PACKage. Internet http://www.netlib.org/lapack/

[Let04] P. Lethbridge. Multiphysics analysis. *The Industrial Physicist*, 10(6):26–29, 2004.

[LFT+02] G. Link, L. Feher, M. Thumm, H. J. Ritzhaupt-Kleissl, R. Bohme, and A. Weisenburger. Sintering of Advanced Ceramics Using a 30-GHz, 10-kW, CW Industrial Gyrotron. *IEEE Transactions on Plasma Science*, 27(2):547–554, 2002.

[LMTT06] G. Link, S. Miksch, S. Takayama, and M. Thumm. Anisotropic Sintering in Polarized Microwave Fields - Evidence for Non-Thermal Microwave Effects. In *Joint 31st International Conference on Infrared Millimeter Waves and 14th International Conference on Teraherz Electronics, 2006. IRMMW-THz 2006*, p. 285, September 2006.

[LWYY84] Z. P. Liao, H. L. Wong, B. P. Yang, and Y. F. Yuan. A Transmitting Boundary for Transient Wave Analysis. *Scientia Sinica (series A)*, 27(10):1063–1076, 1984.

[Mly94] D. A. Mlynski. *Skriptum zur Vorlesung Elektrodynamik*. Institut für Theoretische Elektrotechnik und Meßtechnik, Universität Karlsruhe, 1994.

[MM83] A. C. Metaxas and R. J. Meredith. *Industrial microwave heating*. Peter Peregrinus Ltd., London UK, on behalf of the Institution of Electrical Engineers, 1983.

[MM05] K. W. Morton and D. F. Mayers. *Numerical Solution of Partial Differential Equations: An Introduction*. Cambridge University Press, 2005.

[MPP+95] Lizhuang Ma, D.-L. Paul, N. Pothecary, C. Railton, J. Bows, L. Barratt, J. Mullin, and D. Simons. Experimental Validation of a Combined Electromagnetic and Thermal FDTD Model of a Microwave Heating Process. *IEEE Transactions on Microwave Theory and Techniques*, 43(11):2565–2572, November 1995.

[MTN07] P. J. Mohr, B. N. Taylor, and D. B. Newell. CODATA Recommended Values of the Fundamental Physical Constants. Technical report, National Institute of Standards and Technology, Gaithersbrug, Maryland 20899-8420, USA, 2007.

[NmP] Scientific Computing Tools For Python - Numpy. Internet `http://numpy.scipy.org/`

[OP08] S. Ogurtsov and Guangwen Pan. An Updated Review of General Dispersion Relation for Conditionally and Unconditionally Stable FDTD Algorithms. *IEEE Transactions on Antennas and Propagation*, 56(8):2572–2583, August 2008.

[Ose02] J. M. Osepchuk. Microwave Power Applications. *IEEE Transactions on Microwave Theory and Techniques*, 50(3):975–985, 2002.

[OVP08] Abschlußbericht zum AiF-Forschungsvorhaben Nr. 14589 / N1 „Folgeprojekt: Optimierung des Verleimvorgangs bei der Parkettherstellung mittels Mikrowellen“. Institut für Werkzeugmaschinen, Universität Stuttgart, Institut für Höchstfrequenztechnik und Elektronik, Universität Karlsruhe (TH), 2008.

[Pet97] P. G. Petropoulos. Analysis of Exponential Time-Differencing for FDTD in Lossy Dielectrics. *IEEE Transactions on Antennas and Propagation*, 45(6):1054–1057, June 1997.

[PKAW07] M. Pauli, T. Kayser, G. Adamiuk, and W. Wiesbeck. Modeling of Mutual Coupling Between Electromagnetic and Thermal Fields in Microwave Heating. In *Microwave Symposium, 2007. IEEE/MTT-S International*, pp. 1983–1986, June 2007.

[PM02] L. Pichon and O. Meyer. Coupled Thermal-Electromagnetic Simulation of a Microwave Curing Cell. *IEEE Transactions on Magnetics*, 38(2):977–980, March 2002.

[Pov] POV-Ray - The Persistence of Vision Raytracer. Internet `http://www.povray.org/`

[Pre90a] R. Pregla. *Grundlagen der Elektrotechnik, Teil 1: Felder und Gleichstromnetzwerke*. Hüthig Buch Verlag, Heidelberg, 4. Auflage, 1990.

[Pre90b] R. Pregla. *Grundlagen der Elektrotechnik, Teil 2: Induktion, Wechselströme, Elektromechanische Energieumformung*. Hüthig Buch Verlag, Heidelberg, 3. Auflage, 1990.

[Ptb] PyTables - Homepage. Internet `http://www.pytables.org/`

[Pyt] Python Programming Language – Official Website. Home page for Python, an interpreted, interactive, object-oriented, extensible programming language. Internet `http://www.python.org/`

[Sch02] R. Schertlen. *Mikrowellenprozessierung nanotechnologischer Strukturen am Beispiel von Zeolithen*, Forschungsberichte aus dem Institut für Höchstfrequenztechnik und Elektronik, Band 35. Institut für Höchstfrequnztechnik und Elektronik, Universität Karlsruhe, 2002.

[Scp] SciPy - Scientific Tools for Python. Internet `http://www.scipy.org/`

[Slc] David A. Wheeler. SLOCCount Home page. Internet `http://www.dwheeler.com/sloccount/`

[Smi85] G. D. Smith. *Numerical solution of partial differential equations: finite difference methods*. Oxford University Press, USA, 1985.

[SSB+05] H. Sagkol, S. Sinaga, J. N. Burghartz, B. Rejaei, and A. Akhnoukh. Thermal Effects in Suspended RF Spiral Inductors. *Electron Device Letters, IEEE*, 26(8):541–543, 2005.

[Str98] B. Stroustrup. *Die C++ Programmiersprache*. Addison-Wesley, 3. Auflage, 1998.

[Taf95] A. Taflove. *Computational Electrodynamics: The Finite-Difference Time-Domain Method.* Artech House, Boston, London, 1st edition, 1995.

[TB08] J. Tian and M. Bartek. Study of Thermal and Thermo-Mechanical Behavior in a Multi-Chip-Composed Optoelectronic Package. In *Electronics Packaging Technology Conference, 2007 (EPTC 2007 9th)*, pp. 886–891. IEEE, 2008.

[TBR92] P. A. Tirkas, C. A. Balanis, and R. A. Renaut. Higher-Order Absorbing Boundary Conditions in FDTD Method. In *Antennas and Propagation Society International Symposium, 1992. AP-S. 1992 Digest, IEEE*, pp. 552–555 vol. 1, July 1992.

[Tip94] P. A. Tipler. *Physik*. Spektrum Akademischer Verlag, 1994.

[TJ97] F. Torres and B. Jecko. Complete FDTD Analysis of Microwave Heating Processes in Frequency-Dependent and Temperature-Dependent media. *IEEE Transactions on Microwave Theory and Techniques*, 45(1):108–117, January 1997.

[TV07] G. Torgovnikov and P. Vinden. Microwave applicator for intensive timber radiation to modify wood structure. In *Proceedings of the 11th International Conference on Microwave and High Frequency Heating*, pp. 3–6, September 2007.

[vH95] A. von Hippel (editor). *Dielectric Materials and Applications. New ed.* Artech House, Boston, London, 1995.

[Wex67] A. Wexler. Solution of Waveguide Discontinuities by Modal Analysis. *IEEE Transactions on Microwave Theory and Techniques*, 15(9):508–517, September 1967.

[Wie98] W. Wiesbeck. *Skriptum zur Vorlesung Hochfrequenztechnik 1*. Universität Karlsruhe, Institut für Höchstfrequenztechnik und Elektronik, 7. Auflage, 1998.

[WYI01] M. J. White, Z. Yun, and M. F. Iskander. A new 3D FDTD Multigrid Technique with Dielectric Traverse Capabilities. *IEEE Transactions on Microwave Theory and Techniques*, 49(3):422–430, March 2001.

[Yak01a] V. V. Yakovlev. Commercial EM codes Suitable for Modeling of Microwave Heating – A Comparative Review. In *Scientific Computing in Electrical Engineering: Proceedings of the 3rd International Workshop, August 20-23, 2000, Warnemünde, Germany*, pp. 87–95. Springer Verlag, 2001.

[Yak01b] V. V. Yakovlev. Efficient Electromagnetic Models for Systems and Processes of Microwave Heating. In *International Seminar on Heating by Internal Sources 11-14 Sept. 2001 Padova, Italia*, pp. 285–292, 2001.

[Yak06] V. V. Yakovlev. Examination of Contemporary Electromagnetic Software Capable of Modeling Problems of Microwave Heating. *Advances in Microwave and Radio Frequency Processing*, pp. 178–190, 2006.

[YCC92] K. S. Yee, J. S. Chen, and A. H. Chang. Conformal Finite Difference Time Domain (FDTD) with Overlapping Grids. In *Antennas and Propagation Society International Symposium, 1992. AP-S. 1992 Digest, IEEE*, pp. 1949–1952 vol. 4, July 1992.

[Yee66] Kane Yee. Numerical Solution of Initial Boundary Value Problems Involving Maxwell's Equations in Isotropic Media. *IEEE Transactions on Antennas and Propagation*, 14(3):302–307, May 1966.

[ZT00] H. Zhao and I. W. Turner. The use of a Coupled Computational Model for Studying the Microwave Heating of Wood. *Applied Mathematical Modelling*, 24(3):183–197, 2000.

[ZYM91] S. S. Zivanovic, K. S. Yee, and K. K. Mei. A Subgridding Method for the Time-Domain Finite-Difference Method to Solve Maxwell's Equations. *IEEE Transactions on Microwave Theory and Techniques*, 39(3):471–479, March 1991.